论中国主要温室气体排放行业的低碳发展

STUDY ON LOW-CARBON DEVELOPMENT OF MAIN GHG EMISSION INDUSTRIES FOR CHINA

黄超　吕学都　马秀琴　著

中国环境出版社·北京

图书在版编目（CIP）数据

论中国主要温室气体排放行业的低碳发展/黄超，吕学都，马秀琴著. —北京：中国环境出版社，2014.2
ISBN 978-7-5111-1721-2

Ⅰ．①论… Ⅱ．①黄…②吕…③马… Ⅲ．①有害气体—大气扩散—污染防治—研究—中国 Ⅳ．①X511

中国版本图书馆 CIP 数据核字（2014）第 025668 号

出 版 人	王新程
责任编辑	殷玉婷
责任校对	唐丽虹
封面设计	宋 瑞

出版发行　中国环境出版社
　　　　　（100062　北京市东城区广渠门内大街 16 号）
　　　　　网　　址：http://www.cesp.com.cn
　　　　　电子邮箱：bjgl@cesp.com.cn
　　　　　联系电话：010-67112765（编辑管理部）
　　　　　　　　　　010-67187041（学术著作图书出版中心）
　　　　　发行热线：010-67125803，010-67113405（传真）

印 　 刷	北京中科印刷有限公司
经 　 销	各地新华书店
版 　 次	2014 年 2 月第 1 版
印 　 次	2014 年 2 月第 1 次印刷
开 　 本	787×960　1/16
印 　 张	19.25　彩插 6
字 　 数	380 千字
定 　 价	59.00 元

序

　　经济低碳化已经成为全球未来经济发展的必然。2013 年 9 月 27 日政府间气候变化专门委员会（IPCC）颁布了其组织编写的第五次气候变化评估报告第一工作组的决策者摘要，用更加确凿的科学证据向全世界公布了如下结论：人为排放的温室气体导致了全球气候变化已经是不争的事实，来自化石燃料的碳排放和土地的使用导致温室气体已达到前所未有的水平，是 80 万年以来的最高水平。强烈热带气旋（台风）出现的频率将会更高，预计到 2050 年，北极区将成为几近无冰的区域。自 1880 年以来，地球平均的表面温度上升了 0.85℃；过去 3 个十年，每一个十年都比自 1850 年以来其他任何一个十年更加炎热；过去 30 年是自公元 600 年以来最热的 30 年；预计至 2100 年，全球气温将上升 2～4.8℃。1901—2010 年，全球海平面平均上升了 19 cm，比过去 2 000 年的任何一个时期都快，21 世纪的海平面上升速度将更快，预计至 2100 年，海平面将上升 26～81 cm。这份最新报告还警告全世界：如果没有温室气体大幅减排，全球变暖很可能在整个 21 世纪继续下去，进而极大改变地球的自然环境以及数十亿人的生存条件。

　　IPCC 最新科学评估报告的颁布，必将对正在谈判中的联合国气候变化框架公约关于 2020 年后全球应对气候变化的协议产生重大的推动作用；也将对世界各国制定和实施低碳发展战略、发展目标以及发展路径起到推动和指导作用。

　　自联合国制定和实施《联合国气候变化框架公约》及《京都议定书》以来，减缓温室气体排放、发展低碳经济已经成为国际社会的共识；各国政府已经制定和颁布了大量的政策、法规和措施，促进了全球减排温室气体技术的研发和应用；拟于 2015 年完成的联合国气候变化框架公约下的新的全球应对气候变化协议，将进一步勾画出全球在 2020 年后减排温室气体、促进低碳发展、适应气候变化不利影响的新的蓝图。毫无疑问，低碳发展必将成为未来全球发展的不二选择。

　　低碳发展也是我国经济和社会发展的必然选择。我国目前是全球第一温室气体排放大国，温室气体排放量已经占全球排放量的 20%以上；我国当前的温室气体排放增量则占全球增量的一半以上。因此，国际社会对我国采取更多的政策和措施降低温室气体排放增长水平期望很高，我国面临着空前的减排温室气体压力。另一方面，依靠大量消耗化石能源资源、维持了 30 多年高速经济发展的我国，面临着巨大的保护资源与环境的压力。2013 年上半年全国范围内的大面积雾霾天气、超大城市经常出现的持续性雾霾天气，从一个侧面反映了我国不可能继续走依靠大量消耗资源和能源发展经济的道路。目前我国的能源消费已经超过 35 亿 t 标准煤，据估算，按照现在的发展模式，到 2020 年，我国的能源消费将超过 45 亿 t 甚至 50 亿 t 标准煤。我国的环境容量、现有基础设施将面临难以承受的压力。这种发展模式无论如何不可能继续下去。

中共中央在国家中长期发展战略的指导纲领中明确提出了生态文明建设的要求，其核心内涵之一就是要走低碳发展之路；国务院及中央相关部门对减排温室气体、发展低碳经济做出了一系列部署，颁布了促进低碳发展的投资、财税、科技、标准、贸易和流通等方面的法律法规，组织实施了低碳技术研发和应用、低碳省市试点、低碳节能减排行动计划、碳交易等国家计划或国家试验示范区。低碳发展已经有了良好的政策环境和社会氛围。公众的低碳发展意识有了明显提高。

实现低碳发展，核心是要促进低碳工业技术的开发和应用，以低碳技术的研发和应用形成新的经济增长点，促进我国经济结构的根本变革，优化我国的产业结构，保持经济和社会的长期持续稳定和良性增长。目前，我国主要工业部门能耗约占全国能耗的 70%。其中，冶金、建材、火力发电、石油炼化、化工、重型装备制造六大行业消耗的能源又占了工业总能耗的 79%。抓住重点工业领域的低碳技术发展和节能降耗，无疑是实现国家低碳发展的关键所在。

全书共分为八篇，第一篇为气候变化与低碳经济，主要论述了气候变化发展趋势和国内外低碳发展现状，是本书的背景篇。第二篇为中国企业面临的低碳发展挑战与机遇，重点从政策、能源、环境、市场以及技术等角度介绍了企业面临的挑战以及可能获得的发展机遇。第三篇为中国主要温室气体排放行业能耗和温室气体排放，通过实际调研中国十几个行业的能耗和温室气体排放现状，选出五大温室气体排放行业进行重点分析，评估了其未来发展趋势。第四篇为国际用能趋势及节能新技术，重点介绍了国际上先进的工业能源效率和主要工业行业的最佳节能实践经验，给出了国内外主要行业能耗的基准调查表，并介绍了 11 项先进的工业节能技术。第五篇为中国企业节能与减排的决策方法，重点介绍了企业层面的节能潜力计算方法、企业节能效益评价方法以及企业节能减排投资决策方法，并介绍了一个实际案例。第六篇为构建低碳经济指标体系，介绍了低碳经济指标体系的构建和评价方法，并用实例进行了分析验证。第七篇为低碳发展的政策和实践，提出了实现低碳发展战略目标所需的法规与政策环境，并介绍了低碳发展的一些实践经验与教训。第八篇为低碳发展前景与展望，对低碳经济的发展前景进行了展望，并对当前及潜在的问题提出了可能的解决方案。

作者期望本书对从事低碳发展决策的政府部门、企业高级经理和技术专家、高等院校师生、从事低碳经济研究的专家、大众传媒以及有志于推动低碳经济发展的仁人志士在其工作中有所帮助和参考作用；并期望能够帮助高耗能行业的企业对减排温室气体投资做出正确决策提供帮助，引导企业走上低碳可持续发展之路。

　　本书的出版得到了国家科技支撑计划项目"低碳经济发展评价指标、战略规划与配套政策研究"（项目号：2009BAC62B01）、国家科技支撑计划项目"我国主要行业温室气体检测与核算技术研究"（项目号：2012BAC20B11）、亚洲开发银行技术援助项目"Promoting Energy Efficiency（EE）in Tianjin"（项目号：TA7640）、河北省科技支撑计划项目"钢铁行业碳排放核查技术与低碳技术评价"（项目号：14273701D），"可再生能源三联供优化设计及监控系统应用研究"（项目号：14214304D）和河北省节能减排专项基金项目"河北省节能减排技术转移服务平台推广与应用"（项目号：2013045703）的联合资助。本书的内容是对以上研究成果的总结和归纳。作者对以上项目的管理部门中华人民共和国科学技术部、亚洲开发银行、天津市科学技术委员会和河北省科学技术厅致以诚挚的谢意。

　　国家气候中心阎宇平研究员和刘颖杰博士，美国哈莫尼公司副总裁秦健民博士和李彤高级研究员，河北工业大学研究生李伟、苏柳文、何思奇和褚林配同学，南京信息工程大学研究生孙佶和王艳萍同学参与了上述部分课题的研究工作，为本书的编著出版做出了重要贡献。作者在此一并表示衷心感谢。

作　　者

2013 年 10 月

目　录

第一篇 气候变化与低碳经济

1 气候变化发展趋势

1.1 气候变化问题

工业革命以来，由于人为活动排放的温室气体大量增加，使得地球温室效应增强，进而引起全球气候变化，全球气候变化问题越来越引起人类的广泛重视，已经成为 21 世纪人类面临的最严峻挑战。《联合国气候变化框架公约》将气候变化定义为："由于人类的直接或者间接活动，改变了全球大气组成，造成气候的变化，即在相当一段时间内观测到的自然气候变率之外的气候变化。"除二氧化碳（CO_2）外，人类活动排放的温室气体主要还有甲烷（CH_4）、氧化亚氮（N_2O）、氢氟碳化物（HFCs）、全氟化碳（PFCs）以及六氟化硫（SF_6），具体的特征见表 1-1。

表 1-1 温室气体种类和特征

种类	增温效应/%	生命期/年	100 年全球增温潜势（GWP）
二氧化碳（CO_2）	63	50～200	1
甲烷（CH_4）	15	12～17	23
氧化亚氮（N_2O）	4	120	296
氢氟碳化物（HFCs）	11	13	1 200
全氟化碳（PFCs）		50 000	—
六氟化硫（SF_6）	7	3 200	22 200

作为自然环境的一个重要组成部分，气候的任何变化都会对自然生态系统和社会经济系统产生影响。当前全球气候变化主要是指气候变暖，气候变暖所产生的影响将是全方位、多尺度和多层次的，包括正面影响和负面效应两个方面[1]。但目前而言人们更加关注的是它的负面影响，因为这将严重危害到人类社会未来的生存与发展。全球气候变暖导致干旱、暴雨、飓风、洪水等极端天气出现频率大大增加，同时导致冰川融化，水

循环系统发生改变，海平面上升，严重影响沿海地区人类的生存以及经济的发展，气候难民也因此形成；气候变化还将严重影响全球生态系统，导致地球上自然带的迁移，影响地表植被和农作物生长，给人类经济带来重大损失；不仅如此，气候变化还影响到人类健康，例如，昆虫的增长加快了疾病的传播，同时也有一些物种因此而灭绝。

我国面临人口众多、经济发展水平不平均、气候条件复杂、受资源禀赋制约、生态环境脆弱等现状，严重受到气候变化影响，同时面临着发展经济、消除贫困和减缓温室气体排放等多重压力，使我国在应对气候变化领域面临着比发达国家更严峻的挑战。我国控制温室气体排放行动、应对气候变化的目标符合贯彻落实科学发展观，建设资源节约型和环境友好型社会的要求。

1.2　能源问题

工业革命后，由于人类大量使用化石燃料所产生的温室气体排向大气导致了全球气候变化。化石燃料属于一次能源和不可再生能源，不可再生能源是经过数亿年形成的，并不是取之不尽用之不竭的，短时间内无法补充，对于人类来说数量是有限的。随着大规模的开采和利用，化石燃料储量越来越少，终有一天将会枯竭。全世界对能源的需求正不断快速增长，特别对于中国这样的资源紧缺型发展中国家来说，发展可再生能源是解决我国能源不足和环境保护的一条有效途径。同时可再生能源使用所产生的温室气体排放量要比化石燃料这样的传统能源低很多，产生的污染也小，将减少对环境的破坏。根据《2013 中国能源统计年鉴》的数据，通过发电煤耗计算法得出的我国能源消费总量及构成见表 1-2。

表 1-2　我国能源消费总量及构成

年份	能源消费总量/万 t 标准煤	占能源消费总量的比重/%			
		煤炭	石油	天然气	水电、核电、其他能发电
2001	150 406	68.3	21.8	2.4	7.5
2002	159 431	68.0	22.3	2.4	7.3
2003	183 792	69.8	21.2	2.5	6.5
2004	213 456	69.5	21.3	2.5	6.7
2005	235 997	70.8	19.8	2.6	6.8
2006	258 676	71.1	19.3	2.9	6.7
2007	280 508	71.1	18.8	3.3	6.8
2008	291 448	70.3	18.3	3.7	7.7
2009	306 647	70.4	17.9	3.9	7.8
2010	324 939	68.0	19.0	4.4	8.6
2011	348 002	68.4	18.6	5.0	8.0
2012	362 000	67.4	19.0	5.3	8.3

资料来源：《2013 中国能源统计年鉴》。

从表 1-2 中数据可以看出，"十五"和"十一五"期间我国能源消费总量一直呈现增长趋势，2012 年比 2001 年增长了近一倍。我国能源消费以煤炭、石油等传统能源为主，其中煤炭作为最主要的能源占到了能源消费总量的近 70%，而水电、风电等可再生能源总共只占不到 9%。正是我国的这种能源结构，导致温室气体大量排放，也是全球气候变暖的局部原因，并且我国乃至全世界煤炭、石油等不可再生能源终有消耗殆尽的一天，据估计，我国煤炭资源可供开采量已经不到 100 年。为了适应和应对全球气候变化问题以及能源紧缺问题，必须进行能源结构调整，减少传统能源所占比重，提高能源利用效率，发展清洁能源，通过金融手段，解决好能源价格问题。

1.3　低碳经济

由于全球人口数量的上升和经济规模的不断增长，人们越来越清楚地认识到使用化石能源等常规能源造成的环境问题及其严重后果，近年来，废气污染、水污染和光化学烟雾等危害，以及大气中温室气体浓度升高引起的全球气候变化，已经被证实为人类破坏自然环境、不健康的生产生活方式和常规能源的利用所带来的恶劣后果，低碳经济这一概念在此背景下应运而生。"低碳经济"一词出自 2003 年英国《能源白皮书》，白皮书中提出了英国温室气体减排目标，2007 年英国发布了《气候变化法案》和《英国气候变化战略框架》，提出了全球低碳经济的设想。所谓低碳经济是指碳生产力和人文发展均达到一定水平的一种经济形态，旨在实现控制温室气体排放的全球共同愿景。

气候变化不仅仅是外交问题，更是一个科学发展问题，2007 年胡锦涛主席在 APEC会议上指出，"气候变化从根本上说是发展问题，只有在可持续发展的前提下才能妥善解决，应该建立适应可持续发展要求的生产方式和消费方式，优化能源结构，推进产业升级，发展低碳经济，努力建设资源节约型、环境友好型社会，从根本上应对气候变化的挑战"。减缓气候变化的核心内容是减少温室气体的排放、增加对 CO_2 的吸收、收集和储存。所以低碳经济与国际社会控制温室气体排放的工作密切相关，使经济结构向低碳经济转型关键在于能源消费所产生的碳排放比重不断降低和单位产量能耗不断下降。降低能源消费所产生的碳排放主要是使能源结构清洁化，这由资源禀赋、资金和技术能力有关，而单位能耗提高就是要提高能源利用效率。

2　国内外低碳发展现状

2.1　后金融危机时代的低碳经济

2009 年，在大规模金融救助措施的实施和经济刺激政策的引导下，全球主要经济体经济增长均出现不同程度的复苏。在金融危机爆发后，世界经济得益于大规模刺激政策而显现复苏迹象之时，如何在重振增长中找到可持续发展的动力成为焦点。在"后危机时代"如何调整经济发展战略，正日益成为各国关心的问题。未来世界经济摆脱危机和实现跨越式发展的路径在哪儿？通过科技创新，实现节能和新能源技术的突破，发展低碳经济是解决气候变化和经济发展这一矛盾的根本出路。从当前看，实体经济的调整已非纸上谈兵，最可能的调整方向，是结合应对全球气候变化，向有别于传统实体经济的新经济形态转型——发展低碳经济。在"后危机"时代低碳经济将成为世界经济可持续发展的重要推力。发展低碳经济是金融危机下世界经济突围的必然要求，也是全球经济结构调整的结果。金融危机催生了以低碳经济为代表的新技术革命，低碳复苏有望带动全球经济找到新的增长点和动力[2]。

低碳经济是新的经济发展形态，发展低碳经济成为新的经济增长点。低碳经济作为一种新经济模式，包含三方面的内涵。首先，低碳经济是相对于"高碳"经济而言的，是相对于基于无约束的碳密集能源生产方式和能源消费方式的高碳经济而言的。因此，发展低碳经济的关键在于降低单位能源消费量的碳排放量（即碳强度），通过碳捕捉、碳封存、碳蓄积降低能源消费的碳强度，控制 CO_2 排放量的增长速度。其次，低碳经济是相对于新能源而言的，是相对于基于化石能源的经济发展模式而言的。因此，发展低碳经济的关键在于促进经济增长与由能源消费引发的碳排放"脱钩"，实现经济与碳排放错位增长（碳排放低增长、零增长乃至负增长），通过能源替代、发展低碳能源和无碳能源控制经济体的碳排放弹性，并最终实现经济增长的碳脱钩。最后，低碳经济是相对于人为碳通量而言的，是一种为解决人为碳通量增加引发的地球生态圈碳失衡而实施的人类自救行为。因此，发展低碳经济的关键在于改变人们的"高碳"消费倾向和碳偏好，减少化石能源的消费量，减缓碳足迹，实现低碳生存。可以认为，低碳经济是一种由"高碳"能源向"低碳"能源过渡的经济发展模式，是一种旨在修复地球生态圈碳失衡的人类自救行为。

当发达国家大力推进以高能效、低排放为核心的"低碳革命"，着力发展"低碳技术"之际，全球的产业、能源、技术、贸易等政策都面临着重大调整，中国经济面临的压力和挑战是不言而喻的。发展低碳经济对中国而言，紧迫性是显而易见的，因为我们可能会面对一个所谓"锁定效应"问题，即如果我们今天用比较高的碳技术或者低效技术去装备基础设施系统，也就是高排放的基础设施系统，那么它将会持续几十年，即未来中国几十年排放的状况不可避免地在最近几年内就被锁定。以后我们要改变它，可供选择的空间非常小。同时，由于低碳经济很有可能是未来国际经济发展的一种新趋势，低碳经济可能会带来贸易条件、国际市场、国际技术竞争格局的变化，我们不能违背时代大趋势，而要跟上时代的变化。而在中国开发低碳经济，其实益处多多，一是有助于节约能源，可以在很大程度上减轻日益增加的能源需求，减少对进口能源的依赖，从而巩固能源安全；二是有助于缓解当地的污染物并保护当地环境的完整性；三是有助于缓解中国面临的温室气体减排压力和保护资源环境压力，确保发挥后发优势、在未来社会的国际竞争力和发展潜力；四是可以创造新的就业机会；五是有助于推动发展创新和先进的技术，从而增加中国在国际竞争中的优势；六是有助于实现可持续发展战略目标。因此，发展低碳经济完全符合国家利益以及推动社会经济朝着低碳经济战略转型，是落实科学发展观、推进生态文明建设的必然选择。低碳经济是一个技术经济问题，但由于世界各国发展不均衡，目前已演变为政治问题，我们要早做准备在低碳经济国际新规则的制定过程中拥有话语权、掌握话语权，为全面建设小康社会营造宽松的外部环境。

2.2　各国低碳经济发展水平的比较

1985—2009 年世界各国二氧化碳排放量分布见图 1-1。

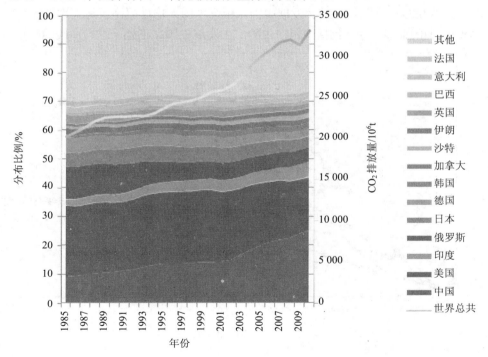

图 1-1　各国二氧化碳排放量分布

我们分别看一下世界几大经济体（欧盟、日本、美国等）。欧盟及日本的经济界，由于《京都议定书》的约束不得不承担减排义务，但先期的义务现如今已经大幅度加速了其经济低碳竞争力的提升。如丹麦掌握的能源技术产品和服务水平目前已处于世界领先水平，其相关技术出口收入近些年获得大幅提升；日本大力发展光伏技术，其光伏企业目前已占领该行业的高端市场。再看美国，尽管美国没有承诺国家减排业务，其企业也只是自愿减排，但美国的很多企业现如今却已是节能降耗和减排技术的世界级引领者，其技术和服务已经打入世界市场，渗透到诸多领域，也引领着下一步产业发展的方向[3]。

　　衡量一个国家或经济体低碳经济发展状况的指标应该能够测量向低碳经济发展的整个进程，不仅要包括其自身直接排放的相关指标，也要包括通过产品服务的输入输出活动与世界其他部分产生联系、相互作用的其他指标。考虑到低碳发展的实现途径，衡量一个国家或经济体低碳发展状态的指标体系，主要考虑人均碳排放水平、碳经济强度、碳能源强度3个指标[4]。

　　（1）人均碳排放水平

　　人均碳排放指标具有公平的含义。人均碳排放水平日本 9.02 t，OECD 国家平均10.61 t，德国 9.79 t，英国 8.32 t。发展中国家中，中国人均排放排放与人均 GDP 之间存在近似倒 U 型的曲线关系，包括中国在内的广大发展中国家正处于这一曲线的爬坡阶段。

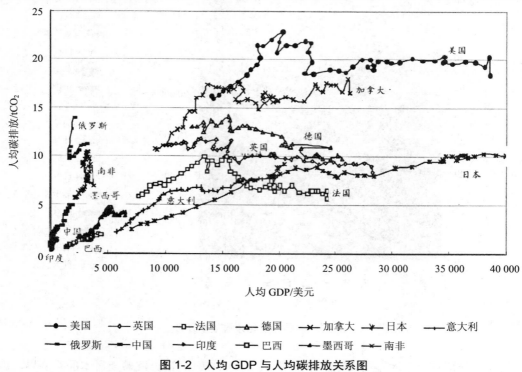

图 1-2　人均 GDP 与人均碳排放关系图

资料来源：朱守先，世界各国低碳发展水平比较分析，开放导报 2010 年 12 月第 6 期，总第 153 期。

一方面，发展中国家工业化、城市化、现代化进程远未完成，发展经济、改善民生的任务艰巨。为了实现发展目标，发展中国家的能源需求将有所增长，这是发展中国家发展的基本条件。另一方面，《斯特恩报告》也指出，从全球来看，如果没有足够的政策干预，人均收入增长和人均排放之间的正相关关系将长期存在。必须通过适当的政策措施，才能打破这种联系。由此可见，人均碳排放是衡量低碳经济的一个非常重要指标。

（2）碳经济强度

碳经济强度是单位 GDP 产出的碳排放量，用来衡量一个经济体的效率水平。由于碳经济强度取决于人均碳排放与人均 GDP 两个指标，所以收入水平的高低和碳经济强度的大小并没有直接的联系。根据 International Energy Agency（IEA）的数据，2008 年发达国家中碳经济强度最低的是瑞士，为 0.15 $kgCO_2$/2 000 美元，美国为 0.48 $kgCO_2$/2 000 美元，加拿大为 0.63 $kgCO_2$/2 000 美元，澳大利亚为 0.77 $kgCO_2$/2 000 美元，英国为 0.29 $kgCO_2$/2 000 美元，日本为 0.22 $kgCO_2$/2 000 美元，OECD 国家为 0.41 $kgCO_2$/2 000 美元；发展中国家中印度为 1.73 $kgCO_2$/2 000 美元，中国为 2.30 $kgCO_2$/2 000 美元。

值得注意的是，一些低人类发展指数的国家，如莫桑比克的碳经济强度为 0.24 $kgCO_2$/2 000 美元，为全球前 7 位碳经济强度最低的国家之一，然而其人类发展指数仅为 0.402，在全球位于第 172 位。可见，作为衡量低碳经济发展状态的指标之一，碳经济强度指标比较适合经济发展水平（或人文发展水平）比较接近的国家之间对比。碳经济强度指标无法考量一个国家（经济体）的人文发展水平以及奢侈排放情况。

（3）碳能源强度

碳排放来源于化石能源的使用，广泛产生于人类生产和生活之中。煤炭、石油和天然气的碳排放系数递减，绿色植物是碳中性的，太阳能、水能、风能等可再生能源以及核能属于清洁的非化石能源。《京都议定书》规定的 6 种温室气体包括二氧化碳（CO_2）、甲烷（CH_4）、氧化亚氮（N_2O）、六氟化硫（SF_6）、氢氟烃（HFCs）和全氟烃（PFCs）[12]。其中二氧化碳是最主要的温室气体，大约占温室气体排放总量的 80%。能源结构指标可以有两种表达形式，一种是碳能源强度，即单位能源消费的碳排放量，反映的是各国的能源消费结构，另一种是非化石能源（包括可再生能源和核能）占一次能源消费中的比例。

关于第一种形式，根据 IEA 的数据，2008 年，碳能源强度排名世界第一的蒙古每吨油当量的二氧化碳排放量为 3.62 tCO_2/t 油当量；发达国家中澳大利亚为 3.05 tCO_2/t 油当量，美国为 2.45 tCO_2/t 油当量，OECD 国家为 2.32 tCO_2/t 油当量，日本为 2.32 tCO_2/t

油当量，德国为 2.40 tCO$_2$/t 油当量；发展中国家中印度为 2.30 tCO$_2$/t 油当量，中国为 3.07 tCO$_2$/t 油当量，巴西为 1.47 tCO$_2$/t 油当量。关于第二种形式的非化石能源，中国政府在 2009 年 11 月明确提出，2020 年实现"非化石能源占一次能源消费比重达到 15% 左右"，欧盟提出到 2020 年可再生能源消费比例要占终端能源消费的 20%。非化石能源（包括可再生能源）发展水平既与资源禀赋相关，也与资金和技术实力（能力）相关，是实现低碳经济和低碳发展的一条重要途径。

2.3   低碳经济是世界各国发展的必然选择

在经济飞速发展的今天，能源供应日渐紧张、环境污染日益严重，这将成为经济发展的阻力。为了更好地促进经济的健康平稳发展，我国应该在努力发展经济的同时兼顾能源环保产业的发展状况，做到协调发展。所以在现在这一关键时刻，发展低碳经济似乎已经成为了各国发展的必然选择。发展低碳经济也就是在发展经济的条件下采用低碳的方式。每个国家都有一个碳排放强度高峰，然后逐渐降下来[5]。

（1）世界各国二氧化碳排放量份额（见图 1-3）

英国政府为低碳经济发展设立了一个清晰的目标：到 2010 年二氧化碳排放量在 1990 年水平上减少 20%，到 2050 年减少 60%，到 2050 年建立低碳经济社会。为此，英国引入了气候变化税、碳排放贸易基金、碳信托交易基金、可再生能源配额等政策。日本与英国在低碳经济发展方面有很多共同的愿景。2007 年 6 月，日本与英国联合主办了以"发展可持续低碳社会"为主题的研讨会，勾画了未来低碳社会发展的蓝图，并投入巨资开发利用太阳能、风能、光能、氢能、燃料电池等替代能源和可再生能源，积极开展潮汐能、水能、地热能等方面的研究；停止或限制高能耗产业发展，鼓励高能耗产业向国外转移，对一些高耗能产品制定了特别严格的能耗标准。2007 年 7 月，美国出台了《低碳经济法案》，公布了题为《抓住能源机遇：创建低碳经济》的报告，提出了创建低碳经济的 10 步计划，对风能、太阳能、生物燃料等一系列可再生能源项目实行减免税收、提供贷款担保和经费支持等优惠政策。巴西、墨西哥、印度等发展中国家也主动减排、限排，发展低碳经济已成为国际社会主流的战略选择。目前，中国碳排放强度高峰现在已经过去了，从"十一五"开始，万元 GDP 能耗已经下降了，在此之前是增加的。可以说"十一五"是一个转折点，碳排放强度高峰已经往下走了。而且我们承诺，以后会走得更低，到 2020 年单位国内生产总值二氧化碳排放强度要比 2005 年下降 40%～45%。绝对碳排放强度高峰什么时候能下来？估计还需要 30 年的时间，就是到 2040 年或者到 2050 年前，绝对碳排放强度高峰可以过去，低碳经济的发展才可以获得真正的意义。

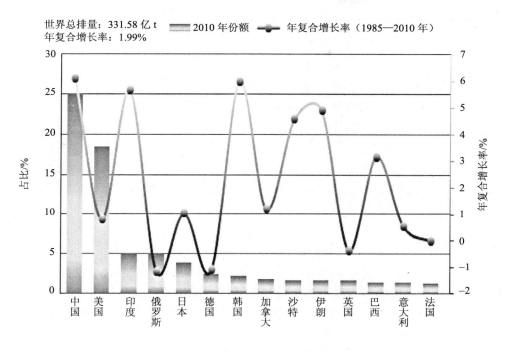

世界总排量：331.58 亿 t
年复合增长率：1.99%

图 1-3 世界各国二氧化碳排放量比较

2002—2030 年，中国将净增二氧化碳排放量 38.37 亿 t，占世界二氧化碳排放净增量的 1/4 以上。因此，除将排放的二氧化碳进行封存外，将其循环利用也是必要的选择。我们把采用高新技术将二氧化碳等温室气体变为绿色高新精细化工产品和功能新材料称为二氧化碳绿色化。具体方法是首先采用变压吸附等高新技术将化肥厂、石油化工厂、电厂、水泥厂、钢铁厂、生物发酵厂、石灰厂等产生的二氧化碳工业废气净化和回收，为精细化工和功能新材料提供原料。然后采用催化、反应精馏、纳米技术、离子液体等高新技术，把二氧化碳衍生成碳酸二甲酯、碳酸二乙酯、碳酸甲乙酯、三光气等绿色高新精细化工产品和聚碳酸酯、聚氨酯等新材料。我们已将二氧化碳绿色化作为中国精细化工行业的一个主攻方向，组织全行业的专家、教授、科技工作者、企业家和管理干部，组建全国低碳经济与二氧化碳绿色化利用行业联合会，进行科技和技术攻关，进行商业化、产业化和国际化的示范。

表 1-3 主要发达国家提议的到 2020 年减排目标

国家或地区	2020 年目标	2020 年目标相比于 1990 年排放量	2020 年目标相比于 2005 年排放量
欧盟	较 1990 年降低 20%，若达成国际协议，可以扩大到 30%	−20%～−30%	−14%～−25%
澳大利亚	较 1990 年降低 5%，若达成国际协议可扩大到 15%	+13%～+1%，也可能是−11%	−11%～−21%
加拿大	较 2006 年降低 20%	−3%	−22%
美国	较 2005 年降低 17%	−4%	−17%
总体目标		−10%～−15%	−16%～−21%

资料来源：世界银行著，中国人民大学气候变化与低碳经济研究所译，世界碳市场发展状况与趋势分析[M]，石油工业出版社，2010：326。

（2）中国二氧化碳排放量各行业份额（见图 1-4）

能源结构调整是发展低碳经济的必要步骤，对于发达国家来说，能源结构的调整，高耗能产业的技术改造和设备更新、减少温室气体的排放，加快度过碳排放强度高峰期，以及大面积植树造林活动的推广，都需要高昂的成本，甚至付出牺牲 GDP 的代价。如果在中国进行 CDM 的话，其成本可降到 20 美元/t 碳。中国有关企业应抓住这一机遇，争取发达国家碳交易项目的资金和技术来发展自己，来促进中国低碳经济的发展进程。

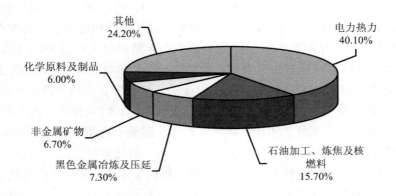

图 1-4 中国二氧化碳排放量各行业份额

2.4 我国国情与低碳经济发展

2.4.1 我国能源结构的劣势

我国能源资源的基本特点可概括为 6 个字："富煤、贫油、少气"。我国一次能源生产与消费结构中（见表 1-2），长期以煤炭为最主要的部分。煤炭作为能源生产和消费的基础性能源，取决于我国丰富的煤炭自然储量。我国煤炭储量占全球总煤炭储量的 13%。我国能源结构，总体上处于煤炭多油气少的态势。相比全球一次能源消费，我国煤炭消费比重远高于世界平均水平。煤炭燃烧的碳排放量，不仅高于可再生清洁能源，也高于同为化石燃料的石油和天然气。单位热量燃煤产生的碳排放量比石油、天然气分别高大约 36%和 61%。我国以煤炭为主的消费结构，比重远高于全球平均水平，直接带来了我国单位 GDP 二氧化碳排放强度相对较高的事实。能源结构的基本状态，是一个长期存在的事实，不易在短期内有大的改变。要降低煤炭在能源结构中的比重，并逐步提升新能源在能源结构中的比例，是一个较为缓慢的过程。现有的能源结构，为发展低碳能源技术带来了一定制约。能源结构的短期刚性，使中国温室气体减排目标的实现，存在技术上、资本上的更多压力。由于我国能源利用效率不高，GDP 能耗值较高，又成为促使我国碳排放强度相对较高的因素。

虽然我国能源结构在不断优化，但一次能源生产的 2/3 仍是煤炭。燃煤发电约占电力结构的 80%。煤多、油少、气不足的资源条件，决定了我国在未来相当长一段时间内煤炭仍将是主要一次能源。煤炭属于高碳能源，我国也没有了廉价利用国际"低碳"能源的条件，资源和能源密集型产品大量出口，又增加了我国单位 GDP 的碳强度。在《联合国气候变化框架公约》和《京都议定书》约束下，二氧化碳等温室气体排放权成为发展的资源，气候变化国际谈判中减排指标的确定和分解实际上也是在争夺排放权的这一发展空间。

进入 21 世纪以来，我国经济增长迅速。但是，我国面临着日益严峻的资源与环境的形势。我国资源供应不能满足日益增长的资源需求。我国能源消费结构不合理。煤炭、石油、天然气等化石燃料的消费占到能源消费结构的绝大部分。我国工业化进程不断加快，能源消费需求不断增大，我国能源安全问题越来越重要。石油对外依存度已经超过了国际警戒线。我国能源消费带来的环境成本越来越高。我国目前是全球最大的碳排放国。温室气体排放量不断增多，污染大气，破坏环境，对我国经济社会造成越来越多的负面影响。

我国当前处于工业化、城市化快速发展阶段，在节约能源、提高能源效率方面已做出了巨大努力，节能减排力度世界最大。但由于国内生产总值较快增长，能源消费和二氧化碳排放总量大、增长快的趋势短期内难以改变,应对气候变化面临严峻的挑战。1990—2008 年,我国国内生产总值的二氧化碳强度下降了 2%。由于国内生产总值增长 5.8 倍,二氧化碳排放总量也增长 2.8 倍,已成为世界第一排放大国。从 2005 年到 2009 年,单位国内生产总值能源强度下降 14.38%,但能源消费总量也增长 37%。每年二氧化碳排放增长量占世界增长量的一半左右,控制能源需求和二氧化碳排放总量的上升幅度仍是艰巨任务。

2.4.2　能源结构的优势

当然发展低碳经济不只有上述劣势,还有对我们自身发展有利的条件,我们应充分利用这些有利因素来实现低碳经济的有效发展。

我国幅员辽阔,风能、太阳能、水能蕴藏量丰富,为可再生能源发电提供了资源基础。我国风能资源丰富,分布较广。我国 10 m 高层的风能资源储量大于 32 亿 kW,其中陆地可开发利用的风电储量大于 2 亿 kW,近海距海面 10 m 高层风能储量大于 7 亿 kW。我国太阳能资源丰富,全国 2/3 以上地区年日照时数超过 2 000 h。我国水能资源理论蕴藏量超过 6 亿 kW,西部地区有大量未充分开发利用的水能资源。

我国的生物质（Biomass）资源也相当丰富,为发展生物质能产业提供了坚实的基础。生物质资源,也包括农业、林业、牧业废弃物等。我国年产农作物秸秆约 8 亿 t,年产畜禽粪便 20 多亿 t,加上不宜种植粮棉油的边际性土地种植薯类、高粱等能源作物,预计年替代性潜能相当于 1 亿 t 原油。利用家庭畜牧业废弃物发展的农户沼气,在 1990—2005 年累计向农村居民提供了大约 2.84×10^7 t 标准煤能量。中国 2008 年可再生能源"十一五"规划内容,农户沼气和规模化沼气工程到 2010 年底生产 190 亿 m^3 沼气。

2.4.3　低碳经济的发展方向

世界各国的发展历史和趋势表明,人均二氧化碳排放量、商品能源消费量和经济发达水平有显著正相关关系。人为活动产生的二氧化碳等温室气体主要来自煤炭、石油等的生产消费,部分来自水泥生产。无论是化石能源还是钢铁、水泥等产品,都是工业化、城市化必不可少的物质投入。我国正处于工业化、城市化的快速发展阶段。大规模的基础设施建设需要钢材、水泥、电力等的供应保证,这些高碳产业是我国新一轮经济增长的带动产业,目前无法通过国际市场满足中国的巨大需求。因此降低其碳强度,成为我国提高产业竞争力、应对气候变化的必然要求。

中国经济由"高碳"向"低碳"转变的最大制约,是整体科技水平落后。IPCC 指出,在解决未来温室气体减排的气候变化问题上,技术进步是最重要的决定因素,其作用超过其他所有驱动因素总和。中国应该努力开发以下技术:①煤的清洁高效开发和利用技术；②可再生能源技术；③油气资源勘探开发利用技术；④输配电和电网安全技术；⑤核电技术。经济全球化进程中，发展中国家技术研发能力有限，大规模、高效率的国际低碳技术转让对于发展中国家克服技术的"锁定效应"起到重要作用。《联合国气候变化框架公约》明确强调了技术开发与转让的必要性和迫切性，《联合国气候变化框架公约》第 4.5 款规定："发达国家缔约方应采取一切实际可行的步骤，酌情促进、便利和资助向其他缔约方特别是发展中国家缔约方转让或使他们有机会得到环境有益技术和专有技术，以使他们能够履行本公约的各项规定。"

我国技术水平参差不齐、研发和创新能力有限，这是我们不得不面对的现实，也是我国由"高碳"向"低碳"转型的最大挑战。尽管《联合国气候变化框架公约》和《京都议定书》要求发达国家向发展中国家转让技术。但执行情况并不乐观。改革开放以来实施的市场换技术政策。虽然汽车等技术含量高的产品市场被外国公司占领，但并没有得到多少核心技术和知识产权。拿钱买不到核心技术，因此我国要自主开发技术成为有识之士的共识。发展低碳能源技术、相关科技计划、二氧化碳收集储存技术研发等已纳入我国"973 计划"、"863 计划"等科技支撑计划。发达国家在这些技术上起步不久，我国的差距并不大。近年来，我国可再生能源开发利用产业呈快速增加之势。如果我国加大投入，可以实现这个领域的跨越式发展[6]。

2.4.4 发展低碳经济一定要适合国情

"橘生淮南则为橘，生于淮北则为枳"，古人就教导我们做事要有的放矢，因地制宜。我国处于社会主义初级阶段，这是我国最大的国情。因此我们要在这个大前提下找出一条适合我国发展低碳经济的道路。

和发达国家相比，我国低碳技术的落后制约着我国低碳经济的发展。低碳技术的分类有多种，按照能源类型进行分类，大致可以分为两类：第一类是化石能源的高效利用技术，是节能减排技术的重要范畴，包括清洁煤技术、油气和煤层气勘探开发技术等。第二类是可再生能源开发利用技术，又称新能源开发技术。包括风能、太阳能、生物质能的开发利用和传输技术，主要应用于发电项目。风能发电、太阳能发电是新能源技术的核心。新能源发电技术是改善未来能源结构的基础推动力。

如何构建低碳体系，不同的国家有不同的理解，这是非常有道理的，因为每个国家的国情不一样。比如说英国首先提出的低碳经济，他们所提出的低碳经济重点是放在清洁能源，当然清洁能源的发展是非常重要的，更重要的是强调碳捕获、碳交易、碳市场。但中国是一个发展中国家，我们的经济技术各种条件并不能完全把重点放在这些方面，更多的可能是在发展的过程当中来减少温室气体的排放，比如说我们不可能现在为了减少排放在电厂安个设施来收集、捕获，然后封存，这是不现实的，也是没有商业价值的，因为成本非常高。碳捕获 1 t 要 30～50 美元，捕获过程中会消耗电厂 20%～30%的电力，到了服务端我们原来耗 1 t 煤现在得耗 1.2 t 煤，资源大量消耗掉。另外它储到什么地方去，储到那个地方会不会对当地的资源环境造成影响，没有研究的结果，当然这个技术不是说我们不去研究，恰恰相反，我们现在应该很好地去研究它，捕获了之后要使用。用到什么地方我们认为，将来用到石油的开采上会很有前途的[7]。

2.5 中国"十二五"低碳发展规划

首先，我国"十一五"期间节能减排取得了显著效果，以平均每年 6.6%的能源消费增速支撑了国民经济平均每年 11.2%的增长速度，能源消费弹性系数比"十五"期间降低了 0.45，由原来的 1.04 降低到 0.59，共节约 6.3 亿 t 标准煤能源。"十一五"期间我国单位国内生产总值能耗由"十五"后三年的上升 9.8%变为下降 19.1%，SO_2 和 COD 排放总量由 2003—2005 年的上升 32.3%和 3.5%分别转为下降 14.29%和 12.45%。我国产业结构得到一定程度的优化，电力行业 300MW 以上火力发电机组占火电装机总容量的比重从 50%上升到 73%，建材行业新型干法水泥熟料产量比重由 39%上升到 81%，钢铁行业 1 000 m^3 以上高炉产能比重由 48%上升到 61%。和 2005 年相比，2010 年我国钢铁行业干熄焦技术的普及率从不到 30%上升到超过 80%，水泥行业低温余热回收发电技术普及率 2005 年才刚刚起步，2010 年已经提高到 55%，烧碱行业离子膜法烧碱技术普及率从 29%上升到 84%。"十一五"时期，我国的节能减排能力显著增强，形成节能能力 3.4 亿 t 标准煤，城镇日污水处理能力新增 6 500 万 t，城市污水处理率达到 77%，燃煤电厂脱硫机组容量已投产 5.78 亿 kW，占火力发电机组总容量的 82.6%，火电供电煤耗由 370 g 标准煤/kW·h 下降到 333 g 标准煤/kW·h，降幅达到 10%。吨钢综合能耗由 688 kg 标准煤下降到 605 kg 标准煤，下降了 12.1%；水泥行业综合能耗下降了 28.6%，乙烯综合能耗下降 11.3%，合成氨综合能耗降低 14.3%，能效水平大幅提高。

"十一五"期间，我国初步形成节能法规标准体系、政策支持体系、技术支撑体系、监督管理体系，初步建立了重点污染源在线监控和环保执法监察相结合的减排监督管理体系，全社会节能环保意识得到进一步提高。但是，我国面临很大的资源环境问题和节能减排压力，"十二五"期间我国还必须进一步采取更加具有针对性的措施。我国工业化、城市化进程的加快以及消费结构升级，能源需求呈刚性增长，由于我国环境容量和资源保障能力有限，受此制约我国社会经济发展受资源环境瓶颈的约束更加突出，对节能减排的相关工作要求更高，难度更大。国际上围绕能源安全和气候变化问题展开的博弈越来越激烈。一方面，贸易保护主义抬头，比如欧盟对中国光伏产业产品涉嫌倾销从而立案进行反倾销调查，将会对我国光伏产业链造成相当大的打击，相关企业可能遭受破产、兼并、重组等后果，损失巨大。绿色贸易壁垒越来越突出，一些发达国家凭借其技术优势开征碳税并计划实施碳关税，遏制发展中国家的发展，保护本国产品。然而也有积极的一面，国际绿色经济、低碳技术兴起，很多发达国家乐于对此加大投入，促进节能环保、绿色能源和低碳技术的发展，各国竞争也日趋激烈。

节能减排对于中国来说是挑战与机遇并存，面临巨大挑战的同时也具有难得的发展机遇。科学发展观深入人心，全民节能环保意识不断提高，各方面对节能减排的重视程度明显增强，产业结构调整力度不断加大，科技创新能力不断提升，节能减排激励约束机制不断完善，这些都为"十二五"推进节能减排创造了有利条件。要充分认识节能减排的极端重要性和紧迫性，增强忧患意识和危机意识，抓住机遇，大力推进节能减排，促进经济社会发展与资源环境相协调，切实增强可持续发展能力[8]。

"十二五"时期我国主要节能目标和减排目标分别见表1-4和表1-5：

表1-4　"十二五"时期主要节能指标

指标	单位	2010 年	2015 年	变化幅度/变化率
工业				
单位工业增加值（规模以上）能耗	%			[−21%左右]
火电供电煤耗	g 标准煤/kW·h	333	325	−8
火电厂厂用电率	%	6.33	6.2	−0.13
电网综合线损率	%	6.53	6.3	−0.23
吨钢综合能耗	kg 标准煤	605	580	−25
铝锭综合交流电耗	kW·h/t	14 013	13 300	−713
铜冶炼综合能耗	kg 标准煤/t	350	300	−50
原油加工综合能耗	kg 标准煤/t	99	86	−13
乙烯综合能耗	kg 标准煤/t	886	857	−29
合成氨综合能耗	kg 标准煤/t	1402	1350	−52
烧碱（离子膜）综合能耗	kg 标准煤/t	351	330	−21
水泥熟料综合能耗	kg 标准煤/t	115	112	−3
平板玻璃综合能耗	kg 标准煤/重量箱	17	15	−2
纸及纸板综合能耗	kg 标准煤/t	680	530	−150
纸浆综合能耗	kg 标准煤/t	450	370	−80
日用陶瓷综合能耗	kg 标准煤/t	1 190	1 110	−80
建筑				
北方采暖地区既有居住建筑改造面积	亿 m²	1.8	5.8	4
城镇新建绿色建筑标准执行率	%	1	15	14
交通运输				
铁路单位运输工作量综合能耗	t标准煤/百万 t换算tkm	5.01	4.76	[−5%]
营运车辆单位运输周转量能耗	kg 标准煤/百 tkm	7.9	7.5	[−5%]

指标	单位	2010 年	2015 年	变化幅度/变化率
营运船舶单位运输周转量能耗	kg 标准煤/千 tkm	6.99	6.29	[−10%]
民航业单位运输周转量能耗	kg 标准煤/tkm	0.450	0.428	[−5%]
公共机构				
公共机构单位建筑面积能耗	kg 标准煤/m^2	23.9	21	[−12%]
公共机构人均能耗	kg 标准煤/人	447.4	380	[15%]
终端用能设备能效				
燃煤工业锅炉（运行）	%	65	70～75	5～10
三相异步电动机（设计）	%	90	92～94	2～4
容积式空气压缩机输入比功率	kW/（m^3·min）	10.7	8.5～9.3	−1.4～2.2
电力变压器损耗	kW	空载：43 负载：170	空载：30～33 负载：151～153	−10～−13 −17～−19
汽车（乘用率）平均油耗	L/10^2 km	8	6.9	−1.1
房间空调器（能效比）	—	3.3	3.5～4.5	0.2～1.2
电冰箱（能效指数）	%	49	40～46	−3～−9
家用燃气热水器（热效率）	%	87～90	93～97	3～10

注：[ ]内为变化率。

表 1-5　"十二五"时期主要减排指标

指标	单位	2010 年	2015 年	变化幅度/变化率
工业				
工业化学需氧量排放量	万 t	355	319	[−10%]
工业二氧化硫排放量	万 t	2 073	1 866	[−10%]
工业氨氮排放量	万 t	28.5	24.2	[−15%]
工业氮氧化物排放量	万 t	1 637	1 391	[−15%]
火电行业二氧化硫排放量	万 t	956	800	[−16%]
火电行业氮氧化物排放量	万 t	1 055	750	[−29%]
钢铁行业二氧化硫排放量	万 t	248	180	[−27%]
水泥行业氮氧化物排放量	万 t	170	150	[−12%]
造纸行业化学需氧量排放量	万 t	72	64.8	[−10%]
造纸行业氨氮排放量	万 t	2.14	1.93	[−10%]
纺织印染行业化学需氧量排放量	万 t	29.9	26.9	[−10%]
纺织印染行业氨氮排放量	万 t	1.99	1.75	[−12%]
农业				
农业化学需氧量排放量万吨	万 t	1 204	1 108	[−8%]
农业氨氮排放量	万 t	82.9	74.6	[−10%]
城市				
城市污水处理率	%	77	85	8

注：[ ]内为变化率。

第二篇　中国企业面临的低碳发展挑战与机遇

　　中国是世界上第二大的制造业国家，第一大出口业国家，在最近的 25 年间 GDP 以每年超过 10%的速度在递增。据估计，中国现在的能源需求 80%依靠煤，电力行业 83%依靠煤。中国是世界上第三大煤储藏国，是第一大煤的生产和消费的国家。2008 年，煤的生产量占世界上 38%的份额，预计到 2030 年，将增加到 49%[9]。工业能耗消费依然以化石燃料为主，但逐步向清洁化方向发展。2011 年，工业能源消费结构与上年相比变化不大。其中，煤和焦炭消费量占到工业终端能耗的 51.4%，比上年略有下降；原油及其他油品的消费比重达 12.7%，比上年降低 0.4%；电力消耗比重达 23.2%，比上年提高 0.9%；天然气的消费比重比上年提高 1.4%，如图 2-1 所示。

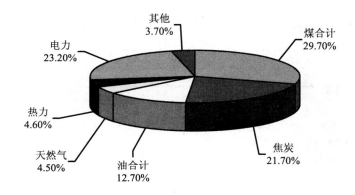

图 2-1　2011 年中国工业终端能耗消费结构

注：1. 为计算方便，按电热当量法取 2011 年工业终端能耗为 169 825.7 万 t 标准煤。

　　2. 煤合计包括原煤、洗精煤、型煤、其他洗煤。

　　3. 油合计包括原油、柴油、汽油等油制品。

　　4. 以上数据均来自《中国能源统计年鉴 2012》。

　　国家发改委公布[10]，"十一五"期间，全国单位 GDP 能耗下降 19.1%，全国二氧化碳排放量减少 14.29%，全国化学需氧量排放量减少 12.45%，完成了"十一五"规划纲要确定的目标任务。"十一五"期间，我国以能源消费年均 6.6%的增速支撑了国民经济年均 12%的增速，能源消费弹性系数[11]由"十一五"初期的 1.04 下降到 0.59，缓解了能源供需矛盾。"十一五"的后三年全国单位 GDP 能耗回升了 9.8%，全国二氧化硫和化学需氧量排放总量分别上升了 32.3%和 3.5%。2011 年初，国家制定了单位 GDP 能耗下降 3.5%和规模以上工业增加值能耗下降 4%的节能目标。从完成情况看，2011 年单位 GDP 能耗下降 2.01%，规模以上工业增加值能耗下降 3.49%，均低于年初既定目标，节能指标完成情况不理想，见表 2-1。

表 2-1　2005—2011 年中国单位 GDP 能耗和工业增加值能耗下降情况

年份	单位 GDP 能耗/ （t 标准煤/万元）	单位 GDP 能耗 下降率/%	工业增加值能耗/ （t 标准煤/万元）	工业增加值能耗 下降率/%
按 2005 年价格计算				
2005	1.276	—	2.59	—
2006	1.241	2.74	2.54	1.98
2007	1.179	5.04	2.40	5.46
2008	1.118	5.20	2.20	8.43
2009	1.077	3.61	2.05	6.62
2010	1.034	4.01	1.92	6.61
按 2010 年价格计算				
2010	0.809	—	1.44*	—
2011	0.793	2.01	1.39*	3.49

注：1. 2005—2011 年数据来自《2011 中国工业节能进展报告——"十一五"工业节能成效与经验回顾》。（国宏美亚，2012年 2 月）

2. 2011 年单位 GDP 能耗和下降率来自《2011 年省市万元地区生产总值（GDP）能耗等指标公报》。

3. 2011 年规模以上工业增加值能耗下降率来自工信部。

4. 按照 2010 年价计算得 2010 年和 2011 年工业增加值能耗仅供参考。

5. 标*数据仅供参考。

2009 年与 2005 年相比，电力行业 300MW 以上火电机组占火电装机容量比重由 47%上升到 69%，钢铁行业 1 000 m³ 以上大型高炉比重由 21%上升到 34%，电解铝行业大型预焙槽产量比重由 80%上升到 90%，建材行业新型干法水泥熟料产量比重由 56.4%上升到 72.2%。2009 年与 2005 年相比，火电供电煤耗由 370 g/kW·h 降到 340 g/kW·h，下降了 8.11%；吨钢综合能耗由 694kg 标准煤降到 615kg 标准煤，下降了 11.4%；水泥综合能耗下降了 16.77%；乙烯综合能耗下降了 9.04%；合成氨综合能耗下降了 7.96%；电解铝综合能耗下降了 10.06%。"十一五"通过节能提高能效少消耗能源 6.3 亿 t 标准煤，减少二氧化碳排放 14.6 亿 t[12]。

但是，2011 年中国工业能源消费增长速度并未像中国工业经济增速一样呈现"稳中求稳"态势，而是创下了自 2008 年以来的新高，工业能耗年增速达到 6.22%。几大高能耗行业消耗延续了 2010 年以来强劲的增长势头，高耗能行业继续成为推高中国能源消费的主要力量。2011 年，全年中国工业能源总量达到 24.64 亿 t 标准煤（等价值，下同），占中国能耗消费总量的比重 70.8%，如图 2-2 所示。工业能源消费总量攀升，加上交通运输和生活消费用能量提高（2011 年，交通运输和生活消费用能之和占全国能源消费总量的 18.94%，比上年提高 0.3%），共同推动中国能源消费总量突破 34 亿 t 标准煤。在消费需求拉动下，2011 年，中国一次能源生产总量达到 31.8 亿 t 标准煤，居世界第一[13]。

2011 年中国工业能耗增速为 6.22%，增幅比上年提高 0.4%。从 2006 年以来中国工业能耗年增速变化趋势上看，2008 年工业能耗增速创下 4.37%最低点，此后一路温和反弹，2008—2011 年，工业能耗增速增幅约为每年 0.4%，如图 2-3 所示。

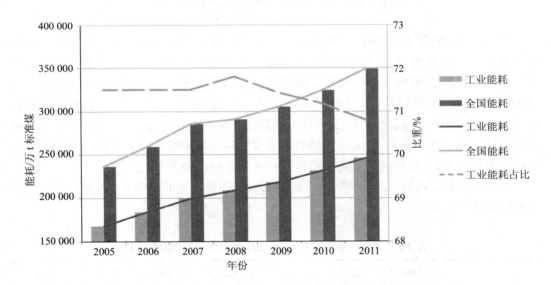

图 2-2　2005—2011 年中国工业能耗比重

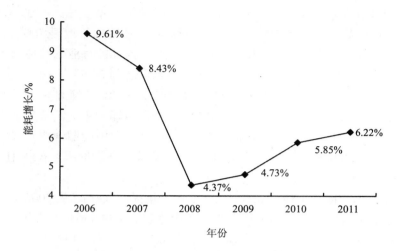

图 2-3　2006—2011 年中国工业能耗年增速

钢铁、石油和化工、建材、有色金属和电力行业等高耗能行业能耗增速创下自 2006 年以来的新高，继续成为推高中国工业能耗的主要角色。2011 年，钢铁、石油和化工、建材、有色金属和电力行业终端能耗（折标准煤）消费量分别为 62 490.32 万 t、54 667.43 万 t、31 443.53 万 t、14 977.06 万 t 和 14 238.46 万 t，分别比上年增长 10.8%、12.5%、9.7%、10% 和 12.8%[14]。五大行业能耗之和接近 17.8 亿 t，占工业能耗消费总量的 72.15%。比上年提高约 3%。五大高耗能行业能耗平均年增速为 11.18%，比同期工业能耗增速高出 5%，高耗能行业能源消费增长势头强劲，见表 2-2。

面临国际和国内的减排压力，各个企业必须采取强有力的措施才能完成"十二五"规划的减排目标。

表 2-2　2005—2011 年五大行业能耗之和占工业能耗比重

	2005 年	2006 年	2007 年	2008 年	2009 年	2010 年	2011 年
能耗（折标准煤）/ 万 t	119 562.4	131 470.2	143 447.2	148 478.4	156 079.0	159 936.6	177 816.8
占比/%	70.86	71.09	71.53	70.94	71.20	68.93	72.15
年增速/%	11.63	9.96	9.11	3.51	5.12	2.47	11.18

注：根据历年《中国能源统计年鉴》综合整理。

3 企业面临的国内外挑战

3.1 企业面临的风险

3.1.1 政策风险

由于应对气候变化得到国际社会的广泛关注，虽然出于各自利益，各国政府对于气候谈判达成共识也存在较大的意见分歧，但是国际社会以及各个国家都在积极应对气候变化，陆续出台控制温室气体排放量方面的相关政策和法律。相关政策、法规的颁布，将对企业产生影响，企业也将面临由此带来的风险。所以，把握政策走向对于企业未来发展来说至关重要，可将风险最大程度降低[15]。

从最新的多哈气候大会谈判结果来看，会议通过了《京都议定书》修正案，从法律意义上确保 2013 年开始实施《京都议定书》第二承诺期，坚持"共同但有区别的责任"的原则，发达国家需向发展中国家提供技术支持。虽然没有对发展中国家的减排额度做出明确规定，但是中国政府对气候变化问题高度重视，把积极应对气候变化行动作为经济社会发展的重大议题，并将之纳入经济社会发展中长期规划。2009 年，中国就确定到 2020 年单位国内生产总值二氧化碳排放量在 2005 年基础上下降 40%～45%。这些指标将分配给各个地方，地方政府再逐步分配到各行业企业。

"十一五"时期，中国在控制温室气体排放方面取得了显著成效，通过政策调整转变经济增长方式，从调整产业结构、开发和使用新能源、提高能源使用效率、增加碳汇等方面控制温室气体排放。为此，"十一五"期间国家出台了一些政策，如 2008 年国务院发表的《中国应对气候变化的政策与行动》，表明了中国政府在应对气候变化问题上所采取的措施。2007 年国务院发表《中国应对气候变化国家方案》，明确了到 2010 年中国的具体目标、原则以及重点领域的政策措施。2007 年，还发布了《节能减排综合性工作方案》，方案规定，到 2010 年我国单位国内生产总值能耗在 2005 年的基础上下降 20% 左右。主要措施有：控制高污染、高能耗行业发展；加快淘汰产能落后企业；加大力度调整能源结构等。2005 年颁布了《中国清洁发展机制项目管理办法》，对于我国企业申请 CDM 项目具有重要的指导意义。详细说明了我国企业申请 CDM 项目的原则、条件以及操作程序和其他一些相关规定。

"十二五"时期，我国仍把积极应对气候变化作为经济社会发展的重要任务，坚持科学发展观，加快转变经济增长方式，合理控制能源消费总量，节约能源提高能效，控制温室气体排放。我国"十二五"规划明确提出到 2015 年，单位 GDP 二氧化碳排放量在 2010 年基础上下降 17%，单位 GDP 能耗下降 16%，非化石能源占一次能源消费比重达到 11.4%。这些目标都说明我国政府发展低碳经济、积极应对气候变化的决心。节能减排"十二五"规划还提出健全节能环保法律、法规和标准，强化节能减排监督检查和能力建设。党的十八大报告也特别强调坚持节约能源和保护环境的基本国策，说明我国在今后相当长的一段时期内，对节能减排工作的重视。

相关政策和法律的出台将对企业的生产、产品结构和主要能源原材料供应产生非常大的影响，尤其是高能耗行业的企业，将会不可避免受到减排政策的冲击，相关政策风险更大。政策是投资发展方向的晴雨表，企业应当对此有充分的前瞻性，认识到企业面临的风险，并且做好应对准备。

3.1.2　生产经营成本上升及碳税

应对气候变化，国家相关政策措施的出台将会使企业面临生产经营成本上升、利润率下降的风险。生产经营成本上升主要是指两个方面：第一，对于高排放的化石能源或者原材料价格上涨，这将促使企业对生产方式进行调整，能源及原材料价格的上涨，由于受到气候变化以及极端天气增加的直接或间接影响，企业能源和原材料有可能面临资源短缺问题，造成价格上涨，从而导致运输成本的增加，用电成本也有可能随之增加；第二，在生产过程各环节中，对碳排放进行监测，需增加检测项目，对生产工艺布局进行调整，影响整个生产流程，从而增加生产成本。

碳税是针对温室气体排放所征收的税种，其目的是保护环境，减少温室气体排放，从而减缓全球气候变暖。碳税是通过对燃煤、汽油、航空燃油和天然气等化石燃料产品，按照其碳含量所占比例进行征收。目前，一些欧洲发达国家已经开始进行碳税的征收。例如，欧盟自 2012 年 1 月 1 日起对所有到达和离开欧盟成员国家机场的航班征收超出配额的碳排放费用，欧盟规定，航空公司免费排放额为该公司原来排放总量的 85%，虽然由于航空碳税的政策遭到很多国家的强烈反对，欧盟于 2012 年 11 月决定暂缓航空碳税一年，对于欧盟国家进出欧洲的航班，仍然继续向其征收航空碳税，但是未来仍有可能将继续对全球航空公司征收碳税。如果更多的国家在各行业都对进口产品的碳含量提出明确的限制，征收相关费用，那么我国出口企业将面临新的碳税标准带来的对高碳含量产品征收高额费用的风险，或者甚至是被禁止进入该国市场的风险。

我国政府也已经开始研究相关碳税政策，我国"十二五"规划要求"建立完善温室气体排放统计核算制度，逐步建立碳排放贸易市场。积极推动环境税费改革，选择防治任务繁重、技术标准成熟的科目开征环境保护税，逐步扩大征收范围"。碳税是减少二氧化碳排放的重要经济手段，从目前形势来看，我国必定会采取征收碳税的政策。这将给国内能源企业带来财务上的风险，一旦我国开始征收碳税，企业将为此支付一笔不小的支出。

3.2 市场准入标准及出口贸易壁垒

市场准入制度，是有关国家和政府准许公民和法人进入市场、从事商品生产经营活动的条件和程序规则的各种制度和规范的总称[16]。从国内市场发展情况来看，在国家宏观政策的指导下，我国各行业和各地区都将低碳作为经济发展的方向，鼓励低碳产业的发展，为了提高产业竞争优势，将推进低碳技术标准的制定和实施，提高市场准入标准，这将给企业造成不小的风险。中国已经发布了钢铁、火电、造纸等多个行业的清洁生产评价指标体系，对各行业企业进行清洁生产评价，这些评价也将作为各行业的市场准入门槛，首先政府采购将以此评价结果作为重要的评判标准。未来我国还有可能出台更加严格的政策制度，提高市场准入标准。

发达国家制定的技术法规将会对我国进行国际贸易的企业造成直接的冲击，对出口市场将是不小的挑战。目前我国企业的单位产值综合能耗以及碳排放量明显高于欧美一些发达国家，数据显示 2009 年我国万元国内生产总值能耗为 7.65 t 标准油/万美元，而主要发达国家如英国为 1.05 t 标准油/万美元，美国 1.89 t 标准油/万美元，日本 1.17 t 标准油/万美元（表 2-3）。

表 2-3　2009 年世界主要发达国家万元国内生产总值能耗

	美国	英国	法国	荷兰	德国	加拿大	日本	韩国	中国
万元国内生产总值能耗/（t 标准油/万美元）	1.89	1.05	1.29	1.29	1.24	2.40	1.17	2.70	7.65

到 2020 年，即使我国在现有水平上将能耗排放水平降低一半水平，也难以和美国、日本以及欧洲一些国家竞争，如果未来发达国家出台相关法律政策，对单位生产能耗进行限制，那么我国企业的出口状况将令人担忧。中国企业出口国际市场的优势在于产品物美价廉，国际市场需求量大，中国加工制造业发达，其中相当大的部分是在为国际终端消费品市场生产。加工制造业的快速发展从而带动了建材、化工、钢铁和有色金属等高能耗行业发展，所以导致我国碳排放量快速增长的情况。这种状态下，如果企业的主要出口国家或地区对企业或产品的温室气体排放情况提出明确的要求或者限制，就会对我国的出口企业形成贸易壁垒，以出口为主要业务的企业将面临无法进入国际市场、出口价格上涨和利润降低的风险，甚至将会遭遇企业生存危机。

3.3 企业缺乏对气候变化问题认识

我国企业对于气候变化的认知程度还不高，在实施应对气候变化的战略时，企业各个层面的各级管理人员和普通员工，都需要加强对气候变化问题的认识，进行全方位的减排工作。首先，企业对自身能源使用的监察监管能力还很弱。特别是能源消费占企业总支出较低的企业，还未能将能源管理事务纳入企业日常管理体系。其次，企业还缺乏完善的能源消费和温室气体排放统计体系，对于温室气体排放的报告能力不足。一般情况下企业会有用能数据，但是计算温室气体排放量需要详细的能源品种和品质的数据，例如，煤炭、石油、天然气、电力、热力等各能源种类的消费数量，同时还需要各种类能源详细分类的数量，如煤炭能源中烟煤、褐煤、无烟煤等的数据，以及汽油、柴油、燃料油等，同时还需要提供不同能源品种的品质数据，如发热值等，因为不同品质的能源热值不同，温室气体排放系数也不同。目前来说，能报告详细能源数据的企业还不多。

企业对于碳排放信息的披露意识还很弱。近几年来，已经有越来越多的发达国家企业认识到企业对于气候变化风险信息披露的重要性。但是我国企业在这方面还远远不足，还将企业能耗排放数据作为商业机密，不愿意进行披露。一些发达国家已经开始做这方面的工作，实施了相关政策。作为第一个强制企业在年度报告中汇报企业整体排放数据的国家，英国伦敦交易所主要市场的所有上市企业，必须报告其温室气体排放量水平。2010 年 2 月，美国证券交易委员会也正式通过了《上市企业气候风险披露指南》，指南规定"在美国上市的企业，必须向投资者明确披露气候变化对企业造成的相关影响。"这对我国大量在美上市的企业将造成直接的影响，同时，也间接影响那些同美国企业有业务关系的进出口企业，影响进出口贸易，进而影响到我国国内的经济贸易。指南主要要求披露企业气候变化风险的三个方面，即对上市企业排放温室气体和气候变化立场的披露；对上市企业风险评估信息的披露；上市企业应对气候风险行为的披露。其中，对上市企业排放温室气体披露部分要求企业提供包括过去、现在和未来温室气体排放量的数据，以及对整个行业排放贡献的背景资料。强制性的要求企业披露温室气体排放情况将会帮助企业管理和减少废气排放，对于企业来说，增加了行业排放数据的透明度，有利于制定行业相关的排放标准，为通过减少能源成本来节省开支的企业提供充分的信息。

3.4 气候变化对企业的直接影响

气候变化将使全球生态系统发生改变，引起极端天气发生频率增加。影响那些对气候变化较为敏感的行业企业，使其生产经营条件恶化。气候变化将会使水资源紧缺，对于用水量多的行业，如钢铁、化工行业企业将有可能面临水资源供给的压力。气候变化使海平面上升，沿海地区的企业可能因为海水倒灌使水质改变，被迫增加成本改善生产用水水质，甚至面临工厂迁址和停产的风险。气候变化导致的极端天气频发也有可能对企业生产设施造成破坏，影响企业的正常运营。

气候变化将对我国生态环境造成破坏，对农业、水资源以及沿海地区造成非常大的不利影响。而我国企业目前在适应气候变化行动方面还几乎毫无经验，没有相关的预防意识。所以对企业相关的风险管理计划措施的披露也非常重要，若不制定相应的应对方法与措施，采取及时地适应行动，未来我国企业将会面临由此带来的巨大风险。

4　工业企业应把握的发展机遇

4.1　工业企业温室气体排放核算与报告技术

4.1.1　目的

建立中国工业企业温室气体监测、报告和核查技术方法学，使该方法学合理，具有可行性；计算过程简便，具有操作性；数据来源可靠，具有准确性。企业编制温室气体排放核算报告，可以达到以下目的：

（1）有利于对温室气体排放进行全面掌握与管理；

（2）提高企业在社会上的公共形象；

（3）对于确认减排机会及应对气候变化决策起重要参考作用；

（4）发掘潜在的节能减排项目及清洁发展机制（CDM）项目；

（5）积极应对国家政策及履行社会责任；

（6）为参与国内温室气体自愿减排交易做准备。

4.1.2　基本原则

该报告的核算应遵循以下原则：

（1）相关性

确保温室气体排放清单恰当反映企业的温室气体排放情况，服务于企业内部和外部用户的决策需要，选择适应目标用户需求的温室气体源、温室气体汇、温室气体库、数据和方法学。

（2）完整性

核算和报告选定排放清单边界内所有温室气体排放源和报告。披露任何没有计入的排放源及其活动，并说明理由，包括所有相关的温室气体排放和清除。

（3）一致性

采用一致的方法学，以便可以对长期的排放情况进行有意义的比较。按时间顺序，清晰记录有关数据、排放清单边界、方法和其他相关因素的变化，能够对有关温室气体信息进行有意义的比较。

（4）准确性

应尽量保证在可知的范围内，计算出的温室气体排放量不系统性地高于或低于实际排放量，尽可能在可行的范围内减少偏见和不确定性，达到足够的准确度，以保证用户在决策时对报告信息完整性的信心。

（5）透明性

按照清晰的审计线索，以实际和连贯的方式处理所有相关问题。披露任何有关的假定，并恰当指明所引用的核算与计算方法学以及数据来源。发布充分使用的温室气体信息，使目标用户能够在合理的置信度内做出决策[17]。

除此之外，组织还可考虑如下基本原则：

（1）重点研究关键排放源

关键排放源是在总排放量中比例较大的排放源。关键排放源（活动）尽可能采用详细的高级别计算方法，而非关键排放源可采用低级别的计算方法。

（2）数据源优先级

在收集数据源和计算排放因子时，最优先考虑现有地方实测数据，例如燃料的元素分析，燃烧设备的热平衡测试；其次是国内同类或相似地区数据和中国国家数据，最后为联合国政府间气候变化专门委员会（IPCC）与美国国家环保局（EPA）等机构的推荐值。

（3）除电力消耗适用"消费"模式外，其他均采用"生产"模式

通常情况下，电力消耗在组织温室气体中所占比例较大，而电力往往属于异地生产和远距离传输，因而如果采用"生产"模式，将显著低估组织温室气体排放量。基于此，国际上多数是采用"消费+生产"的混合模式计算温室气体排放情况[18]。

4.1.3 工作流程

工业温室气体排放流程主要包括：温室气体排放量化和报告的目的、温室气体排放清单的设计、温室气体排放的量化、质量管理和报告几个方面。

首先，确定温室气体排放量化目的；其次，确定工业企业组织边界和目标组织运行边界；再次，对温室气体排放进行细微量化；然后对温室气体排放清单的质量控制；最后，温室气体排放报告成型。具体流程详见图 2-4。

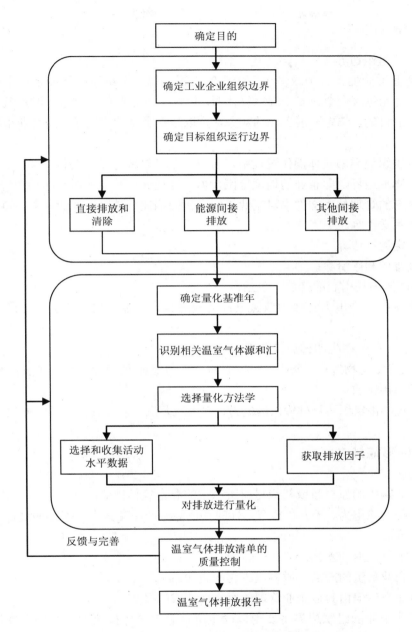

图 2-4　温室气体排放核算与报告流程

4.1.4　边界的确定

（1）确定组织边界

工业企业可能拥有一个或多个下一级的组织，每一个组织可能拥有一个或多个设施，设施内可能包含一个或多个温室气体源，因此工业企业可根据进行温室气体排放量和核查报告的目的，选定开展工作的对象，可以是整个企业，也可以是企业中的某一个组织。

在确定组织边界的具体操作过程中，工业企业可以参考以下资料：

企业的物理边界，即企业的地理范围，如厂区边界；企业的组织结构图等；

企业既有的管理体系文件中对企业组织结构的描述，详细内容请参考 ISO 14001 建立的管理体系文件等。

（2）确定运行边界

①直接排放和碳清除：

A．由能源消耗引起的排放，包括：

燃烧燃料；生产电力、热力或蒸汽；运输原料、产品、废弃物和员工通勤；逸散排放。

B．工业过程中产生的排放，包括：

物理、化学、生物过程；企业自己控制的废弃物处置/处理所产生的排放；逸散排放。

②能源间接排放：

企业消耗的由组织边界外输入的电力、热力或蒸汽，以及其他由组织外生产的动力/热力介质。

③其他间接碳排放：

外购的新鲜水；

生产企业购买的原材料或初级材料所产生的温室气体排放；

企业外购的除电力、热力和蒸汽之外的其他能源产品在其生产和运输过程中所产生的温室气体排放；

员工上下班往返和差旅；

由其他企业负责的产品、原料或废物的运输；

由本企业产生但由其他企业管理的废物所造成的排放。

一个工业企业的组织边界主要用以确定进行温室气体排放量化和核查报告的组织范围，并以汇总方法为基础获得不同的组织结构；运行边界则用以确定在组织边界范围内的直接排放、能源间接排放和其他间接排放，并根据企业开展温室气体量化和报告的目的确定，只核算直接排放、能源间接排放，还是也核算其他间接排放[19]。运行边界示例请参照表 2-4。

表 2-4　运行边界示例图

运行边界		设施活动	排放源
直接温室气体排放	生产电力、热力或蒸汽产生的温室气体排放	锅炉	煤
		回收沼气燃烧	沼气
		发酵过程	发酵物
	拥有控制权下的原料、产品、废物运输和员工通勤等运输过程	汽车	汽油
		汽车	柴油
		叉车	液化石油气
	企业资金控制的废弃物置/处理所产生的排放	污水处理	污水处理
		沼气回收	CH_4
	逸散性温室气体的排放	空调	氟制冷剂
		冷干机	氟制冷剂
		CO_2 灭火器	CO_2
		外购、外卖 CO_2	CO_2
能源间接温室气体排放	企业消耗的由组织边界外输入的电力、热力或蒸汽产生的温室气体排放	包装	外购电
		酿造	外购电
		动力	外购电
		其他	外购电
		食堂	外购电
		除氧	外购电
其他间接温室气体排放	因组织的活动引起的而被其他组织拥有或控制的温室气体排放	外购新鲜水	新鲜水
		人员差旅（汽车）	交通
		人员差旅（火车）	交通
		人员差旅（飞机）	交通

4.1.5　排放量的计算

4.1.5.1　温室气体的核算方法介绍

（1）基于测量的方法

通过相关仪器设备对温室气体的浓度或体积等进行连续测量得到温室气体排放量的方法。排放主体可以通过排放连续监测系统（CEMS）的技术性能、安装位置和运行管理等应符合相关规定，以减少测量偏差，降低不确定性。通过基于测量的方法得到的温室气体排放量，排放主体应通过基于计算的方法进行验证。鉴于测量方法需要较高成本及技术，在发展中国家难以实施，现在只在少数的发达国家有应用。

（2）基于计算的方法

是指通过活动水平数据和相关参数之间的计算得到温室气体排放量的方法，包括排放因子法和物料平衡法。

下面重点介绍基于计算的方法：

1）排放因子法：

排放因子法一般是指通过活动水平数据和相关参数之间的计算来获得排放主体温室气体排放量的方法。

$$温室气体排放总量=直接排放量+间接排放量 \qquad (2\text{-}1)$$

直接排放包括燃烧排放和工业过程排放，间接排放包括外购电力和热力及蒸汽等排放。

①燃烧排放

燃烧排放主要基于分燃料品种的消耗量、低位热值、单位热值含碳量和氧化率及全球增温潜势计算得到，具体计算按式（2-2）：

$$E = \sum (Q_i \times R_i \times C_i \times \alpha_i \times \mathrm{GWP}_i \times 44/12) \qquad (2\text{-}2)$$

式中：E —— 燃烧过程排放量，t；

　　　i —— 燃料的种类；

　　　Q —— 燃料消耗实物量，t 或 m^3；

　　　R —— 低位热值，TJ/t 或 TJ/m^3；

　　　C —— 单位热值含碳量，TJ/t 或 TJ/m^3；

　　　α —— 氧化率，以分数形式表示，%；

　　　GWP —— 温室气体的全球增温潜势（见表1-1）；

　　　$44/12$ —— CO_2 到 C 的相对分子质量比。

在燃烧排放中，消耗量指各种燃料的实物消耗量，如煤、天然气、汽油和其他燃料等；低位热值是指单位燃料消耗量的低位发热量；单位热值含碳量是单位热值燃料所含碳元素的质量；氧化率是燃料中的碳在燃烧中被氧化的比例[20]。低位热值和单位热值含碳量的缺省值见表2-5；氧化率的缺省值为100%。上述参数在具体行业中的取值和检测方法见行业方法中的相关规定。

表 2-5 化石燃料相关参数缺省值

燃料品种	单位热值含碳量[①]	低位热值[②]
无烟煤	27.4 tC/TJ	23.21×10^3 kJ/kg（23.21×10^{-3} TJ/t）
烟煤	26.1 tC/TJ	22.35×10^3 kJ/kg（22.35×10^{-3} TJ/t）
褐煤	28.0 tC/TJ	14.08×10^3 kJ/kg（14.08×10^{-3} TJ/t）
其他煤制品	33.6 tC/TJ	17.46×10^3 kJ/kg（17.46×10^{-3} TJ/t）
焦炭	29.5 tC/TJ	28.435×10^3 kJ/kg（28.435×10^{-3} TJ/t）
原油	20.1 tC/TJ	42.62×10^3 kJ/kg（42.62×10^{-3} TJ/t）
汽油	18.9 tC/TJ	44.8×10^3 kJ/kg（44.8×10^{-3} TJ/t）
柴油	20.2 tC/TJ	43.33×10^3 kJ/kg（43.33×10^{-3} TJ/t）
燃料油	21.1 tC/TJ	40.19×10^3 kJ/kg（40.19×10^{-3} TJ/t）
一般煤油	19.6 tC/TJ	44.75×10^3 kJ/kg（44.75×10^{-3} TJ/t）
喷气煤油	19.5 tC/TJ	44.59×10^3 kJ/kg（44.59×10^{-3} TJ/t）
其他石油制品	20.0 tC/TJ	40.2×10^3 kJ/kg（40.2×10^{-3} TJ/t）[③]
天然气	15.3 tC/TJ	38.93×10^3 kJ/m³（38.93×10^{-6} TJ/m³）
液化石油气	17.2 tC/TJ	47.31×10^3 kJ/kg（47.31×10^{-3} TJ/t）
焦炉煤气	13.6 tC/TJ	17.406×10^3 kJ/m³（17.406×10^{-6} TJ/m³）
其他煤气	12.2 tC/TJ[②]	$15.758\,4 \times 10^3$ kJ/m³（$15.758\,4 \times 10^{-6}$ TJ/m³）
炼厂干气	18.2 tC/TJ	46.05×10^3 kJ/kg（46.05×10^{-3} TJ/t）
液化天然气	17.2 tC/TJ	41.868×10^3 kJ/kg（41.868×10^{-3} TJ/t）
石脑油	20.0 tC/TJ	45.01×10^3 kJ/kg（45.01×10^{-3} TJ/t）
油焦	27.5 tC/TJ	32.5×10^3 kJ/kg（32.5×10^{-3} TJ/t）[③]

数据来源：① 来自《省级温室气体清单编制指南》（试行）；②来自《中国温室气体清单研究》；③来自《IPCC 国家温室气体清单指南》（2006）。

②过程排放

过程排放是指排放主体在生产产品或半成品过程中，由化学反应或物理变化而产生的温室气体排放。过程排放中，活动水平数据主要指原材料使用量，或产品、半成品的产量。具体过程排放计算按式（2-3）：

$$E = \sum \left(Q_{ADj} \times EF_j \right) \tag{2-3}$$

式中：j —— 原材料、产品或半成品的种类；

Q_{AD} —— 活动水平数据，t 或 m³；

EF —— 过程排放因子，tCO_2/t 或 tCO_2/m^3。

只有部分行业存在过程排放，表 2-6 为部分燃料的排放因子。

表 2-6 燃料排放因子

燃料类型	排放因子/ （kgCO$_2$/MJ）	排放系数/（kgCO$_2$/kg）		
		排放系数	上限	下限
标准煤	0.084	2.46		
无烟煤	0.098 1	2.619	2.04	3.241
一般烟煤	0.095 9	1.812	1.065	2.598
其他洗煤	0.094 4	2.436	1.777	3.036
煤制品	0.094 4	2.663	2.091	3.131
天然气	0.056	2.688	2.519	2.933
液化天然气	0.064 1	2.831	2.38	3.296
原油	0.073 2	3.096	2.847	3.378
汽油	0.069 2	3.064	2.862	3.263
煤油	0.071 4	3.147	2.921	3.343
柴油	0.073 9	3.179	3.000	3.233
燃料油	0.077 2	3.12	3.001	3.281
液化石油气	0.063	2.978	2.755	3.42
煤厂干气	0.057 5	2.844	2.312	3.519
石脑油	0.073 2	3.257	2.891	3.540
石油焦	0.097 4	3.164	2.457	4.800
石油沥青	0.080 5	3.237	2.44	3.694

数据来源：《IPCC 国家温室气体清单指南》（政府间气候变化专门委员会，2006）。

③电力和热力排放

电力和热力排放是指排放主体因使用外购的电力和热力等所导致的温室气体排放，该部分排放源于上述电力和热力的生产。电力和热力排放中，活动水平数据指电力和热力等的消耗量。具体电力和热力排放量计算按式（2-4）：

$$E = \sum (Q_{AD_k} \times EF_k) \tag{2-4}$$

式中：k —— 排放源的种类，如电力或热力等；

Q_{AD} —— 活动水平数据，万 kW·h 或 GJ；

EF —— 排放因子，tCO$_2$/万 kW·h 或 tCO$_2$/GJ。

电力和热力排放因子的缺省值见表 2-7。

表2-7　2010年电力和热力的排放因子缺省值

名称	缺省值
电力排放因子	$0.86\ t\ CO_2/MW·h$
热力排放因子	$0.12\ t\ CO_2/GJ$

数据来源：《省级温室气体清单编制指南》。

④数据的获取

a. 活动水平数据获取

活动水平数据包含能源消耗量、原材料消耗量、产品或半成品产出量等。对于活动水平数据的获取，排放主体可通过以下方法：

a）外购的燃气、电力和热力等消耗量数据可通过相关结算凭证获取；

b）燃料（如煤、柴油和汽油等）和原材料的消耗量数据，可通过报告期内存储量的变化获取，具体计算按式（2-5）：

$$Q_{CON} = Q_P + (Q_{S1} - Q_{S2}) - Q_O \tag{2-5}$$

式中：Q_{CON}——消耗量，t；

　　　Q_P——购买量，t；

　　　Q_{S1}、Q_{S2}——期初、期末存储量，t；

　　　Q_O——其他用量，t。

c）产品产出量数据可通过存储量的变化获取，具体计算按式（2-6）：

$$Q_{OUT} = Q_X + (Q_{S1} - Q_{S2}) + Q_O \tag{2-6}$$

式中：Q_{OUT}——产出量，t；

　　　Q_X——销售量，t。

d）半成品产出量数据可通过存储量的变化获取，具体计算按式（2-7）：

$$Q_{OUT} = Q_X - Q_P + (Q_{S1} - Q_{S2}) + Q_O \tag{2-7}$$

b. 相关参数获取

相关参数包括低位热值、单位热值含碳量、氧化率、过程排放因子和电力/热力排放因子等，获取方式主要有以下两种：

a）检测值：检测值的来源包括排放主体自主检测、委托机构检测及其他相关方提供的数值。自主检测及委托机构检测应遵循标准方法（如国家标准、行业标准和地方标准等）中对各项内容（如实验室条件、试剂、材料、仪器设备、测定步骤和结果计算等）

的规定，并保留检测数据；使用其他相关方提供的数值时，应保留相应凭证。

b）缺省值：表 2-5 或行业方法中所提供的数值。

鼓励排放主体对相关参数进行检测，检测方法和结果经主管部门认可后，可直接作为相关参数的数据值。在缺乏检测值的情况下，排放主体采用表 2-5 或行业方法中的缺省值。缺省值的选取应以市级、省级和国家级为次序。

2）物料平衡法

在温室气体排放计算中，物料平衡法是根据质量守恒定律，对排放主体的投入量和产出量中的含碳量进行平衡计算的方法，采用式（2-8）计算：

$$E = \left[\sum (Q_{in} \times C_{in}) - \sum (Q_{ex} \times C_{ex}) \right] \times 44/12 \qquad (2\text{-}8)$$

式中：E —— 温室气体的排放量，t；

Q_{in} —— 投入物量，t；

C_{in} —— 投入物含碳量，tC/t；

Q_{ex} —— 输出物量，t；

C_{ex} —— 输出物含碳量，tC/t。

4.1.5.2 不确定性

在获取活动水平数据和相关参数时可能存在不确定性。排放主体应对活动水平数据和相关参数的不确定性以及降低不确定性的相关措施进行说明。

不确定性产生的原因一般包括以下几方面：

①缺乏完整性：由于排放机理未被识别，无法获得监测结果及其他相关数据。

②数据缺失：在现有条件下无法获得或者难以获得相关数据，因而使用替代数据或其他估算、经验数据。

③数据缺乏代表性：例如已有的排放数据是在发电机组满负荷运行时获得的，而缺少机组启动和负荷变化时的数据。

④测量误差：如测量仪器、仪器校准或测量标准不精确等。

排放主体应对核算中使用的每项数据是否存在因上述原因导致的不确定性进行识别和说明，同时说明降低不确定性的措施。

不确定性量化方法：

当某一估计值为 n 个估计值之和或差时，该估计值的不确定性采用式（2-9）计算：

$$U_c = \frac{\sqrt{(U_{s1} \times \mu_{s1})^2 + (U_{s2} \times \mu_{s2})^2 + \ldots + (U_{sn} \times \mu_{sn})^2}}{|\mu_{s1} + \mu_{s2} + \ldots + \mu_{sn}|} = \frac{\sqrt{\sum_{n=1}^{N} (U_{sn} \times \mu_{sn})^2}}{|\sum_{n=1}^{N} \mu_{sn}|} \qquad (2\text{-}9)$$

式中：U_c —— n 个估计值之和或差的不确定性（%）；

U_{s1}、U_{s2}、$\cdots$、U_{sn} —— n 个相加减估计值的不确定性（%）；

μ_{s1}、μ_{s2}、$\cdots$、μ_{sn} —— n 个相加减的估计值。

当某一估计值为 n 个估计值之积时，该估计值的不确定性采用式（2-10）计算：

$$U_c = \sqrt{U_{s1}^2 + U_{s2}^2 + \ldots + U_{sn}^2} = \sqrt{\sum_{n=1}^{N} U_{sn}^2} \qquad （2\text{-}10）$$

式中：U_c —— n 个估计值之积的不确定性（%）；

U_{s1}、U_{s2}、$\cdots$、U_{sn} —— n 个相乘估计值的不确定性（%）。

4.1.6　计算数据的质量管理

计算数据的质量控制一般以年为计算周期，为使年度排放报告准确可信，排放主体可通过以下措施对数据的获取与处理进行质量控制。工业企业宜对温室气体排放量的过程中用到的数据进行质量评估，从而对量化结果的质量有所了解。对数据质量评估结果不佳的数据宜进行不确定性分析，分析方法可参考 ISO 14064—1 中的参考方法，也可参考《IPCC 国家温室气体清单指南》（2006）提及的方法，或其他可信方法。

（1）企业应建立完善的信息质量控制体系

在保持与监测计划及本方法要求一致的情况下，排放主体应建立、实施和维护关于数据获取与处理的活动，包括测量、监测、分析、记录及参数的处理与计算。

燃料、原料消耗量、产品产出量的获取应与财务、票据等数据对应一致。应定期对计量仪器进行校准，当计量仪器不符合要求时，应进行必要的修复。如果相关参数采用检测的方法，应提供实施者相应的能力证明，如在检测过程中依照标准方法，采用高精确度的检测仪器，对检测人员进行相关培训等。

（2）排放主体应对数据进行复查和验证

数据复查可采用纵向方法和横向方法。纵向方法即对不同年度的数据进行比较，包括年度排放数据的比较，生产活动变化的比较和工艺过程变化的比较等。横向方法即对不同来源的数据进行比较，包括采购数据、库存数据（基于报告期内的库存信息）、消耗数据间的比较，不同来源（如排放主体检测、行业方法和文献等）的相关参数间比较和不同核算方法间结果的比较等。

（3）排放主体应定期对测量仪器进行校准、调整

当仪器不满足监测要求时，排放主体应当及时采取必要的调整，对该测量仪器进行设计、测试、控制、维护和记录，以确保数据处理过程准确可靠。

4.1.7　排放报告的组成

排放主体需自行或委托有能力的单位编制年度排放报告，应包括：

①排放主体的基本信息：排放主体名称、报告年度、组织机构代码、法定代表人、注册地址、经营地址、通讯地址和联系人等。

②排放主体的排放边界。

③排放主体与温室气体排放相关的工艺流程。

④报告情况说明：包括报告计划的制订与更改情况、实际报告与报告计划的一致性、温室气体排放类型等。

⑤温室气体排放核算信息：

基于测量的方法时，应报告以下内容：排放源的测量值、连续测量时间及相关操作说明。

基于计算的方法时，应报告以下内容：化石燃料燃烧排放应报告部分燃料品种的消耗量；对应的相关参数的量值及来源。

⑥不确定性产生的原因及降低不确定性的方法说明。

⑦数据质量管理情况说明。

⑧其他应说明的情况：如 CO_2 清除、生物质燃料燃烧排放、废弃物处置排放等内容。

⑨真实性说明。

4.2　碳交易和绿色气候基金

4.2.1　碳交易

清洁发展机制简称 CDM，是根据《京都议定书》第十二条建立的发达国家与发展中国家合作进行温室气体减排的灵活履约机制之一，它允许发达国家在发展中国家实施有利于发展中国家可持续发展的减排项目投资，减少温室气体排放量，进而履行发达国家在《京都议定书》中所承诺的限排和减排义务。

截至 2012 年 10 月 25 日，我国共有 2 462 个 CDM 项目注册成功，占东道国注册项目总数的 50.99%（图 2-5），项目类型涉及风力发电、小水电、工业节能、垃圾填埋气发电等。

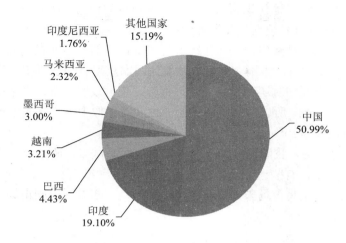

图 2-5 CDM 东道国成功注册项目情况

预计产生的二氧化碳年减排量共计 438 100 977 t，占东道国注册项目预计年减排总量的 64.97%（图 2-6）。

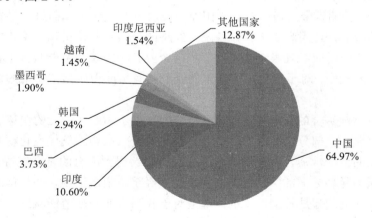

图 2-6 CDM 东道国预期核证减排量情况

CDM 项目已经越来越受到地方政府和企业的重视，许多省份都设立了 CDM 技术服务机构，促进中国企业与发达国家企业合作开发 CDM 项目，这对于中国企业来说将是一个非常大的商机，同时需要考虑到投资的风险性，需要对相关程序步骤深入了解，发达国家在承诺温室气体减排义务上的决定以及对义务的分配方案都有可能导致二氧化碳减排量交易价格的波动，进而影响项目的经济效益。

中国企业也越来越多地认识到清洁发展机制项目的作用，有越来越多的企业投入到项目申请中。CDM 项目必须满足几个条件：①获得项目涉及的所有成员国的正式批准；②促进项目东道国的可持续发展；③在缓解气候变化方面产生实在的、可测量的、长期的效益。通过 CDM 项目，中国企业可以从发达国家获得有利于可持续发展的国际先进技术和资金支持，企业同时还可以完成减排目标，获得政府支持，为企业的社会形象以及影响力做出巨大贡献。所以清洁发展机制的设立对于像中国这样的发展中国家企业来说是一个非常好的契机。

2011 年 11 月开始，我国也启动了国内碳排放交易试点，确定了 7 个试点省市，编制了碳交易实施方案，有些已经开始建立了一些制度，同时也建立了交易的核查机构、认证机构。可见，碳交易市场未来将在我国全面启动，随着国内碳市场的逐步完善，将为更多的国内企业带来减排动力。

4.2.2　绿色气候基金

绿色气候基金最早在 2009 年哥本哈根气候大会上提出，2010 年坎昆大会上确定成立，2011 年德班气候大会上正式启动。《哥本哈根协议》和《坎昆协议》规定，发达国家在 2010—2012 年出资 300 亿美元作为快速启动资金，2013 年开始，到 2020 年每年提供 1 000 亿美元的长期资金，帮助发展中国家为应对气候变化工作而进行融资。基金鼓励发展中国家的政府，使用政策工具，鼓励其经济的公共和私营机构单位，包括大型企业、中小型企业等开展应对气候变化工作。我国企业若积极参与节能减排工作，开展相关先进项目技术的投资，对于符合相关要求的企业就有可能得到国家申请的绿色气候基金的融资资助。

就目前绿色气候基金的发展情况来看，发达国家对于 300 亿美元的快速启动资金承诺未能按照约定履行，部分已经落实的资金，也不符合《联合国气候变化框架公约》下支持发展中国家的资金性质，许多发展中国家没有能够得到应有的资金支持。但是，导致这一问题的原因是多方面的，发达国家也正受到经济危机的影响，并且问题只是暂时性的，基金的融资机制却是长期性质的，基金对于我国企业开展节能减排工作将会提供实实在在的资金支持。

4.3　新技术的开发和技术转让

4.3.1　新技术的开发利用

在市场经济的环境下，生产要素是企业生存和发展的关键因素，生产技术水平的提高和创新越来越重要。当前形势下，国际能源价格波动幅度巨大，严重冲击着各国经济的发展，全球气候变化也使人们不得不逐渐摆脱对传统能源的依赖，提高能源使用效率，采用清洁能源代替化石能源，以及使用更加环保的能源生产、经营、消费模式。

在这样的全球背景下，低碳技术的研究、开发和利用已经被世界各国广泛重视，相关低碳产业的发展被称作"第四次工业革命"。这对于世界各国来说将是重大的战略机遇，中国也高度重视研究和开发应对气候变化的新技术，强调到 2020 年，使我国进入创新型国家的行列，同时出台了发展若干重大能源技术的国家级规划。国家中长期科学和技术发展规划纲要中的重点领域如表 2-8 所示。

表 2-8　我国中长期科学和技术发展规划纲要（2006—2020 年）中的重点领域

重点领域及其优先主题	1 能源
	（1）工业节能
	（2）煤的清洁高效开发利用、液化及多联产
	（3）复杂地质油气资源勘探开发利用
	（4）可再生能源低成本规模化开发利用
	（5）超大规模输配电和电网安全保障
	2 制造业
	（1）流程工业的绿色化、自动化及装备
	（2）可循环钢铁流程工艺与装备
	3 交通运输业
	低能耗与新能源汽车
	4 城镇化与城市发展
	建筑节能与绿色建筑
前沿技术	先进能源技术
	（1）氢能及燃料电池技术
	（2）分布式功能技术
	（3）快中子堆技术
	（4）磁约束核聚变

一些欧美发达国家企业在很多低碳技术领域处于领先地位，如先进的汽车技术、风力发电技术和生物燃料技术等。低碳技术的发展对于中国企业来说也是一次重大机遇，我国有些领域的企业已经意识到潜在的商机，在部分领域实现了对于国际先进水平的追赶和超越，比如大规模风力发电技术、太阳能光伏发电、电动汽车等行业，在国际上已经有了非常重要的地位。

中国政府的技术创新战略，对于企业来说指明了发展方向。由于我国节能减排的需求，国内对新技术的需求市场巨大，为低碳技术的发展提供广阔的市场支持。同时，中国企业开发新技术还有成本较低的优势,相对低的成本不仅使新技术拥有国内市场,对于国际市场的开拓也非常具有优势。中国是世界制造业的中心,已经成为世界第二大经济体,必须有新型的高附加值、高技术的产业作为支撑,低碳技术的发展正符合当前形势的要求。从我国内部经济结构调整、技术创新政策来说,都为新技术的发展提供有力的政策支持;从国际环境来说,各国也会为应对全球气候变化提供积极的政策和市场环境,所以,我国政府有望推动一批国内企业作为低碳技术发展的代表企业。这些因素都给我国企业提供了机遇和发展动力。

4.3.2　技术转让

《联合国气候变化框架公约》以及《京都议定书》规定了发达国家需履行承诺,向发展中国家提供资金和技术援助,以使发展中国家减少温室气体排放,从而换取温室气体排放权。这为包括中国在内的发展中国家企业提供了引进先进低碳技术的发展机遇[21]。

我国正在加快经济结构转型,向低碳经济发展,对于低碳技术的需求不断提高。目前我国从事的技术转让主要还是基于 CDM 项目。由于先进的生产技术是先进生产力的核心要素,也是国家核心竞争力的关键所在,在共同应对全球气候变化的过程中,发达国家对于向发展中国家转让先进低碳技术的意愿非常消极,这导致发达国家对于发展中国家的资金技术援助非常有限,远不能满足发展中国家减排的需要。

这是我国企业对于技术转让的外部限制,但是从我国企业自身角度出发,仍存在很多内部因素。我国企业目前还存在对低碳技术不了解,需求不明确,对于低碳技术的信息掌握不够全面,技术评估体系不健全等问题。企业在开展 CDM 项目时,更加注重短期的经济效益,对于企业长远的可持续发展重视程度不够。从而导致国内企业对于新技术的市场需求不足,这也延缓了技术转让的发展进程。

未来企业之间和国家之间竞争的一项重要环节便是以更低的碳排放量创造更高的经济价值。在国内外鼓励低碳经济发展的政策环境下,我国的企业应该更加重视这一发展方向,掌握最先进的低碳生产技术,才能在未来占领国内甚至国际竞争的制高点。

4.4　企业加强能源管理和品牌提升

4.4.1　企业加强能源管理降低成本

由于应对气候变化,国家出台相关政策及市场对于低碳产品的压力,将促使国内企业加强自身的能源管理。企业能源管理主要包括:企业能源统计、建立企业能源管理机构、建立企业能源管理信息系统、制定能源规划、制定能源消耗定额、完善能源管理制度、开展能源审计和加强员工节能认识等。企业加强能源管理工作不仅是满足政府要求，还将为企业自身带来切实利益：节约能源的同时降低生产成本，提高产品利润率，缓解能源价格上涨给企业带来的压力；完成政府下达的能耗排放指标；获得政府对于企业的支持，创造良好的外部环境；优化企业形象，扩大市场竞争优势。

合同能源管理虽然 20 世纪 90 年代后期就引入中国，却一直苦于没有政策支持，直到 2010 年 12 月 30 日，财政部和国家税务局《关于加快推行合同能源管理促进节能服务产业发展意见的通知》（以下简称《通知》）出台。《通知》指出，对符合条件的节能服务公司实施合同能源管理项目，取得的营业税应税收入，暂免征收营业税。节能服务公司实施符合条件的合同能源管理项目，将项目中的增值税应税货物转让给用能企业，暂免征收增值税。对于符合条件的节能服务公司实施合同能源管理项目，符合企业所得税税法有关规定的，自项目取得第一笔生产经营收入所属纳税年度起，第 1 年至第 3 年免征企业所得税，第 4 年至第 6 年按照 25% 的法定税率减半征收企业所得税。通知自 2011 年 1 月 1 日起执行。

当前我国步入了"十二五"的关键时期，节能减排工作也进入了攻坚阶段。"十二五"规划明确提出要推进合同能源管理，推进合同能源管理将成为"十二五"期间推动节能减排的重要抓手。历经 15 载的风雨考验，合同能源管理终于迎来了难得机遇，同时也承担起了更加艰巨的重任，面临着更加严峻的挑战。

"十一五"期间，我国运用合同能源管理机制的节能服务公司从 76 家递增到 782 家。据《"十一五"中国节能服务产业发展报告》预计，"十二五"期间，全国节能服务公司数量将从 782 家发展到 2 500 家[22]，节能服务将实现总产值 3 000 亿元[23]。天津市现在已经拥有节能服务公司 39 家，2011 年底将会增加到 100 家左右。"十二五"期间，如果要在企业中广泛开展节能减排，把大量的节能潜力挖掘出来，从总体上讲有 3 个障碍[24]。

第一个是认识障碍。这就是说，企业高管对节能减排的重要性和紧迫性的认识，还有待提高。基于能源浪费的"惯性"，一些企业往往有"浪费无罪"的误区。例如：有一家企业。节能改造的年经济效益达 1 200 万元，但是在谈判中，企业希望能少支付节能服务公司 200 万元。双方随后陷入争执，谈判推迟了近一年。而这一年下来，企业仅浪费的能源费用就达 1 200 万元。所以，企业应该真正提高认识。

第二个是技术障碍。现在有很多节能技术，一些技术还非常有效，投入产出比很高。可问题是技术非常混乱，鱼目混珠，有些节能服务公司能力不强或者夸大节能效果。由于缺乏比较权威、有效的信息，企业很难判断哪些技术是真的，哪些是假的，哪些技术最合适，技术到底有没有风险。这就需要提供信息服务和检测服务。所以中国急需建设完善检测队伍和检测机构。这是一个能力建设问题。

第三个是融资障碍。节能服务公司要做大量的项目，就需要大量的投资和融资。银行很多时候对项目的好坏、项目节能效益等无法做出准确的判断，最大的担心就是贷款无法回收。所以，融资机构一方面要提供购买合同、节能效益的抵押等多种经营品种为合同能源管理项目提供融资服务；另一方面银行也要加大培训，鼓励相关业务部门的创造性。同时，国家应该把银行等融资机构纳入激励的范围之内，鼓励银行开展这方面业务。

4.4.2　促进企业形象和品牌提升

公众对于企业应对气候变化行动的关注度决定了企业要想获得良好的社会形象和市场竞争力，必须在应对气候变化方面积极行动。在应对气候变化、节能减排方面采取积极措施的企业将会树立自己在市场中的正面形象，最终获得市场和消费者的认可和推广。

当前，国际很多知名企业都在这方面进行努力，积极打造绿色品牌。国内企业同样如此，随着我国经济的飞速发展，国内企业的实力不断扩大，对于降低能耗和排放的努力将成为市场主流。国内企业对于应对气候变化作出的努力对于提升企业国际形象具有非常大的帮助，企业若想打开更大的国际市场，节能降耗将是必须考虑的重要因素。

气候变化是全球性问题，国内企业积极采取应对措施，对于企业的全球化视野和思维具有很大帮助。具有全球视野的企业才具有发展的前瞻性，才能在新形势的风险中率先抓住机遇，确立企业在新形势下的领跑地位。

5　节能减排项目投资影响因素

节能减排项目与传统投资项目相比有其特殊性，项目的技术可行性、投资成本、经济效益、投资回收期等是传统项目投资需要考虑的影响因素，而节能减排项目需要将节能收益、减排收益、激励政策、惩罚措施等因素考虑在内[25]。节能减排项目存在其特殊的投资风险和投资机遇，这些风险和机遇都是企业节能减排项目决策的影响因素[26]。企业节能项目投资需要考虑的因素如图 2-7 所示。

概括地说，企业决策者在做节能项目投资决策时主要考虑以下 5 方面因素：政策、技术、资金、经济效益和社会效益（图 2-8）。政策因素主要是指国家和国际政策是否支持，以及相关的优惠及补贴措施，需考虑政策存在的风险和机遇。技术因素包括项目技术水平的先进程度和可行性，可以从技术的竞争力、成熟度和寿命期等方面考虑。资金因素是指项目的投资成本，这也是和技术密切相关的。社会效益因素考虑项目可能对当地居民造成的影响，政府是否支持，以及对企业自身品牌价值的影响。

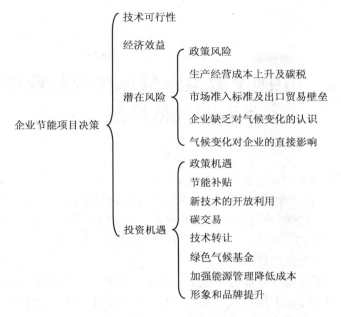

图 2-7　企业节能项目决策影响因素

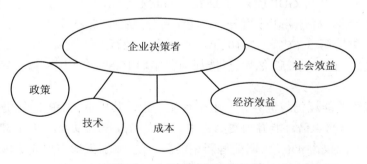

图 2-8　企业决策需考虑范围

第三篇　中国主要温室气体排放行业能耗和温室气体排放

  天津市是中国的 4 个直辖市之一，是我国北方的工业中心，受中央政府的直接领导。现有人口 1 228 万，位于中国首都北京市东南方 137 km，拥有中国最大的港口之一。在过去的 20 年间，天津的经济得到了快速的增长。2010 年，天津的 GDP 已经达到 9 109 亿元，与 2009 年 7 522[27]亿元相比较增长率为 21.10%。天津市 2010 年的 GDP 增速在全国省、市、自治区级位居第一。

  天津的经济发展还是属于能源密集型的发展。2009 年的总能耗为 5 870 万 t 标准煤，与 2005 年的 4 090 万 t 标准煤相比增长 43.8%。由于天津调整了产业结构并淘汰落后的产能，其万元 GDP 的能源强度从 2005 年的 1.11 t 标准煤下降到 2009 年的 0.84 t 标准煤，下降了 24.7%，与 2009 年全国平均万元 GDP 为 0.9 t 标准煤相比较，天津的万元 GDP 能源强度低于全国平均值 7.2%，在全国 30 个省、市、自治区中排名第 7 位。

  天津市 2010 年单位 GDP 能耗为 0.826 t 标准煤/万元，"十一五"期间累计下降 21%，超出中国政府下达目标任务 1 个百分点，超额百分点在全国 31 个省、市、自治区中（从高到低排列）位居第 3 位[28]。2010 年，天津市工业行业大类综合能耗为 4 019.9 万 t 标准煤，工业总产值为 16 752 亿元，以能耗消费年均 10.8% 的增速支撑了经济年均 16.1% 的增长。

  然而，天津的能耗仍与世界先进水平存在差距，其单位 GDP 能耗仍是世界先进水平的 1.6 倍，日本的 4 倍。能源消费结构中，煤炭仍占 60% 以上，油占 30% 左右，天然气等清洁高效能源仅占 4%，太阳能等新型能源不足 1%。天津市要完成国家下达的"十二五"能源规划纲要和建设中国的低碳示范城市需要做艰苦的努力。

  天津的节能目标是和国家"十二五"（2010—2015 年）规划的目标一致，即：①非化石能源占总一次能源消耗量的 11.4%；②单位 GDP 的能耗减少 16%；③单位 GDP 的 CO_2 减排量为 17%。因为天津是一个重工业基地，所以实现以上目标对天津是一个很大的挑战。

  为了摸清中国的主要温室气体排放行业的能耗与排放现状，对中国华北地区（重点是天津市）重点行业进行了能耗和排放调研。

6　电力行业

6.1　中国电力行业发展现状及"十二五"规划目标

"十一五"的前 4 年，依靠电源结构调整和能效提高，累计节约 3.91 亿 t 标准煤，减少二氧化碳排放 9.69 亿 t，减少二氧化硫排放 837 万 t。供电煤耗进一步下降。2009 年平均供电煤耗较 2005 年下降 30 g/kW·h，达到 340 g/kW·h，提前完成了"十一五"355 g/kW·h 的目标，位居世界先进水平之列。线损显著下降。2009 年全国电网线损率 6.72%，比 2005 年下降了 0.49 个百分点，累计节约电量 399 亿 kW·h[29]。

电力工业"十二五"规划：与 2010 年相比，2015 年电力工业年节约标准煤 2.70 亿 t，减排二氧化碳 6.69 亿 t，减排二氧化硫 578 万 t，减排氮氧化物 254 万 t，2015 年电力工业单位 GDP 能耗降低 0.061 t 标准煤/万元，对实现 2015 年单位国内生产总值能耗下降 16%目标的贡献率达到 37.03%[30]。

6.2　典型企业的能耗分析

本次调研共 5 家电力企业，其装机容量分别为：1 030MW（2×515MW）、840MW（4×210MW）、660MW（2×330MW）、1 200MW（2×600MW）和 435MW（300MW+135MW）。调研的 5 家企业在能源利用方面，主要是燃煤发电厂，在设备大修时，使用一些外购电、在点火时使用成品油作为助燃剂。5 家企业主要利用煤发电，5 家企业的主要生产设备为锅炉、汽轮机、发电机、燃煤供热发电机组。

2006—2010 年，5 家企业单位产量综合能耗趋势对比见图 3-1。

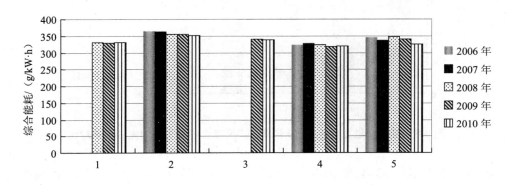

图 3-1　5 家电力企业单位产量综合能耗趋势对比

　　由图 3-1 可以看出，5 家企业都有不同程度的下降，整体处于下降趋势。其中 3 号电厂于 2009 年投产，且没有供热，主要产品只是电力，因此运行不是很稳定，单位产量综合能耗偏高且不是很稳定。

　　根据调查数据，依据各企业 2010 年单位产量综合能耗数据与国家标准进行比较，其中 2010 年国家单位产量综合能耗为 335 g/kW·h[31]，见图 3-2。

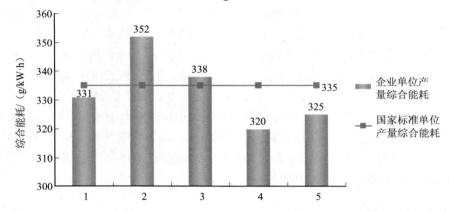

图 3-2　被调研电力企业 2010 年单位产量综合能耗与国家标准对比

　　通过调研数据，用被调研电力企业 2010 年单位产量综合能耗与国内先进电厂单位产量总和能耗进行对比分析，其中，上海外高桥第三发电厂在节能环保方面处于国内领先水平，其 2010 年单位产量综合能耗为 279.39 g/kW·h[32]，特此与其进行比较，见图 3-3。

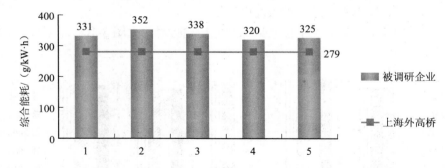

图 3-3　被调研电力企业 2010 年单位产量综合能耗与国内先进水平对比

　　依据图 3-2、图 3-3 不难看出，热电联产电厂存在着发电效率低，能源浪费严重等一系列的问题。从分析数据中可以看出，这 5 个热电联产厂的能耗标准普遍高于全国平均水平，处于国内领先地位，但是，和国内先进的发电厂能耗标准相比还有很大的不足，在节能减排方面还有很大的提升空间。

根据调研数据，2010 年这 5 家电力行业企业万元产值综合能耗对比见图 3-4。

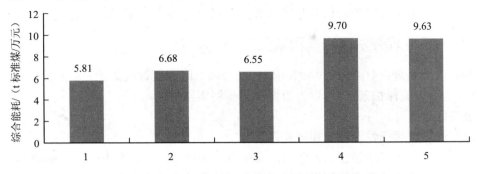

图 3-4　被调研电力企业 2010 年万元产值综合能耗对比

根据 5 家电力企业调研数据显示，2010 年万元产值综合能耗最高的为 4 号热电有限公司，其值为 9.7 t 标准煤/万元，与 2007 年相比，下降了 10.47%。其中最低的为 1 号发电有限公司，其值为 5.81 t 标准煤/万元，较 2006 年相比下降了 6.6%。

6.3　国内最佳实例研究

上海外高桥第三发电有限公司[33]随着技术创新的持续推进，2009 年和 2010 年，在同等负荷率下，供电煤耗实现 282.16 g/kW·h 和 279.39 g/kW·h，先后大幅刷新了自身创造的世界纪录，成为世界上第一个突破 280 g/kW·h 最低煤耗整数关口的电厂。

主要节能技术：第一类是锅炉及相关系统效率提升技术，如锅炉的节能启动系列技术、零能耗脱硫技术。第二类是汽轮机及相关系统运行效率提升技术，如设计参数及运行调节方式的优化、广义回热技术。第三类是防止机组效率下降的系列技术，如超临界机组蒸汽氧化及固体颗粒侵蚀预防系列技术的应用等。

天津整体煤气化联合循环发电（IGCC）示范工程[34]项目是我国首台 25 万 kW 级整体煤气化燃气－蒸汽联合循环发电机组，采用华能自主研发的 2 000 t/d 级别气化炉。本工程主要技术指标：全厂功率 26.5 万 kW；发电效率 48%；供电效率 41%；发电标准煤耗 255.19 g/kW·h；气化炉热效率 95%；冷煤气效率 84%；碳转化率 99.2%。工程 2009 年开工，2012 年建成投产。

IGCC 是将煤气化技术和高效的联合循环相结合的先进动力系统，发电效率高，且环保性能极好，污染物的排放量仅为常规燃煤电站的 1/10，脱硫效率可达 99%，氮氧化物排放只有常规电站的 15%～20%，耗水只有常规电站的 1/3 到 1/2。在 IGCC 系统中，煤经气化产生合成煤气（主要成分为一氧化碳、氢气），经除尘、水洗、脱硫等净化处理后，净煤气到燃气轮机燃烧驱动燃气轮机发电，燃机的高温排气在余热锅炉中产生蒸汽，驱动汽轮机发电。IGCC 具有发电效率高、污染物排放低等特点，并在捕集二氧化碳方面具有成本优势，被公认为是未来最具发展前景的清洁煤发电技术之一。

6.4 电力行业现存法律法规及融资方面的障碍

主要法律法规：《中华人民共和国电力法》《电网调度管理条例》《电力供应与使用条例》《电力设施保护条例》《电力设施保护条例实施细则》。

融资问题：

（1）电价可接受性及收入保证问题

在电力融资项目建设投入运营后，完全有市场调节，国家不再进行价格补贴，导致投资者必须准确核算成本和利润才能保证合理的利润水平，使实际电价水平与用户可接受度之间存在一定的差异，妨碍了项目融资的成功实施。

（2）相关法规还不够完善

近年来，我国相继出台了一系列法律，他们对引导、规范和促进我国市场经济的发展起到了积极作用，为开展项目融资提供了必要的法律保证。但到目前为止，我国还没有一个专门针对项目融资的法律文件，在实施过程中的一些具体问题还处在无法可依的状态。此外，目前还没有一个机构对项目融资中的相关问题进行统一管理，使投资者和贷款银行不能得到正确的政策信号，影响其对项目融资的兴趣和信心。

7 冶金行业

7.1 中国冶金行业能耗现状及"十二五"目标

冶金工业是国民经济中的重要基础产业，在现代化经济建设中具有极为重要的战略地位。同时，冶金工业也是高耗能、高消耗、高污染的产业，是能源、资源消耗和污染物排放的大户。"十一五"时期，我国粗钢产量由 3.5 亿 t 增加到 6.3 亿 t，年均增长 12.2%。钢材国内市场占有率由 92% 提高到 97%。2010 年，钢铁工业实现工业总产值 7 万亿元，占全国工业总产值的 10%；资产总计 6.2 万亿元，占全国规模以上工业企业资产总值的 10.4%，为建筑、机械、汽车、家电、造船等行业以及国民经济的快速发展提供了重要的原材料保障。"十一五"期间，共淘汰落后炼铁产能 12 272 万 t、炼钢产能 7 224 万 t，高炉炉顶余压发电、煤气回收利用及蓄热式燃烧等节能减排技术得到广泛应用，部分大型企业建立了能源管理中心，促进了钢铁工业节能减排。2010 年，重点统计钢铁企业各项节能减排指标全面改善，吨钢综合能耗降至 605 kg 标准煤、耗新水量 4.1 m³、二氧化硫排放量 1.63 kg，与 2005 年相比分别下降 12.8%、52.3% 和 42.4%。固体废弃物综合利用率由 90% 提高到 94%。

中国钢铁工业"十二五"发展规划指出，"十二五"末，淘汰 400 m³ 及以下高炉（不含铸造铁）、30 t 及以下转炉和电炉。重点统计钢铁企业焦炉干熄焦率达到 95% 以上。单位工业增加值能耗和二氧化碳排放分别下降 18%，重点统计钢铁企业平均吨钢综合能耗低于 580 kg 标准煤，吨钢耗新水量低于 4.0 m³，吨钢二氧化硫排放下降 39%，吨钢化学需氧量下降 7%，固体废弃物综合利用率 97% 以上[35]。

7.2　能耗与排放分析

本次企业调研共对华北地区 13 家冶金行业企业进行了问卷调查，其中 4 家为炼钢企业，9 家为钢材加工企业。

调研的 13 家企业能源方面的主要消耗为煤、天然气、成品油、外购蒸汽，并且需要购入大量外购电。调查结果显示，13 家冶金企业，有 7 家用煤，所有企业都从电网购电，2 家使用了外购蒸汽，使用天然气的企业有 4 家，5 家使用成品油。可以看出，各企业主要使用的能源还是煤、电等传统能源。

所调查的 13 家企业生产的产品有粗钢、带钢、铜铝铸件、管材、丝材、磁材、带材、预应力钢绞线，钢丝绳等。主要设备有高炉、转炉、烧结炉、焦炉、电炉、轧机、环形炉、绞线机、拉丝机、捻股机、拔管机、合绳机、竖炉等。其中高炉多为 1 000 m³ 以下容量，调查企业中 1 000 m³ 以上高炉仅有一台，而全国 1 000 m³ 以上高炉比例已经达到了 34%。中国钢铁工业"十二五"发展规划指出，"十二五"末，淘汰 400 m³ 及以下高炉（不含铸造铁）[36]，而调查的 13 家企业没有一台 400 m³ 以下高炉。

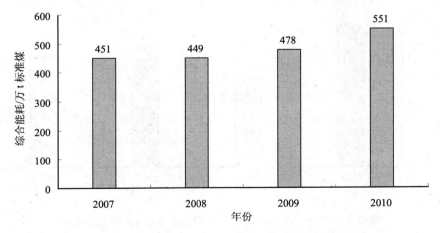

图 3-5　2007—2010 年冶金行业调查企业综合能耗

　　根据所调研的数据统计情况，将一家数据缺失企业排除，剩余 12 家企业的综合能耗 2007 年总量为 451 万 t 标准煤，2010 年综合能耗总量为 551 万 t 标准煤，比 2007 年增长了·22.14%，2007—2010 年行业综合能耗见图 3-5。2010 年冶金行业吨产量综合能耗为 312.74 kg 标准煤/吨，比 2007 年的 550.33 kg 标准煤/t 降低了 43.17%，2007 年冶金行业吨产量综合能耗见图 3-6。2007 年，行业万元产值综合能耗为 947.92 kg 标准煤/万元，2010 年下降到了 653.33 kg 标准煤/万元，比 2007 年下降了 31.08%，2007—2010 年行业万元产值综合能耗见图 3-7。

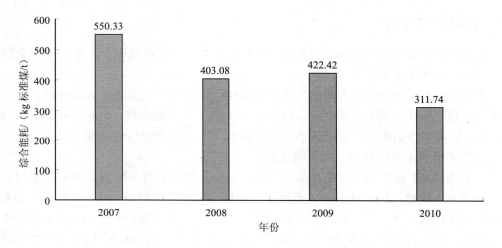

图 3-6　2007—2010 年冶金行业调查企业吨产量综合能耗

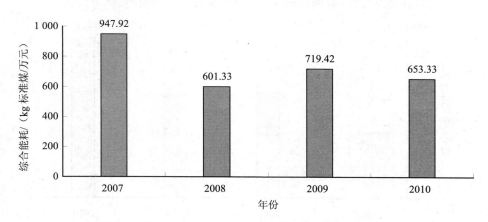

图 3-7　2007—2010 年冶金行业调查企业万元产值综合能耗

　　其中 4 家炼钢企业，2008 年平均吨钢综合能耗为 648 kg 标准煤，比 2008 年国家吨钢综合能耗标准限额 675 kg 低。2008 年 4 家炼钢企业具体吨钢能耗与国家标准见图 3-8。2010 年平均吨钢综合能耗为 604 kg 标准煤/t，2010 年国家吨钢综合能耗标准限额为 665 kg 标准煤/t[37]，2010 年 4 家炼钢企业具体吨钢能耗与国家标准见图 3-9。2010 年被调研炼钢企业吨钢综合能耗远低于国家标准，距离工信部颁布的工业节能"十二五"规划要求"十二五"期间钢铁行业吨钢综合能耗"破六进五"力争下降到 580 kg 标准煤/t 产量的目标已经不远。图 3-10 为 2008 年和 2010 年炼钢企业吨钢综合能耗与国家标准比较。

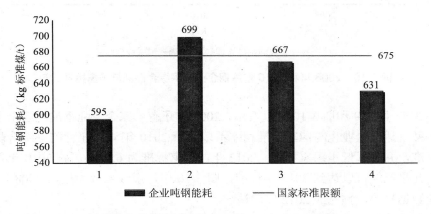

图 3-8　2008 年企业吨钢能耗与国家标准比较

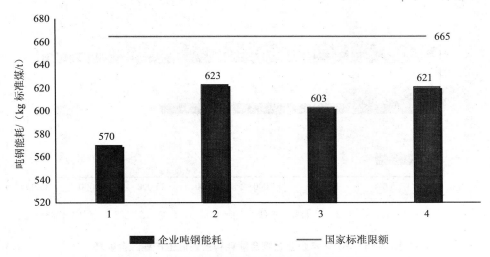

图 3-9　2010 年企业吨钢能耗与国家标准比较

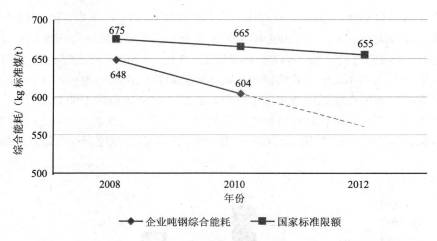

图 3-10 2008 年和 2010 年炼钢企业吨钢综合能耗与国家标准比较

从图 3-8、图 3-9 和图 3-10 可以看出，2008 年还有一家企业吨钢能耗超出了国家标准限额，并且达标企业也与国家标准相差不多。而 2010 年 4 个企业吨钢综合能耗均低于国家标准，并且远低于国家标准。2012 年的国家标准为 655 kg，就 2010 年各企业情况来看，几乎已经可以达到 2012 年标准，图 3-10 中，虚线部分为根据 2008 年到 2010 年各企业数据趋势，预测的 2012 年的情况。

此次调查冶金行业有 3 家企业主耗能生产线能耗情况不同于企业总能耗。各企业 2010 年总综合能耗和主耗能生产线综合能耗见图 3-11。

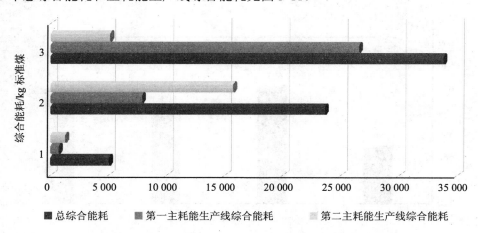

图 3-11 2010 年企业总综合能耗和主耗能生产线综合能耗

根据汇总的数据显示，冶金行业的主要排放为 SO_2 和 COD。2006—2010 年冶金行业 SO_2 和 COD 总排放情况见图 3-12。从图上可以看出，冶金行业 2006—2010 年 SO_2 排放量呈现波动状态，其中 2007 年数值最低，2008 年达到最高峰，但是 2010 年的排放量比 2006 年低，降低了 15.96%。2007—2010 年冶金行业的 COD 排放量是逐年递减的，2007 年 COD 排放为 574.02 t，2010 年减少到了 356.894 t，比 2007 年降低了 37.83%。

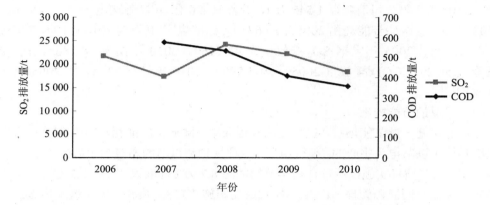

图 3-12　2006—2010 年冶金行业 SO_2 和 COD 排放情况

7.3　节能措施

接受调查的 13 家企业除个别企业没有采取节能措施外，几乎所有企业均采取了相应的节能技术。从调查情况来看，有多家企业安装了高炉煤气余压回收发电装置（TRT），大大降低了生产工序能耗和成本。对现有用电设备采用变频调速节电系统以及照明系统采用节能灯照明的企业也比较多。部分企业对污水进行处理以达到回收利用的目的，大大节约了工业用水量，有的企业甚至做到了污水零排放。已经有企业使用了焦炉干熄焦项目，带来较大的环境效益，并可改善焦炭质量。干熄焦项目可在更多企业进行推广应用。

7.4　节能和能效最佳实例

7.4.1　宝钢集团有限公司

宝钢是中国最具竞争力的钢铁联合企业。宝钢立足钢铁主业，生产高技术含量、高附加值钢铁精品，已形成普碳钢、不锈钢、特钢三大产品系列，广泛应用于汽车、家电、石油化工、机械制造、能源交通、建筑装潢、金属制品、航天航空、核电、电子仪表等行业。2010 年宝钢产钢 4 450 万 t，位列全球钢铁企业第 3 位。2010 年宝钢连续八年进入美国《财富》杂志评选的世界 500 强企业，列第 212 位。

（1）企业能耗及排放情况

2010 年宝钢公司实现节能 34.6 万 t 标准煤，"十一五"期间累计节约能源 113.38 万 t 标准煤，超额完成国家发改委、国资委下达的"十一五"100 万 t 标准煤的节能目标。2010 年宝钢公司消耗煤 1 545 万 t，天然气 4.6 亿 m^3，外购电 58.7 亿 kW·h，原水 1.03 亿 m^3。吨钢综合能耗由 2005 年的 675 kg 标准煤[38]下降到 2010 年的 657.92 kg，下降了 2.53%。2005 年宝钢 SO_2 排放量为 43 516 t，2010 年仅为 18 186 t，比 2005 年下降了 58.2%。COD 排放量 2005 年为 4 590 t，2010 年只有 736 t，比 2005 年下降 83.97%[39]。

（2）采取的节能措施

为加速实施一批节能项目，提高能源利用效率，降低工序能耗，2010 年公司直属厂部组织实施了以节电为中心的"能效电厂"专项规划和以节约燃气为中心的"高效炉窑"专项规划。这些项目实施以后预计每年节约能源 8.7 万 t 标准煤，效益 2.2 亿元。宝钢集团还采取类似合同能源管理（EMC）模式成功实施"1580 热轧除磷系统节电改造"项目，年节电 282 万 kW·h。在此基础上，采用合同能源管理（EMC）模式实施"3BF 出铁场一二次除尘风机系统节能改造"项目，年节电 560 万 kW·h。除此之外，宝钢还采取了挖掘工序节水潜力等一系列节能措施。

7.4.2 天津某冶金集团有限公司

天津某冶金集团有限公司 2010 年共生产铁 668 万 t、钢 628 万 t、材 758 万 t，实现营业收入 710 亿元，集团公司及控股子公司实现利润总计 2.3 亿元。在全国 500 强中列第 111 位。经过 42 年的发展壮大，某集团除母公司天津某冶金集团有限公司外，还下辖 22 个子公司，资产总额达到 684 亿元，形成了多种所有制并存、跨地区、跨行业、主业突出、多元发展的大型企业集团。

（1）企业能耗及排放情况

调研数据显示，天津某冶金集团有限公司 2010 年消耗煤 232.54 万 t，外购电 26.17 亿 kW·h，成品油 6 738 t。综合能耗由 2006 年的 200.87 万 t 上升到 2010 年的 300.37 万 t，升高了 49.53%。吨产量综合能耗 2006 年为 739 kg 标准煤，2010 年为 570 g 标准煤，降低了 22.87%。万元产值综合能耗，2010 年 1.159 t 标准煤在 2006 年 2.841 t 标准煤的基础上下降了 59.2%。从排放量来看，SO_2 排放量 2006 年为 16 690 t，2010 年为 10 698 t，比 2006 年下降 35.9%。COD 排放量 2006 年为 552 t，2010 年为 281 t，下降 49.1%。

（2）采取的节能措施

①天津某冶金集团有限公司 1#～6#高炉 TRT 发电，吨铁发电 35 kW·h。②热轧 2×180 t 转炉 LT 法转炉烟气净化及煤气回收系统，转炉煤气回收量达到 110 m³/t 钢。③烧结机环冷余热回收，生产过热蒸汽 12 t/h。④热轧及铁前系统污水处理与回用工程，年可节约用水 1 800 万 m³。⑤25MW 发电项目建设，年节能量 88 921 t 标准煤。⑥7 m 焦炉干熄焦项目，年节能量 81 507 t 标准煤。⑦8MW 和 14MW 炼钢饱和蒸汽发电项目，吨钢蒸汽回收 7 kg 和 43 kg。⑧高炉混喷项目技术改造，喷煤比提高 15 kg/t 以上，焦比降低 10 kg/t 以上。

7.5　冶金行业相关政策及 ESCO 机遇

国家钢铁工业"十二五"规划强调，重点支持优势大型钢铁企业开展跨地区、跨所有制兼并重组。充分发挥宝钢、鞍钢、武钢、首钢等大型钢铁企业集团的带动作用，形成 3～5 家具有核心竞争力和较强国际影响的企业集团。积极支持区域优势钢铁企业兼并重组，大幅减少钢铁企业数量，促进区域钢铁企业加快产业升级，不断提升发展水平，形成 6～7 家具有较强市场竞争力的企业集团。

国家《工业节能"十二五"规划》（以下简称《规划》）提出，将加快淘汰行业落后产能，促进产业结构调整和技术进步。《规划》确定了钢铁和有色金属行业到 2015 年单位工业增加值能耗将比 2010 年下降 18%。

冶金行业的较大型节能项目是拉动节能服务产业规模增长的主要动力。《规划》的出台，将为合同能源管理和节能服务产业发展创造良好机会。《规划》明确提出，"十二五"将以培育节能服务公司、创新服务机制、提升服务能力为重点，鼓励重点用能企业依托自身优势组建专业化节能服务公司，为行业提供节能服务。支持节能服务公司通过合同能源管理、节能设备租赁、节能项目融资担保等方式，为中小企业节能提供"一条龙"服务。支持专业化节能服务信息化平台建设，促进节能服务业快速发展。

被调研冶金企业总体的耗能及排放情况高于全国平均水平，但是企业规模差距较大，各企业能耗水平差距也比较大，各企业都比较重视节能减排工作，但就目前情况来看，还是具有比较大的节能潜力。被调研企业可以根据国家"十二五"规划，汲取行业国内先进企业，如包钢的发展模式，对优势企业进行兼并重组，形成具有核心竞争力的企业集团。面对已经到来的"十二五"，被调研冶金企业节能工作仍有很大的发展空间。

8 石化行业

8.1 中国石化行业能耗现状及"十二五"规划目标

2010 年，中国石化万元产值综合能耗为 0.77 t 标准煤，与 2005 年相比下降 15.4%，累计节约 1 444 万 t 标准煤，超额完成"十一五"节能目标任务。各板块也都"八仙过海，各显其能"，节能降耗成效显著。①2010 年，中国石化油田板块万元产值综合能耗为 0.41 t 标准煤，比上年下降 1.77%。②2010 年，中国石化炼油板块万元产值综合能耗为 0.34 t 标准煤，比上年下降 5.86%。③2010 年，中国石化化工板块万元产值综合能耗为 1.62 t 标准煤，比上年下降 3.33%。2010 年，中国石化废水排放量 48 000 万 t，COD 排放量 3.16 万 t、下降 18.1%，二氧化硫排放量 36.7 万 t、下降 35.7%，均超额完成"十一五"减排目标任务[40]。

工信部公布，"十二五"期间，全行业经济总量继续保持稳步增长，总产值年均增长 13%左右。到 2015 年，石油和化学工业总产值将增长到 14 万亿元左右。全面完成国家"十二五"节能减排目标，全行业单位工业增加值用水量降低 30%、能源消耗降低 20%、二氧化碳排放降低 17%，化学需氧量（COD）、二氧化硫、氨氮、氮氧化物等主要污染物排放总量分别减少 8%、8%、10%、10%，挥发性有机物得到有效控制。炼油装置原油加工能耗低于 86 kg 标准煤/t，乙烯燃动能耗低于 857 kg 标准煤/t，合成氨装置平均综合能耗低于 1 350 kg 标准煤/t[41]。

8.2 典型企业的能耗和排放分析

8.2.1 能源消耗

本次所调查的企业共 23 个，大型企业占 65%。其中油田板块共 8 个企业，化工板块共 15 个。

据调查表显示被调研石化行业的主要能源消费品为煤、外购电、外购蒸汽、成品油、重油、原油及天然气，其中消耗最多的是天然气。如 2010 年，天然气占总能源消费品的 97%，其他消费品占 3%。2006 年至 2010 年煤、重油等消费品变化不大，但天然气的使用量在 2010 年突然增多。其原因是在 2010 年有 4 家企业燃料中增加了天然气的使用。2006—2010 年石化行业天然气消费情况见图 3-13。

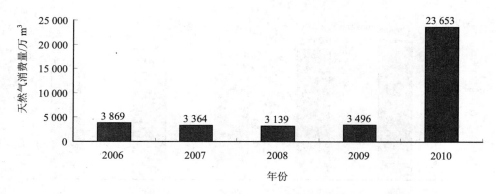

图 3-13 2006—2010 年所调查石化企业天然气总消费情况

2010 年，该行业综合能耗为 3 805 976.68 t 标准煤，比 2006 年的 2 059 573.77 t 标准煤提高了 85%，石油板块吨产量综合能耗为 0.203 7 t 标准煤/t 产量，比 2006 年的 0.266 6 t 标准煤/t 产量降低了 24%，低于国家的吨产量综合能耗。化工板块万元产值综合能耗为 0.728 282 t 标准煤，比 2006 年的 1.168 611 t 标准煤降低了 37%，低于国家的万元产值综合能耗 1.62 t 标准煤。2006—2010 年石化行业综合能耗情况见图 3-14，2006—2010 年石油板块吨产量综合能耗情况见图 3-15，2006—2010 年化工板块万元产值综合能耗情况见图 3-16。

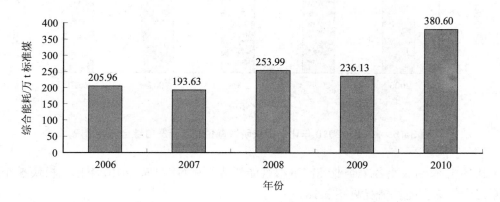

图 3-14 2006—2010 年所调查石化企业总综合能耗情况

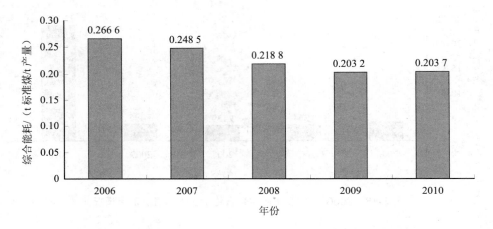

图 3-15　2006—2010 年石油板块所调查企业吨产量综合能耗情况

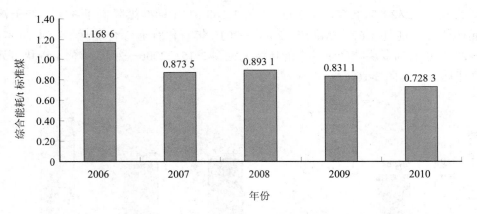

图 3-16　2006—2010 年化工板块所调查企业万元产值综合能耗情况

2010 年石油板块各个企业吨产量综合能耗情况见图 3-17，2010 年化工板块 5 个企业万元产值综合能耗情况见图 3-18。

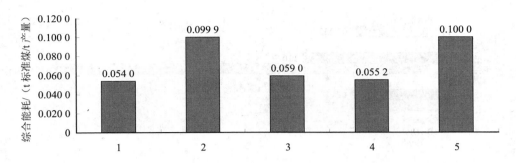

图 3-17　2010 年石油板块 5 个企业吨产量综合能耗情况

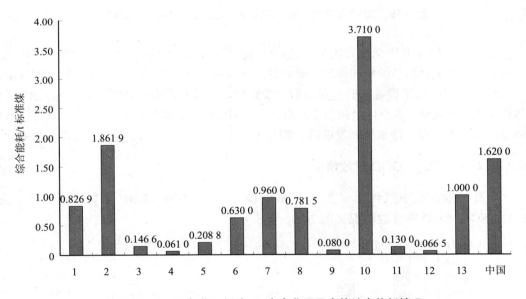

图 3-18　2010 年化工板块 13 个企业万元产值综合能耗情况

　　所调查企业中有 6 家企业其主耗能生产线的能耗情况不同于企业总能耗情况，其主耗能生产线的综合能耗与企业总综合能耗对比见图 3-19。

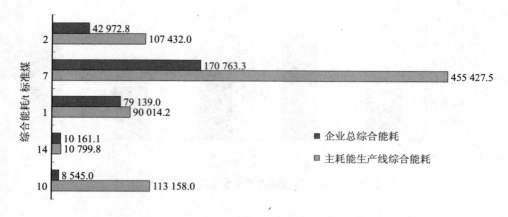

图 3-19　2010 年石化行业 6 家企业主耗能生产线综合能耗情况

石化行业的主要用能设备较为广泛,油田板块:采油设备主要包括注水泵、输油泵、抽油机、电潜泵、加热炉和加煤炉;液化石油气设备主要包括压缩机、硅油炉和加煤炉。

化工板块:化工设备主要包括锅炉、裂解炉、烧碱蒸发器、精馏塔、冷冻机组、气体压缩机、反应缸、真空机组和制冷机组。化工制药设备主要包括蒸汽锅炉、直燃式溴化锂制冷剂、变压器、冷水机和发酵罐。制盐设备主要是锅炉。其他板块主要设备为锅炉。

8.2.2　CO_2、SO_2、COD 排放情况

石化行业的温室气体排放主要是 SO_2 和 COD。2006—2010 年所调查石化企业 CO_2、SO_2、COD 的排放情况见图 3-20。

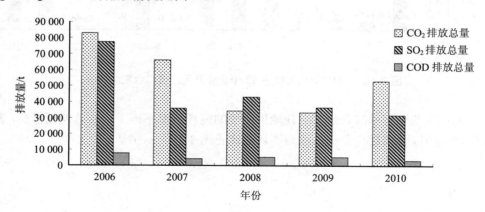

图 3-20　2006—2010 年所调查石化企业 CO_2、SO_2、COD 的排放情况

8.3　节能方法和节能技术

石油板块的节能方法主要分为两类：更换新型节能设备和采用节能技术。更换节能设备主要是：①使用节能抽油机，如使用下偏杠铃抽油机、复式永磁电机抽油机等；②使用节能电机，如使用高专差电机、双速电机、永磁电机等；③使用太阳能加热装置代替井口电加热。采用的节能技术主要是：①采用余热回收利用、热联合技术和蒸汽伴热改造技术；②对机组和变压器等实施变频技术，提高效率。

化工板块的节能方法主要分为两类：更换新型节能设备和采用节能技术。更换节能设备主要是：①使用生产力更大的燃气锅炉代替燃煤锅炉或燃油锅炉；②合成反应系统更新，如使用全不锈钢反应釜。采用的节能技术主要是：①采用蒸汽等的余热回收；②电解槽零极距节能改造；③蒸汽冷凝水回收利用；④研发新型节能高效反应用催化剂；⑤无功补偿和变频调速技术；⑥离子膜烧碱技术。

8.4　石化行业现存法律法规及融资方面的障碍

石化行业的主要法律法规有：《中国石化节能统计指标体系及考核指标》《中国石化节能与达标目标责任评价考核办法》《石化行业环境保护工作条例》《石油化工建设项目环境保护管理实施细则》以及《石油化工建设项目环境影响评价技术导则》。

关于融资体制机制的问题：

（1）融资渠道单一，缺乏相关政策支持

融资形式主要包括直接融资和间接融资，目前相关有效的石化行业融资渠道较少，影响发展。但到目前为止，我国还没有一个专门针对行业的项目融资的法律文件，在实施过程中的一些具体问题还处在无法可依的状态。此外，目前还没有一个机构对项目融资中的相关问题进行统一管理，使投资者和贷款银行不能得到正确的政策信号，影响其对项目融资的兴趣和信心。

（2）银行信贷授信集中，潜在信贷风险增大

近年来，石化行业虽逐步由垄断向市场竞争过渡，但其市场垄断地位和核心竞争力仍不容置疑。中石化、中石油、中海油三大集团的融资能力强、规模大、行业前景看好，在融资过程中，各金融机构都愿意给予其最大额授信。由于存在潜在的行业风险，过度集中的银行授信所带来的潜在信贷风险也在增大。

（3）银行同业竞争激烈，收益率下降

由于银行信贷产品和金融服务具有很强的同质性，在市场营销中，各商业银行为保持并不断扩大自己的信贷市场份额，对于大型优质石化企业在结算、信贷和融资等方面给予最优惠政策，市场营销的措施也形式多样，竞争十分激烈。而石化行业为降低资金

成本，在融资上主要以票据和进口开证为主，较少使用流动资金等成本相对较高的授信产品，银行收益率受到一定影响。

9   建筑行业

9.1   中国建筑业能耗现状及相关节能规划

1996—2010 年，中国总的建筑能耗从 2.59 亿 t 标准煤增长到 6.55 亿 t 标准煤，增长了 1.5 倍。其中，2006 年我国建筑总商品能源消耗为 5.63 亿 t 标准煤，占当年全社会一次能源消耗的 23.1%[42]，2007 年的建筑能耗更是达到了 6.07 亿 t 标准煤（不含生物质能），约占当年社会总耗能的 23%，2008 年的建筑能耗为 6.55 亿 t 标准煤（不含生物质能）[43]。各类建筑的能源消耗比例如图 3-21 所示。

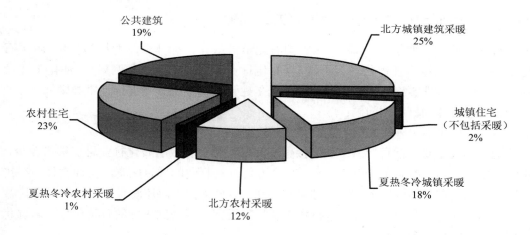

图 3-21   各类建筑的能源消耗比例

根据住房和城乡建设部统计，目前建筑能耗占我国能源消费总量 28% 以上。在既有的近 400 亿 m² 建筑中，99% 均属于高耗能建筑，单位面积采暖所耗能源相当于纬度相近的发达国家的 2～3 倍。按照国际经验和我国目前建筑用能水平发展预测，到 2020 年，我国建筑能耗占全社会总能耗的比例将达到 35% 左右，超越工业用能，成为用能的第一领域[44]。

"十二五"建筑节能规划目标：到"十二五"末，建筑形成 1.16 亿 t 标准煤节能能力。其中发展绿色建筑，加强新建建筑节能工作，形成 4 500 万 t 标准煤节能能力；深化供热体制改革，全面推行供热计量收费，推进北方采暖地区既有建筑供热计量及节能改造，形成 2 700 万 t 标准煤节能能力；加强公共建筑节能监管体系建设，推动节能改造与运行管理，形成 1 400 万 t 标准煤节能能力；推动可再生能源与建筑一体化应用，形成常规能源替代能力 3 000 万 t 标准煤[45]。

9.2　天津市建筑业能耗现状及节能政策

截至 2009 年，天津市的总集中供热面积已达 20 614 万 m²，集中供热普及率达到92.5%，天津市集中供热的能耗为 10 892 万 GJ，约合 371 万 t 标准煤，集中供热单位面积的能耗强度为 17.9 t 标准煤/（m²·a）[46]，天津市既有建筑供热计量和集中供热的节能改造势在必行。图 3-22 和图 3-23 分别为最近 10 年的天津市集中供热量和集中供热面积的增长趋势图。

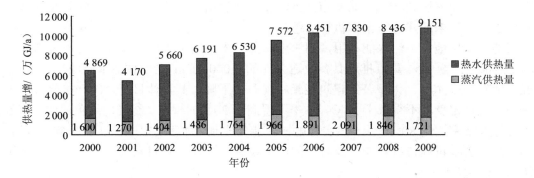

图 3-22　近 10 年天津市集中供热量增长趋势

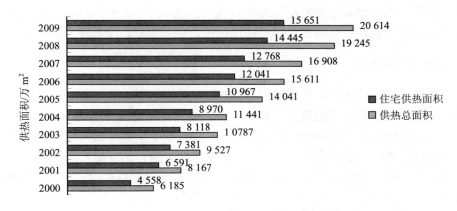

图 3-23　2000—2009 年天津市集中供热面积

针对建筑业的能源消耗现状，天津积极响应国家的"十二五"发展纲要，提出来自己的"十二五"发展计划。在"十二五"期间，天津市将强化建筑节能、推进公共机构节能，推进供热计量收费制度，既有建筑供热计量改造达到35%，新建建筑供热计量率达到100%，并必须按供热计量规程设计施工。既有建筑推行供热计量收费制度，其具体目标：①2015年全市供热计量收费面积计划突破1亿m²，实现建筑室内温度可调节和分户计量。②既有建筑供热计量改造达到35%，新建建筑供热计量率达到100%。③实行供热计量设计和验收制度，新建建筑必须按照供热计量规程设计施工。④2013年本市将结合国家机关办公建筑和大型公共建筑能耗采集系统，安装供热计量表，开展公共建筑供热计量超标实验，逐步推进公共建筑供热计量收费。⑤集中供热普及率将达到83%，中心城区达到96%以上。⑥大力发展热电联产和燃气清洁能源供热。新建建筑向绿色建筑转型，其具体目标：①"十二五"期间，在全国范围内率先制定四步节能标准体系，节能率达到75%。②本市将推动新建建筑由节能建筑向绿色建筑转型升级，到"十二五"末新建建筑全部执行绿色建筑标准。③促进可再生能源建筑应用，推广太阳能、浅层地能、污水能利用，到"十二五"末采用可再生能源建筑比重占新建量的20%以上。④还将重点推进具备改造条件的5 000万m²老旧住宅节能改造，"十二五"期间完成40%。大型公共建筑能耗实现总体下降，其具体目标：①严格执行室内空调温度设定夏季不得低于26℃，冬季不得高于20℃的规定。②推广绿色照明，高效照明灯普及率达到80%以上。③实行电梯智能化控制，合理设置电梯开启数量和时间。④减少办公室设施待机耗能，及时关闭用电设备。⑤优化照明系统设计，推广应用智能调控装置[47]。

9.3　典型供热站能耗研究

本次对天津地区建筑行业的能耗调研，我们共选取了20个供热站，收集了供热站的供热耗能情况，包括供热面积、燃料使用情况，供热方式、能源消耗情况等。

9.3.1　供热站供热方式

通过对各个供热站供热耗能情况的归纳整理，我们可以直观地看到，供热站供热所用燃料均为煤。在供热方式的选择上则呈现出多样性，如图3-24所示。

从图3-24可看出，在调查的20个供热站中，有5个供热站采用无换热站、全部直供的方式进行供热，占到总数的25%；14个供热站采用首站分集水器接热站，使用板换的方式进行供热，占到总数的70%；另有1个供热站为部分直供，部分使用换热站，占比为5%。

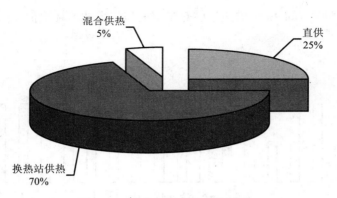

图 3-24　供热站供热方式比例图

9.3.2　供热站供热单位面积的能源消耗量

单位面积能耗作为衡量一个供热站能耗的重要标准，在本次调查的内容中也得到了充分体现。图 3-25 为 20 个供热站供热单位面积的煤耗量。

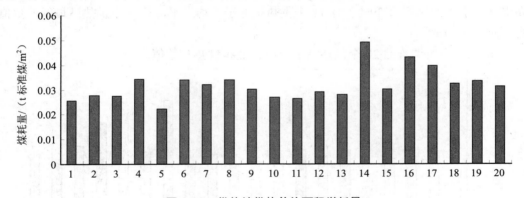

图 3-25　供热站供热单位面积煤耗量

在所调查的 20 个供热站中，单位面积的平均耗煤量为 0.032 t 标准煤/m^2，分别在 0.022 t 标准煤/m^2 和 0.049 t 标准煤/m^2 之间变化。由图 3-25 可以看出，有 9 家供热站单位面积的耗煤量高于平均水平，另外 11 家低于平均水平。其中最高的为第 14 家供热站，数值为 0.049 t 标准煤/m^2；最低为第 5 家供热站，数值为 0.022 t 标准煤/m^2。分析造成耗煤量差距的原因大致有两个方面，一是由供热方式不同造成，直供方式的效率低，耗煤量大；二是供热站投产时间造成，老旧建筑保温不良，供热站使用小中型锅炉供暖，效率低下。

图 3-26 为所调查的 20 个供热站供热单位面积的电能消耗数值。

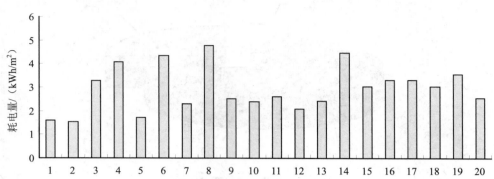

图 3-26　供热站单位面积耗电量

在所调查的 20 个供热站中，供热单位面积平均耗电量为 2.914 kW·h/m²，分别在 1.520 kW·h/m² 和 4.782 kW·h/m² 之间浮动。由图 3-26 可以看出，在 20 个供热站中，有 9 个供热站高于单位面积耗电的平均水平，其中第 8 个供热站数值最高为 4.782 kW·h/m²，高出平均水平的比例为 39%；有 11 个供热站低于平均水平，第 2 个供热站最低，数值为 1.52 kW·h/m²。

图 3-27 为所调查的 20 个供热站上网单位面积供热瓦数值。

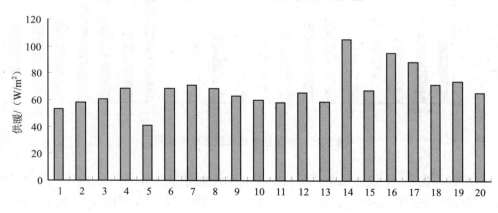

图 3-27　20 个供热站单位面积供暖瓦数

在所调查的 20 个供热站中，单位面积的平均面积供热瓦数为 68.246 W/m²，在 41.247 W/m² 和 105.082 W/m² 之间变化。由图 3-27 可以看出，有 9 个供热站的单位面积供热瓦数高于平均值，其中第 14 个供热站的数值最高，为 105.082 W/m²，高出平均水平的比例为 35%；第 5 个供热站的供热瓦数最低为 41.247 W/m²，低于平均数值 39%。考虑建筑物用途的不同，单位面积的供热瓦数也会有很大的区别，所以数值会在一定的区间范围内浮动。

9.4　国内外先进建筑节能改造实例

北京市在 2007 年《锅炉污染物综合排放标准》规定，中心城区 20 t 以下锅炉禁用燃煤。中心城区 1.6 万台 20 t 以下燃煤锅炉将全部改用清洁能源（燃气、电、地热余热等），或把分散的小吨量锅炉集中成大的改造，减少了二氧化硫和可吸入颗粒物的排放；年削减燃煤 600 万 t。北京采暖季的达标天数从过去的 50% 以下增加到 70% 左右，空气质量明显提高[48]。

德国建"被动屋"已有十多年的历史。它是一种不用传统供暖系统的房屋，转而利用太阳能和屋内热源——家用电器、生火造饭及人体自身的天然热辐射来采暖。这是一种甚至完全靠太阳能转换、房屋内部人体热源及房屋保温性能来供暖、供热水以致照明，把人主动"外加"的供热能耗即用常规供热锅炉或常规电力网采暖和供热水的能耗降到 0 或近于 0 的房屋。

英国以贝丁顿零能耗发展项目为代表，在可持续发展的零能耗建筑领域取得突出的成就。该项目设计理念是给居民提供环保的生活的同时并不牺牲现代生活的舒适性。其先进的可持续发展设计理念和环保技术的综合利用，使这个项目当之无愧成为目前英国最先进的环保住宅小区。

天津已取得的建筑节能方面的成绩是辉煌的，可一些不足之处也值得去密切关注。从上述数据分析可得，能耗高的原因主要有 3 个：一是维护结构保温不良；二是供热系统效率不高，各输配环节热量损失严重；三是热源效率不高，由于大量小型燃煤锅炉效率低下，热源目前的平均节能潜力在 15%～20%。因此，进一步加强节能减排工作，进行分户计量改造，对中小型锅炉进行集中供热改造，广泛应用可再生能源供暖，减少燃煤带来的环境污染，这些都是天津市建筑节能工作的重要任务，建筑行业作为高耗能行业之一，仍有很大的减排潜力。

10　交通行业

交通运输行业是国民经济的一个重要组成部分，随着经济社会的高速发展，天津市对交通运输的需求也在不断增加，交通运输行业的能源消耗呈现快速增长趋势。交通运输业作为天津市高耗能行业之一，需要积极优化交通工具，降低交通能耗，以达到"十二五"规划节能减排目标。

10.1　全国交通行业能耗现状及节能目标

"十一五"期间，在大规模投资的带动下，我国交通运输的线路网络和客货运量均快速增长。各种运输方式的总里程，从 2005 年的 558.64 万 km 增加到 2010 年的 704.27 万 km，增长 26.1%，年均增长 4.7%；全社会主要运输方式完成客运量由 2005 年的 184.70 亿人增加到 2010 年的 327.91 亿人，增长 77.5%，年均增长 12.2%；旅客周转量由 17 466.7 亿人 km 增加到 27 779.2 亿人 km，增长 59.0%，年均增长 9.7%；货运量由 186.20 亿 t 增加到 320.30 亿 t，增长 72.0%，年均增长 11.5%；货物周转量由 80 258.1 亿 t km 增加到 137 329.0 亿 t km，增长 71.1%，年均增长 11.3%[49]。"十一五"期间除铁路和民航的单位周转量能耗分别下降 23.8%和 11.3%外，运营型客货车、船舶的单位周转量能耗均未完成"十一五"的单位能耗下降目标[50]。

2010 年中国交通能耗大约占社会总能耗的 20%，并呈逐年上升之势。如不能有效控制，未来中国交通能耗比重将进一步提升，或如发达国家一样，占全社会能源消耗的 1/3 左右。交通行业无疑已成为"十二五"减排的重点领域。"十二五"时期节能减排工作形势严峻，压力沉重。我国交通运输行业能源利用效率与世界先进国家相比，仍然存在很大的差距。交通运输行业"十二五"节能减排工作的主要指标是，到 2015 年，与 2005 年相比，营运车辆单位运输周转量的能耗和二氧化碳排放分别下降 10%和 11%，营运船舶单位运输周转量的能耗和二氧化碳排放分别下降 15%和 16%；与 2010 年相比，民航运输吨公里的能耗和二氧化碳排放均下降 3%以上。此外，主要污染物排放强度进一步降低，力争行业总悬浮颗粒物（TSP）和化学需氧量（COD）等主要污染物排放强度比"十一五"末降低 20%[51]。

10.2　天津市交通行业能耗现状及节能目标

"十一五"时期天津交通累计投资达到 2 540 亿元，是"十五"的 5.1 倍。基本形成了以海港、空港、铁路、道路为骨架的综合交通运输体系。天津港 30 万 t 级原油码头、25 万 t 级主航道、邮轮母港等重点工程相继建成，2010 年港口货物吞吐量突破 4 亿 t，集装箱吞吐量突破 1 000 万标准箱，天津港稳居世界一流大港之列。天津机场新航站楼、机场二跑道等建成并投入运营，机场规模由 2.5 万 m^2 增加到 11.6 万 m^2。2010 年旅客吞吐量达到 728 万人次，货邮吞吐量 20 万 t。京津城际开通运营，京沪高铁、津秦客运专线、津保铁路、地下直径线、于家堡商务中心站等重点项目全面推进，2010 年完成客运量 2 400 万人次，货运量 1.2 亿 t。全市公交线路达到 519 条，公共汽车达到 7 897 部，年客运量达到 12.34 亿人次，出租汽车年客运人次达到 3.5 亿人次，道路客运营运车辆达到 8 190 部，货运营运车辆达到 10.74 万部，2010 年完成公路客运量 2.19 亿人次，货运量 2.2 亿 t。交通惠民工程全面实施，5 年来，增加、调整、延长公交线路 408 条，更新公交车 3 000 部、出租车 30 000 部、长途客车 2 000 部[52]，单位千米油耗降低 5%，港口万吨吞吐量能耗下降 44%[53]。天津市社会货运量近 10 年有了很大的增长[54]，见图 3-28。

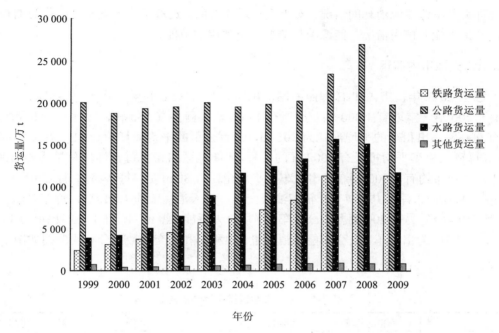

图 3-28　天津市社会货运量近 10 年增长图

"十二五"期间，天津将加强交通节能。首先是推进公共交通节能，发展轨道交通，落实公交优先，建设公交专用道，优化公路交通节能，降低车辆空驶率，加快淘汰能耗高、污染重的老旧运输工具。

具体目标：

—— 新增轨道交通 115 km。

—— 公交出行比例达到 30%。

—— 鼓励发展节能环保型的小排量汽车，新能源汽车，百公里油耗下降 20%。

—— 提升港口交通节能，实施大功率电机变频改造。

—— 引导航空交通节能，采用节能机型，提高燃油效率；提高载运率、客座率和运输周转率，大幅降低油耗。

—— 加强空港运营节能管理，万人客流量能耗下降 20%[55]。

10.3 天津市客运能耗研究

本次对天津交通行业的能耗调研，主要选取了有代表性的市内客运和港口运输两个方面。在市内客运方面，我们调研了 2006—2010 年市内出租车和公交车的数量，能源消耗种类及单位能源消耗的情况；对于港口运输方面，选取了 6 家航运企业作为调查对象，收集其能源使用情况，能源消耗情况及所使用的节能方法。

10.3.1 天津市内客运

截至 2011 年，市内津 E 牌照的燃油出租车共有 32 000 辆。在天津各郊县中，大港有 1 800 辆，宝坻有 1 000 辆，武清有 1 000 辆，蓟县有 550 辆，宁河有 850 辆，静海有 900 辆。出租车的平均油耗为 30L/ d，每百公里的平均油耗约为 8L，在夏季约为 9.5L，每辆出租车平均每天有 400 km 的车程。天津地区出租车每年油耗总量为 44 500.8 万 L。天津市约有 8 000 辆燃气出租车，平均能耗为 30 m^3/d，每年燃油总能耗为 8 760 万 m^3。目前，天津市共有 7 000 辆燃油公交车，每天消耗柴油 100L/辆，每年总油耗量为 25 550 万 L；另有 200 辆燃气公交车，平均每天耗能 140 m^3/d，每年总能耗量为 1 022 万 m^3。表 3-1 为出租车，公交车能源消耗量。出租车和公交车数量分布比例图如图 3-29 所示。

表 3-1　天津市客运交通燃料消耗量

	燃油出租车	燃气出租车	燃油公交车	燃气公交车
耗油量/万 L	44 500.8	—	25 550	—
耗气量/万 m^3	—	8 760	—	1 022

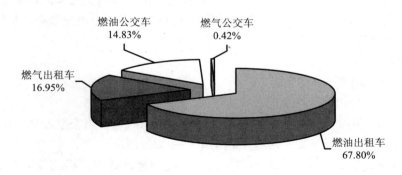

图 3-29　客运车辆分布比例

10.3.2　港口运输

本次共调研 6 家港口运输企业，调查显示，在 6 家港口运输企业中，主要消耗能源为电能和一次性成品油，均没有使用煤、蒸汽及天然气等能源。

（1）吨产量综合能耗情况

2006—2010 年，A 公司吨产量综合能耗为零，其原因为该公司只提供船舶租赁服务，故不产生吨产量综合能耗。B、C、D、E 和 F5 家企业的吨产量综合能耗如图 3-30 所示。

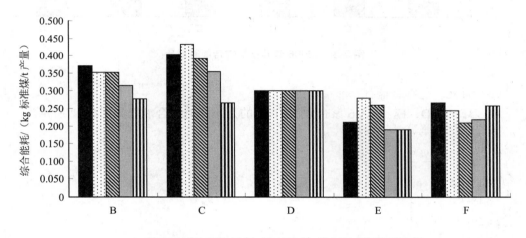

图 3-30　港口企业吨产量综合能耗

从图 3-30 中可以看出，D 的吨产量综合能耗近几年基本持平；B、C、E、F 近几年有一定幅度的波动但总体有下降的趋势，这 4 家公司 2010 年吨产量综合能耗均比 2006 年吨产量能耗均有不同幅度的降低。

2006 年沿海 13 个主要港口生产综合单耗为 5.66 t 标准煤/万 t 吞吐量[56]，B、C、D、E、F 这 5 家企业的吨产量综合能耗与之相比如图 3-31 所示。

从图 3-31 可以看出，B、C、D、E 和 F 这 5 家企业的吨产量综合能耗均低于国家平均水平。其中，F 最低，为 0.21 kg 标准煤/t 产量，仅相当于国家水平的 37.5%。

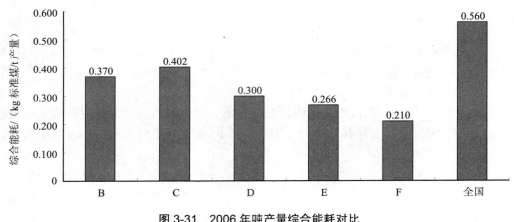

图 3-31　2006 年吨产量综合能耗对比

（2）万元产值综合能耗

A、B、C、D、E、F 这 6 家企业 2010 年的万元产值综合能耗如图 3-32 所示。

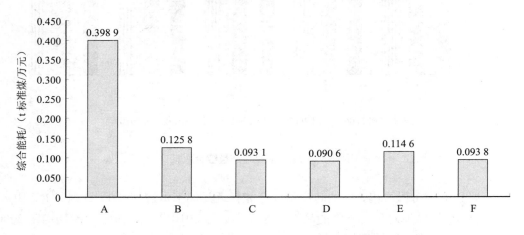

图 3-32　2010 年各企业万元产值综合能耗

从图 3-32 可以看出，天津港 A 公司的万元产值综合能耗要高于其他几家企业，分析其原因，A 公司承载的业务为提供船舶服务，它本身不承接港口装卸及仓储服务，因而万元综合产值能耗要高于其他企业。B、C、D、E、F 这 5 家企业万元产值综合能耗平均为 0.104 t 标准煤/万元，有 3 家低于此水平。万元产值综合能耗排第一的是 B，其万元产值综合能耗为 0.126 t 标准煤/万元，与 2006 年相比下降了 12.79%；万元产值耗能最少的是 D，为 0.091 t 标准煤/万元。其中降低幅度最大的为 C 有限公司，达到 41.96%。

（3）综合能耗情况

2006—2010 年各企业综合能耗调查数据显示，各企业综合能耗数值存在差距。这是由于各企业规模大小不同，产品服务不同及节能技术不同所造成的，所以综合能耗会存在差距。如天津 B 公司与天津 F 公司，在 2009 年综合能耗基本相同的情况下，F 的年总产量要远高于对方，分析其原因，两个公司的主要服务都是集装箱装卸，但 F 使用了更先进的设备，采用了多种节能技术。图 3-33 为 C 公司的综合能耗和年产值变化图。

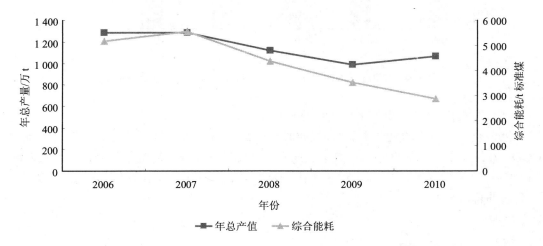

图 3-33　2006—2010 年 C 公司综合能耗和年产变化趋势

从图 3-33 中可以看出，2006—2010 年 C 公司综合能耗总体呈下降趋势，2007 年相对其他年份较高，分析其原因，2007 年 C 公司的年总产值最高为 12 871 848 t，在总产值略高于 2006 年的情况下，存在设备磨损、损耗增加的情况，故综合能耗最大；2010 年的总产值高于 2009 年，但综合能耗却低，是因为 C 公司在 2010 年进行了节能改造，使设备耗能大大降低。

（4）企业主耗能生产线能耗情况

所调查企业中 D 主耗能生产线的能耗情况不同于企业总能耗情况，其主耗能生产线的综合能耗与企业总综合能耗对比见图 3-34。

从图 3-34 中可以看出，2006—2010 年，天津 D 公司主耗能生产线每年耗能为总生产线每年耗能的 90%，由此可见，主耗能生产线的节能降耗是关键。

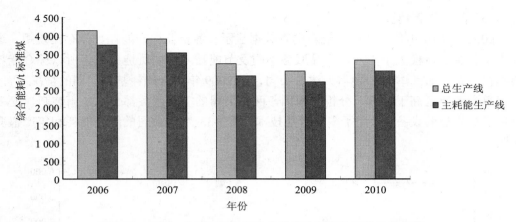

图 3-34　2006—2010 年 D 总生产线和主耗能生产线综合耗能

（5）二氧化碳、二氧化硫、COD 排放情况

港口企业中使用的燃料主要为成品油，则排放的污染物主要是二氧化碳、二氧化硫、COD。在选定的 6 家企业中，有 5 家企业对二氧化碳的排放量进行了计算，占企业总数的 83%；另外只有天津 D 公司对 3 种污染物的排放进行了调研计算，占总数的 17%。各公司的排放情况如图 3-35 所示。

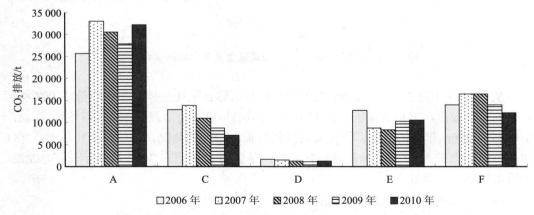

图 3-35　2006—2010 年天津 5 家港口企业二氧化碳排放量

从图 3-35 中可以看出，天津港 A 公司二氧化碳排放量要远远高于其他几家企业，一方面这是由消耗燃料的数量不同引起的，A 公司每年消耗的成品油要远远高于其他 5 家企业；另一方面因为各个公司采用节能方式的不同也造成了排放水平的差别，排放量最少的 D 公司分别使用了场桥油改电、新能源利用、LED 灯应用等节能措施，大大降低了

能源的消耗。

（6）主要设备和节能方法

在港口运输业中，主要的耗能工具是船舶，在运输过程中消耗了大量的成品油；另外还有各式起重机、牵引车、装卸车、集装箱岸桥、集装箱胎场桥及照明灯具的使用，耗费了不少的电能。在选定的 6 家企业中都有专门的能源管理机构，但仅有 3 家进行了详细的能源审计工作，占企业总数的 50%。

在节能方法方面，港口运输企业采取了多种多样的方式控制电能和油耗。"油改电"技术的应用，大幅降低了燃油消耗，减少二氧化碳的排放或完全实现二氧化碳的零排放；清洁能源应用替代燃油和 LED 新光源应用都大大降低了能源消耗，减少环境污染，此外还有门机的变频改造、推广应用地源热泵技术，库、厂房照明灯具改造、安装太阳能淋浴器限时加热装置等各种节能技术。

10.4　国内先进交通企业节能实例

中远集团所属的集装箱运输船队共有 139 条船舶，2007 年已开始以经济航速运行，2008 年再次宣布减速 10%，研究制定了《中远集装箱公司节能减排实施方案》，货源把船队燃油消耗量细化到每一周，对部分航线的班期时间进行调整专线，共节省燃油 46.8 万 t，超额完成原定 35 万 t 的目标。2008 年，中远集团拥有和控制的 800 多艘远洋船舶，全年共节能 663.65 万 t 标准煤。

在这些背后，是中远投入巨资研发和采用的节能环保新技术。2005—2008 年，中远共投入近 6 600 万元，给船舶安装了电子控制式汽缸注油器供油系统和燃油均质器设备，中远散运"天富海"轮每天可以节约汽缸油 130 L，全年可节约 4 万 L 左右。中远还利用船舶坞修完成了"天荣海"、"天顺海"两轮螺旋桨节流装置的安装，不但可以提高平均航速，还让燃油单耗明显下降。大连中远船务电力系统改造项目，每年以 2 500 万 kW·h 市电替代 80% 的移动发电机组和 40% 的移动空压机用油，可以节省各项费用 2 874 万元，每年减少能耗 4 012 t 标准煤，使其万元产值综合能耗降低近一成，同时每年还可减排 1.5 万 t 二氧化碳，194 t 二氧化硫及 5.8 t 烟尘[57]。

从目前天津交通运输业能耗现状来看，节能工作取得了比较明显的成效，主要表现在两个方面：一是各种运输方式的单位能耗继续走低（但不排除个别时期小幅反弹和个别系统出现小幅趋高现象如航运单耗）；二是在局部领域已形成了能耗结构优化的趋势，如公路能耗结构开始从以燃油为主转变为以燃油、天然气相结合的方式。但是从基本面来看，各种运输方式的能耗增速整体上仍然高于全社会能耗增速，形势依然严峻，有很多问题需要我们去研究和解决。在交通运输规模不断扩大的前提下，调整和优化交通运输能耗结构仍然是一项长期的艰巨任务。

11 小结

以上实际调研结果综述如下：

（1）被调研电力企业在国内处于领先水平，单位产量的能耗呈现逐年下降的趋势。但是，与国内先进的节能减排技术相比还有很大的不足，还有很大的提升空间，因此，全面改善发电技术，提高能源利用效率，才能更进一步地实现天津"十二五"规划的相关要求。

（2）被调研冶金企业总体的耗能及排放情况高于全国平均水平，但是企业规模差距较大，各企业能耗水平差距也比较大，各企业都比较重视节能减排工作，但就目前情况来看，还是具有比较大的节能潜力。被调研企业可以根据国家"十二五"规划，汲取行业国内先进企业，如包钢的发展模式，对优势企业进行兼并重组，形成具有核心竞争力的企业集团。面对已经到来的"十二五"，天津市冶金行业节能工作仍有很大的发展空间。

（3）被调研石化企业在节能减排方面在国内处于较为领先水平，近年来单位产量耗能呈逐渐下降趋势，但和国际先进水平相比仍有较大的节能减排空间。石化行业是主要耗能行业，其肩负的节能减排任务还是很大的。推进石化行业余热余压回收利用、电机系统改造等重点节能减排工程，是中国在"十二五"期间打好节能减排攻坚战重要措施。

（4）天津已取得的建筑节能方面的成绩是辉煌的，走在了全国的前列，可一些不足之处也值得去密切关注。建筑能耗高的原因主要有 3 个：一是维护结构保温不良；二是供热系统效率不高，各输配环节热量损失严重；三是热源效率不高，由于大量小型燃煤锅炉效率低下，热源目前的平均节能潜力在 15%～20%。因此，进一步加强节能减排工作，进行分户计量改造，对中小型锅炉进行集中供热改造、煤改燃，广泛应用可再生能源供暖，减少燃煤带来的环境污染，这些都是天津市建筑节能工作的重要任务，建筑行业作为高耗能行业之一，仍有很大的减排潜力。

（5）从目前天津交通运输业能耗现状来看，节能工作取得了比较明显的成效，主要表现在两个方面：一是各种运输方式的单位能耗继续走低（但不排除个别时期小幅反弹和个别系统出现小幅趋高现象如航运单耗）；二是在局部领域已形成了能耗结构优化的趋势，如公路能耗结构开始从以燃油为主转变为以燃油、天然气相结合的方式。但是从基本面来看，各种运输方式的能耗增速整体上仍然高于全社会能耗增速，形势依然严峻，有很多问题需要我们去研究和解决。在交通运输规模不断扩大的前提下，调整和优化交通运输能耗结构仍然是一项长期的艰巨任务。

第四篇　国际用能趋势及节能新技术

很多国家的政府都日渐意识到更有效地利用世界能源的紧迫性。出于能源价格波动和国家安全等考虑，以及日渐认识到减少温室气体排放的必要性，提高能源使用效率变得特别的紧迫，节能已经变成一种必需而不再是可有可无。对于很多国家来说，提高能效往往是改善能源安全、应对环境挑战包括温室气体排放的最经济的、最易行的方法。

尽管在过去几十年里已经在节能方面取得了重大的成绩，但能源强度的降低仍然还有很大潜力。对所有国家来说大幅度提高能源效率都是头等大事。在工业领域，不断攀升和波动的能源价格、降低成本的巨大的竞争压力，以及越来越重视企业的可持续性都是改善能效的主要推动力。本篇汇总了近年来的节能趋势、最佳做法和关键行业的基准能源强度。

12　能源使用和效率趋势

12.1　概述

经济活动是各类能源服务最主要的推动力。能源需求趋于同 GDP 同步增长，尽管通常速度要慢一点。例如，1980—2008 年，世界 GDP 每增长一个百分点，一次能源需求平均每年提高 0.59%。

过去 20 多年来随着全球经济的发展，能源消耗需求也大幅提高。1990—2005 年，全球的最终能源使用量增长了 23%，而相应的二氧化碳排放上升了 25%。大部分能源消费和二氧化碳排放的增长都发生在发展中国家。亚洲发展中国家的能源需求要高于经济合作与发展组织国家。根据国际能源机构，亚洲的能源需求 2035 年前有望每年增长 2.9%，高于 1.6% 的世界平均速度。由于许多国家都大力治理能源效率，平均能源强度已得到改善[58]。过去几十年来，由于种种原因，包括能效改善、燃料转换、全球经济结构变革，全球能源强度持续下降。1990 年来，发展中国家的能源强度降幅通常高于国际能源机构成员国。然而，发展中国家和经济转型国家的能源强度仍然高于国际能源机构成员国的平均值。尽管很多国家都非常重视提高能效，但全球能源强度在 2010 年和 2011

年有所抬头[59]。

12.2   工业能耗

在全球，工业都是最大的能源用户，约占全球能源需求的 1/3。1973 年前，制造业在大多数经合组织国家都是最大的电力用户，但近年来由于工业产出变缓，能效得以提高，以及其他行业的发展，其统治地位所有下降。因此，经合组织国家的工业能源需求预期每年仅增长 0.6%，部分原因是因为引入了节能技术和实践。同时，也反映了经济由能源密集的制造业向服务业和信息业转变的趋势。相反，非经合组织国家的工业能耗同期预计将每年增长 2.1%。

12.3   美国和中国的能耗

中国和美国是世界上能耗最大的两个国家。在美国，工业和交通是能耗最大的两个行业，二者约占一次能源总消耗的 60%。工业消耗了美国约 1/3 的能源。1985—2004 年，美国工业的实际 GDP 增长了近 45%，而总的能耗却几乎没变化，能源强度降了近 1/3。然而，改善工业能效的经济潜力仍然巨大。据预测，美国的工业通过节省成本的能效改善还可以将能耗降低 14%～22%。

中国由于经济快速增长，其能源消耗量在主要经济体中增长最迅速。1990—2005 年，中国的制造业能源需求翻了一番多，交通能源消费几乎翻了两番，而服务业能耗则增长了 3.5 倍。总的来说，这段时期内中国的最终能源使用量增长了 69%。

2000—2008 年，中国能耗量的增长比过去几十年多了 4 倍多。2000 年以来中国能源需求的快速增长主要源于 GDP 的极速增长，以及经济结构向能源集中度高的重工业和出口业转移，特别是 2001 年加入世界贸易组织之后。中国的人均能源需求目前只是经合组织平均水平的 35%，因此未来很可能进一步增长。1990—2002 年能源强度每年降低 6.4%。不过，2002—2005 年能源强度平均每年增长了 2.5%。

12.4   节能改进

过去几十年在能效提高方面取得了重大成绩。1973 年以来，要是未采取任何节能措施，国际能源机构成员国 2005 年的能源消费会比实际值高 58%。不过，近年来能效提高速度大大减缓。例如，1973—1990 年，国际能源机构成员国每年的平均能效改善为2%，而 1990—2005 年仅为 0.9%，只是之前一半左右。1990 年以后，新增能源服务需求一半通过更高的消耗来满足，另一半通过能效提升实现。这些能效改善节省了 15%的能源。

一项近来针对世界最大的 12 个经济体的研究，根据这些国家使用能源的效率对其进行了排名，这些国家代表了全球超过 78% 的 GDP 和 63% 的能源消耗[60]。审查包含了 27 个度量标准，包括政策性和可量化的结果。英国的总分最高，100 分中得到了 67 分。中国排在第 8 位，美国排第 9 位[61]。

能效提高对于发达国家和发展中国家来说都是项长期的挑战。许多国家都在采取各种措施进一步改善能效。例如，欧洲议会 2012 年 9 月 11 日批准了节能法规，旨在帮助欧盟到 2020 年将能源消耗降低 17%，通过减少燃料进口每年节省 750 亿美元，并满足温室气体减排目标。

13　国际最佳实践

绝大部分能源密集产业部门都很复杂，涉及多种工艺步骤，产品种类繁多。能源最密集的制造行业生产包括：金属（铁、钢、铝）；精炼油；化工产品（基本化工产品和中间产品）；木材；玻璃制品；矿产品，比如水泥、石灰、石灰石、苏打粉和食品。能源密度相对较低的行业生产包括：组装汽车、电器、电子设备、纺织品及其他产品。

能源密集的行业可以挖掘最大的节能潜力，尽管它们中有的已经投入相当多的资源来提高能源利用效率。预计如果在全球范围内应用成熟的节能技术和最佳做法，可以实现工业一次能源消耗节省 18%～26%[62]。

本章将呈现五大主要耗能行业——化工制造业和石油精炼、制浆造纸、钢铁、水泥、铝业——的节能最佳实践，并讨论各种共性节能技术的作用。

13.1　石化行业

化工和石化行业是能源消耗大户。化工行业包括通过有机和/或无机材料发生化学反应生产化合物的设施，而石化行业则包括通过石油和天然气原料生产人造有机产品的设施。

化工和石化行业有着高度的多样性，有几千家公司生产数万种产品，从几公斤到上万吨。能源成本几乎总是总费用的主要构成，因此节能的必要性非常大。对于某些能耗大的产品，燃料、电力和原料能占到总生产成本的 85%。

石油行业使用的能源和生产设备同化工行业类似，但其通常只生产有限范围的大体积精炼烃类产品供交通运输业所用。

研究表明两个行业都有很大的节能潜力，不过石油行业的潜力要高于化工行业。基准数据表明大多数石油精炼厂都能够经济地将能效提高 10%～20%，而单项精炼工艺可以节能 20%～50%[63]。

这两个行业通用的技术包括高温反应器、液体混合物分离用蒸馏塔、气体分离技术、抗腐蚀金属和陶瓷衬里反应器、复杂过程控制硬件和软件、各种类型和尺寸的泵、蒸汽生成及其他设备。

原油蒸馏的节能潜力最大，常压蒸馏可从现有平均水平节能多达 54%（真空蒸馏可节能 39%）。其次是烃化，节能潜力为 38%，其他的工艺也表现出很大的节能潜力。通常全厂范围内可节能 30%。

一般而言，这两个行业具有很强实力的技术和工程机构，指导未来升级所需技术的状态。可能影响节能技术应用的因素包括缺乏某项革新所需的资金，以及市场相关成本和风险。通常，像大型蒸馏塔这样的高能耗设施，需要尽可能延长其使用期，主要原因是其资本投资高。

13.2　钢铁行业

钢铁制造业是工业行业的用能大户。按燃料分，具体的能源使用情况如下：天然气 28.7%；石油 7.6%；煤 49.3%；可再生能源 0.5%；外购电 13.9%[64]。直接能源成本占总成本的 5%～15%，额外的能源成本计入原材料支出。

2002—2006 年，美国的粗钢生产每年增长 1.01 亿～1.09 亿 t，而中国每年增长 2.01 亿～4.62 亿 t。1996—2005 年的 10 年间，美国的钢材产量平均每年下降 0.1%，而日本和中国则每年分别增长 1.2%和 12.1%。

粗钢生产有两种基本方法：①高炉和转炉，主要使用铁矿石；②电弧炉，主要使用还原铁和生铁。高炉作业用能几乎占钢铁业所有能耗的 40%。提高高炉炼铁能效的一种方法是将高炉气用于整个生产过程的其他地方。

过去 20 年里，钢铁制造业的效率得到大幅改善，但世界平均水平并未提高多少，原因是中国的钢铁业发展很快，但其总效率并没太大变化。

废钢/电弧炉工艺的能耗（4～6 GJ/t）比高炉/转炉工艺（13～14 GJ/t）要低得多，因为不需要将铁矿石还原成铁，而且无须选矿、炼焦和炼铁等步骤[65]。

钢铁业要实现重大的能效提升，必须开发和实施变更性的新技术。一些最好的机会包括电弧炉熔化升级、转炉炉渣热回收、精炼功能整合、电弧炉废气热捕捉和更多采用直接碳喷射。部分革命性的炼钢新技术包括将氢用作铁矿石还原剂或锅炉燃料，以及基于电解和/或生物冶金的钢铁生产。

几十年来，炼钢工业的财务状况已陷入比较棘手的境地。在过去的 30 年里，利用薄型钢材的新合金使车辆用钢减少了 25%。钢材的部分市场也被铝、复合材料和塑料占据。未来 20～30 年内，钢材可能会被碳纤维强化材料替代，特别随着碳纳米管材料的发展。这些材料至少跟钢一样坚固，而且还轻得多。钢铁业可能会专注于工具所用特种钢、不锈钢或高硅钢，这些产品可提供增值出口并带来更多的经济收益。这就要求更多地关注新技术而不是工艺改进。

13.3　水泥工业

水泥工业是世界上另一个工业用能大户。主要的水泥生产商包括中国、美国、印度和日本。中国是世界最大的水泥生产商，2010 年总产量达 18.7 亿 t，占全球水泥产量的 56%[66]。

水泥工艺涉及 3 部分：①采矿和生料制备，主要成分是石灰石；②生产熟料的化学反应；③熟料和其他添加剂粉磨生产水泥。老厂入窑的是生料浆（湿料炉工艺），而大型新建厂会混合脱水材料再入窑。工厂的工艺和特性不同，其能耗就不同，不过一般来说 90% 的能耗和所有的燃料消耗都发生在熟料制备中。

干式工艺避免了水蒸发的需要，因此能效高得多。干法和湿法的能源强度分别为每吨熟料 4.0 GJ 和 5.9～6.8 GJ。另一个主要的差别在于竖炉及其更高效的配套设备——回转窑。如今最新的干式回转窑非常节省燃料，每吨熟料只耗能 2.9～3.0 GJ。

欧盟的平均能耗约每吨熟料 3.6 GJ。加拿大和美国的平均水平为每吨熟料 4.2～4.6 GJ。据估算美国水泥工业的节能潜力为 19%～67%。对于其他国家，大部分的范围为 3.2～3.7 GJ/t 熟料。

中国已采用了很多重大的节能措施，2005—2009 年每吨熟料能耗已从 4.22 GJ 降至 3.57 GJ。能耗的减少有两个主要原因。一是更为节能的新式干式工艺的普及，二是更多地利用废热回收发电技术。

一般来说，大型水泥厂都采用先进工艺，效率高得多。将湿法窑改造成干法窑，并从干法长窑升级为预热预分解窑会带来可观的节能效益，但是其投资至少 10 年才能收回。在水泥生产的每个阶段都有多种节能改造方法，可以带来不错的经济效益。

在制备阶段，核心的技术包括干法窑高效传送系统和湿法窑的高效分级机。熟料生产的可选方案包括高级控制系统、燃烧改进、间接加热、对零部件进行优化，比如热壳。每个工厂具体可采用的方案有所变化，如果综合利用这些措施可以节能 10%。冷却阶段进行余热回用可以带来巨大的节能效益。如果将废热用于发电，最高可使熟料工艺节电一半。不过，废热利用与水泥窑的基本结构密切相关。预热预分解窑的一个优势便是废热在前两个阶段可加以利用。因此，要完全实现废热利用的节能优势可能需要进行其他大型改造。在粉磨阶段，采用高压辊压可节省大量的电。

最具吸引力和最易用的技术为改变水泥的化学性质，减少煅烧的需要，由此降低熟料的高比例。混合水泥中其他黏结材料的比例更高，例如粉煤灰。高炉煤渣如果已经焙解，也可以替代石灰石用于熟料生产。采用混合水泥技术可节能多达 20%。避免生产熟料既可避免化工生产也能避免能源消费，因此可从两方面减少 CO_2 排放。

能够进一步提高能效和减少碳排放的先进技术包括流化床窑、先进的粉碎技术、用矿物聚合物替代熟料，以及混合水泥能源厂。

13.4 制浆和造纸工业

制浆和造纸是林产工业的主要部分。化工品的干燥和回收是造纸工艺最耗能的部分。林产工业的制浆和造纸行业的资金投入和能耗都非常高。林业和造纸业的能耗是其第三大制造成本。

造纸最耗电的环节就是干燥，需要大量蒸汽和燃料来烘干。泵和鼓风机等设备的运行和建筑物照明和空调都需要越来越多的电。终端能耗的 2/3 是用燃料燃烧来产生热，剩下 1/3 是来自电网或现场发的电。美国、中国、日本和德国生产的纸和纸板占全球的一半还多。

已开发了一些节能方法，如今大多都比较经济。其中的一种系统方法涉及利用热生产工艺的废热作为烘干能源，包括发电和乙醇生产过程所产生的余热。先进的脱水技术也可以大幅减少干燥和浓缩过程的能源消耗。膜法和先进过滤法可大大减少制浆和造纸工业的总能耗。高效的制浆技术回收绿液来对纸浆进行预处理和减少石灰窑的负荷是该行业所用另一种节能方法。可利用现代石灰窑，其配有外部干燥系统和现代的内部设施、产品冷却机和静电除尘器。

如今在大多数硫酸盐纸浆厂中，木片脱木素所产生的黑液都在一个大型的回收锅炉中燃烧。由于黑液的水分很高，其燃烧很低效，通过蒸汽低压使二次蒸汽生产发电的可能性就有限。黑液气化不仅可实现高效的燃烧，还可以使用高电效率的燃气轮机或组合循环工艺，从而提高纸浆厂的产电潜力。制浆过程多余的能量可用于生产有用的热、燃料和化工品。

该行业最大的节能潜力在纸张干燥、液体蒸发、石灰窑、多工艺改进、蒸汽效率和纤维替代等环节。通过利用热电联供技术可实现更多的节能。据估算，大多数现代造纸厂运用现有设计可将制浆造纸工业的能耗减少 25%以上，采用先进技术则可以将能耗减少 41%以上。

13.5 铝

有色金属用能的一半多是用于生产原铝。炼铝可分为原铝生产和回收利用。原铝生产的能耗约是再生铝生产的 20 倍，占总能耗的绝大部分。主要的铝生产商位于中国、俄罗斯、北美洲、澳大利亚和拉丁美洲。原铝生产分 3 步：铝土矿（矿石）采选、氧化铝精炼和铝熔炼。

氧化铝精炼所消耗的大部分能是蒸汽。氧化铝煅烧（干燥）要求大量的高温热。由于蒸汽需求量高，现代铝厂都采用热电联产系统。2006 年全球平均能耗为 12.0 GJ/t 氧化铝，不同区域的范围为每吨 11.2～14.5 GJ。

铝熔炼炉的电耗非常大。2006 年世界原铝生产平均电耗为 15 194 kW·h/t。过去 25年里，该平均值每年下降约 0.4%。就各地区而言，平均范围从非洲的 14 622 kW·h/t 铝到北美洲的 15 452 kW·h/t。非洲由于都是新建的生产设施，因此能效最高。利用现有技术，相比现有最佳实践，炼铝核心步骤的能源消耗可降低 6%～8%。

13.6　共性技术

一些共性技术在改善能效上发挥着决定性作用，这些技术包括热电联产系统、催化作用、泵、电机和传动系统、设计工具和计算及其他优化运营维护的方法。

（1）热电联产

热电联产系统使用单一燃料同时生产电和热能。热是大多数发电过程的副产品，但是传统的电厂直接把热排入空气或附近水体，把这些热都浪费了，而热电联产系统则将热捕捉并用于生产所用，如果生产制造过程可用的蒸汽。热电联产同时生产热和电，效率高达 85%，而美国电厂的平均效率才 33%左右。

（2）电动机和驱动系统

不管最终用途是什么，电动机和驱动系统都是最大的耗电者——消耗了全球 40%多的电量和中国 54%多的电量[67]。它们有很多机会可以节省用电，特别是工业部门。理论上如果所有电动机和驱动系统得到优化，可节省 20%～30%的电，可将全球总的用电需求降低 10%。电动机和驱动系统的能源消耗主要是三大行业，即工业（64%）、商业（20%）和住宅（13%）。表 4-1 汇总了各种节能机会：

表 4-1　节能领域节能优化途径

领　域	优　化
使用	减少误用和浪费
替代方案	例如鼓风机或电动机驱动的设备
规格	与需求匹配的压力和流量；不同压力系统应用合适的压力和流量
设计	使用多台压缩机、控制器和对单台压缩机的局部负荷进行更好的控制
管路	弯角的直径、光洁度、数量和硬度，隔离不用的部分
系统匹配	使用控制器（如 VSD）和并接运转的扇风机/压缩机来满足瞬时需求
泵送/风扇/压缩机选择	最佳效率、按要求使用切边叶轮 尽可能热回收（热水或热空气），利用冷进风
电机选择	最佳效率
维护	风扇和过滤器净化；修补泄漏、压缩机和过滤器维护

（3）高温和分离工艺

许多生产工艺都涉及高温，有的分离工艺的热效率低至 6%，使分离工序成为工业节能一个有吸引力的目标。分离耗能占制造业总能耗约 47%。蒸馏和膜分离是现有和潜在的创新，可减少工业能源强度和总能耗。

（4）制造和材料

对于所有行业来说高级材料都很重要：工业、建筑业和交通业。工业部门需要在高温高压下能够抵抗腐蚀、劣化和变形的高级材料；推断传感器、控制器和自动化，配以实时非破坏性的传感和监测；以及用于建模及模拟化学途径的新型计算技术和先进工艺。

（5）传感器和过程控制

传感器开发应用包括先进的传感器技术、下一代控制和自动化、改良的信息处理、机器人学和支付得起的无线技术。应用这些技术可以实现高度自动化的工艺，通过连续监测和诊断进行高效的、智能的反馈控制。传感器被用于推断控制、实时和非破坏性的传感和监测、无线技术和分布式智能。更广泛地利用这些技术可实现大幅节能。

（6）蒸汽和工艺加热

工艺加热改良和工艺及设计改进可以提高质量、减少浪费、降低材料使用强度，以及提高中间生成物回收利用。工业设施可通过实施直接制造工艺来免除某些高能耗步骤，由此降低能源消耗、减少排放、提高生产率。

14　主要行业能耗的基准调查

表 4-2 至表 4-6 展示了主要高耗能行业的能耗国际最佳实践。中国的高能耗行业的基准能源强度见表 4-7。

表 4-2　钢铁行业能耗国际最佳实践（吨钢能耗）

			高炉-转炉		熔融还原-转炉		直接还原铁-电炉		废钢-电炉	
			GJ/t	kg 标准煤/t	GJ/t	kg 标准煤/t	GJ/t	kg 标准煤/t	GJ/t	kg 标准煤/t
原料制备		烧结	1.9	65.2			1.9	65.2		
		球团			0.6	19.0	0.6	19.0		
		炼焦	0.8	28.6						
炼铁		高炉	12.2	414.9						
		熔融还原			17.3	591.6				
		直接还原					11.7	399.6		

		高炉-转炉		熔融还原-转炉		直接还原铁-电炉		废钢-电炉	
		GJ/t	kg 标准煤/t	GJ/t	kg 标准煤/t	GJ/t	kg 标准煤/t	GJ/t	kg 标准煤/t
炼钢	转炉	−0.4	−15.4	−0.4	−15.4				
	电炉					2.5	85.6	2.4	80.6
	精炼	0.1	4.3	0.1	4.3				
铸轧	连铸	0.1	2.0	0.1	2.0	0.1	2.0	0.1	2.0
	热轧	1.8	62.5	1.8	62.5	1.8	62.5	1.8	62.5
小计		16.5	562.2	19.5	664.0	18.6	633.9	4.3	145.1
冷轧与加工	冷轧	0.4	13.7	0.4	13.7				
	加工	1.1	38.1	1.1	38.1				
总计		18.0	613.9	21.0	715.8	18.6	633.9	4.3	145.1
铸轧可选技术	用薄坯连铸技术代替连铸连轧	0.2	6.9	0.2	6.9	0.2	6.9	0.2	6.9
采用可选技术时的总能耗		14.8	504.5	17.8	606.4	16.9	576.2	2.6	87.5

数据来源:《主要工业部门能耗指标的国际最佳实践》劳伦斯伯克利实验室,美国国家环境保护局,环境能源技术处在美国发表(2008)。

表 4-3　铝生产能耗国际最佳实践(吨铝能耗)

		铝		再生铝	
		kg 标准煤/t	GJ/t	kg 标准煤/t	GJ/t
氧化铝生产(拜耳法)	溶出(燃料)	414	12.1		
	煅烧炉(燃料)	223	6.5		
	电	48	1.4		
阳极制造(碳)	燃料	35	1.0		
	电	7	0.21		
铝电解	电	1 671	49.0		
铝锭铸造	电	12	0.35		
总计		2 411	70.6	85	2.5

数据来源:《主要工业部门能耗指标的国际最佳实践》劳伦斯伯克利实验室,美国国家环境保护局,环境能源技术处在美国发表(2008)。

表 4-4　水泥生产耗能国际最佳实践

		产品单位	kW·h/t产品	kg 标准煤/t产品	GJ/t产品	kW·h/t熟料	kg 标准煤/t熟料	GJ/t熟料	kW·h/t水泥	kg 标准煤/t水泥	GJ/t水泥
生料备制	电	吨原料	12.05	1.5	0.04	21.3	2.62	0.08	20.3	2.49	0.07
固体燃料备制	电	吨煤	10	1.2	0.04	0.97	0.12		0.92	0.11	
熟料备制	燃料	吨熟料					97	2.85		92	2.71
熟料备制	电	吨熟料				22.5	2.76	0.08	21.4	2.63	0.08
添加剂备制	燃料	吨添加剂									
添加剂备制	电	吨添加剂									
粉磨、水泥制造											
325 号水泥	电	吨水泥							16	2.0	0.06
425 号水泥	电	吨水泥							17.3	2.1	0.06
525 号水泥	电	吨水泥							19.2	2.4	0.07
625 号水泥	电	吨水泥							19.8	2.4	0.07
总计											
325 号水泥		吨水泥							59	99.6	2.92
425 号水泥		吨水泥							60	99.8	2.92
525 号水泥		吨水泥							62	100.0	2.93
625 号水泥		吨水泥							62	100.1	2.93

数据来源：《主要工业部门能耗指标的国际最佳实践》劳伦斯伯克利实验室，美国国家环境保护局，环境能源技术处在美国发表（2008）。

表 4-5　造纸行业能耗国际最佳实践（吨风干能耗）

原料	产品	工艺	蒸汽用燃料 GJ/t风干纸	kg 标准煤/t 风干纸	输出蒸汽 GJ/t风干纸	kg 标准煤/t 风干纸	用电量 kW·h/t风干纸	发电量 kW·h/t风干纸	总计 GJ/t风干纸	kg 标准煤/t 风干纸
非木质	商品浆	制浆	10.5	358	−4.2	−143	400		7.7	264
木质	商品浆	牛皮纸	11.2	382			640	−655	11.1	380
		亚硫酸	16	546			700		18.5	632
		热磨机械			−1.3	−45	2190		6.6	224
纸	回收浆		0.3	10			330		1.5	51

资料来源：《主要工业部门能耗指标的国际最佳实践》劳伦斯伯克利实验室，美国国家环境保护局，环境能源技术处在美国发表（2008）。

表 4-6　合成氨行业能耗国际最佳实践（吨氨和吨氮能耗）

原料	能源强度			
	GJ/t 氨	GJ/t 氮	kg 标准煤/t 氨	kg 标准煤/t 氮
天然气汽化重整	28	34	956	1 160
煤炭	34.8	42.3	1 188	1 444

数据来源：《主要工业部门能耗指标的国际最佳实践》劳伦斯伯克利实验室，美国国家环境保护局，环境能源技术处在美国发表（2008）。

表 4-7　中国重点用能产品（工序）能效标杆指标

行业	工序	单位	单位产品能耗
钢铁行业	焦炉	kg 标准煤/t	86～111
	烧结机	kg 标准煤/t	39～48
	高炉	kg 标准煤/t	365～387
有色金属	电解铝	kW·h/t	13 200～13 500
	铜	kg 标准煤/t	327～372
	炼锌	kg 标准煤/t	754～983
	电解铅	kg 标准煤/t	360～413
	镁冶炼	kg 标准煤/t	4 170～4 250
建材行业	平板玻璃	kg 标准煤/重量箱	15.3～15.6
纺织行业	机织印染	kW·h/100 m	13～15
	针织印染	kW·h/t	985～1 000
	氨纶	kg 标准煤/t	2 230～2 400

数据来源：工业和信息化部节能与综合利用司，2012 年 7 月 27 日。

加速提高能效是能源和气候政策面对的一项重要的挑战。能效提高率需大幅增长，才能更好地保证未来能源的可持续性。

与国内外最佳实践相比，中国的高能耗行业还有很大的节能潜力。更广泛地应用工业节能技术面临很多障碍，例如新技术的高风险和高成本、缺乏节能的专业知识，以及信息传播不力。

各级政府必须学习别人的最佳实践，并立刻采取行动制定和实施必要的市场和管理政策，包括严格的规范与标准。

15 节能技术

15.1 清洁能源项目分析软件

RETScreen 清洁能源项目分析软件是全球领先的清洁能源决策软件。它来自于加拿大政府，并可以在世界范围内用于评估能源效率和可再生能源技术的能源生产和节约、成本、减排、财务可行性及各类风险。RETScreen 显著降低了与识别和评估潜在能源项目有关的成本。RETScreen 允许决策者和专业人士迅速、明确地判断规划中的可再生能源、能源效率或热电联项目是否是经济可行的。

RETScreen 成套软件有两个独立程序：RETScreen 4 和 RETScreen Plus。RETScreen 让工程师、建筑师以及财务规划师模仿与分析任何清洁能源项目。决策人员可实施五步骤标准分析，包括能源生产和节约分析、成本分析、排放量分析、财务分析以及风险分析。软件包括产品、项目、基准、水文和气候数据库，详尽的用户手册以及基于案例研究的学院或大学级培训课程，包含工程方面的电子教科书。

15.2 超声增强型印染

在纺织行业中耗能最高的工序包括印染和精加工。纺织工业中织物的染色涉及两个物理过程：将染料运输到纤维中，以及染料被纤维吸收或与之发生反应，产生固定的色泽。在传统工序中，这些反应是通过时间、温度和压力来完成的。为了加快反应速度，通常需要添加化学物质如盐和尿素。传统的染色过程是资本和能源密集型的，废物流中的盐和尿素的存在也是减少污染面临的挑战。

超声在染色过程中的应用可以显著地加快染料在织物里的运输和吸收。这是因为超声能量使纤维膨胀同时降低表面张力。超声使染料与织物更快速的反应，因为超声波能量优先加热织物里的染料。这些加速染色的益处可以在较低的温度和常压下实现，无须向染料中添加化学品。超声的应用降低了过程中直接使用的热能的 10%。

15.3 近净形铸造/薄带连铸

钢铁行业是最大的工业能源消耗者之一。铸造，轧钢工艺在钢铁工业中是一个多步骤的过程。钢液先被连续塑成钢坯或板坯。钢液从钢水包流出到中间包（或容纳槽），然后被送入一个水冷铜模中。凝固过程始于模具边缘，并一直持续到内部。凝固的钢坯被拉出，火炬切割，然后送出到一个过渡性储藏。大多数钢会在加热炉重新加热，而后在冷热轧机或精轧机下轧制成最终形状。据劳伦斯伯克利国家实验室最近的研究估计，在加热炉里重新加热会消耗大约 $2.8×10^6$ 英热单位/t（3.3GJ/t）的能量。

近净形铸造是一种将金属的形状和尺寸铸造成接近成品需要的新技术。这项技术减少了完成产品所需的处理过程。换言之，此技术将钢材的铸造和热轧集成到一个步骤来处理，从而避免钢在轧制前需要重新加热。薄板坯连铸（TSC）和薄带连铸（SC）是两种主要的近净形铸件工艺，且都是连续的过程。与厚度为 120～300 mm 的板坯中铸造相比，薄带被直接铸造到 1～10 mm 的最终厚度。薄带连铸的能量消耗明显低于目前的铸造和热轧过程。根据当前工艺消耗的能量与近净形铸件消耗的能量之间的差异，每年大约能节省一次性能源 4.7 GJ/t 粗钢。

15.4　汽油的生物脱硫

中国环境保护部建议使用限制汽油含硫量在 $150×10^{-6}$ 以内的中国低硫"第三"排放标准。2010 年在中国北方进行的一场调查显示，市场上购买的汽油只有 14%～58%满足低于 $150×10^{-6}$ 的硫含量。这些法律法规要求的硫含量与加油站汽油中实际的硫含量的不相匹配导致了汽车尾气排放的高污染性。

随着近年来中国的空气质量恶化和公众意识的提高，汽油制造商不得不寻找更好和更有效的脱硫方法。目前，Merox 工艺是汽油除硫的基本技术。在这个过程中，汽油和少量的空气在高温、高压下经过非均相催化剂来处理。汽油尔后会与苛性碱溶液接触以除硫。然后这个苛性碱溶液与空气和催化剂接触，从而将所提取的化合物转换为硫化物。生物脱硫是一个活微生物有选择性地去除燃料里的硫过程，从而经济地获得低硫汽油，并且产生很少的环境排放。生物脱硫工艺大约比 Merox 工艺使用的能源少 10%～15%。

氧化生物脱硫工艺的优点是反应条件仅需室温和常压，并产生无毒副产物，省去了并行处理硫化氢的需要。生物催化较 Merox 工艺有更多的选择性，并有能力只针对个别含硫的物种如硫醇、烷基硫醇、多硫化物。生物催化工艺亦可被设计成批量处理，该过程中的反应物和生物催化剂在一个反应容器里保持一段时间。此外，生物过程可被设计为一个反应物只在有限的一段时间内接触生物催化剂的一个连续的流动过程。

15.5　电力调节系统（ESP）

电力调节系统（ESP）是一个综合性的节能电能调节系统。它提高整体用电设备的电能质量但同时又节省能源。它通过降低浪涌和谐波，稳定电压，保护设备和机械来节省能源。这些问题的纠正会降低对运行相同负载的电能需求，对大多数使用三相电的设备可实际降低至少 6%～12%的电能需求。在世界各地已经有超过 2 000 个安装。该系统专门适用于电压从 208 V～345 kV 的低、中、高三相电压应用以及各种国际线频率。该系统适用于任何需求超过 100 kW 的工业、机构或商业设施。

ESP 包含的组件包括：电感器、电抗器、电容器、电阻器、过滤器、接触器、熔断器等电器元件。它采用先进的能够 24/7 监测和控制的微处理器稳压器。ESP 的独特功能是由系统设计和它的阶梯逻辑响应来实现的。该系统由多级的 LCR 谐振电路组成，谐振电路按照基于阶梯逻辑原理预先设定的设计参数被激活。ESP 的主要操作是根据调谐振荡电路-LCR（电感/无功、电容式、电阻）。这些调谐谐振电路有最小电阻元件，因此，他们不浪费，而且节约能源。ESP 系统的多级系统有三重保护，每个步骤独立监察、保护、激活，这意味着每一个步骤本身是独立的。这是一个明显的优点，在一个步骤中的任何组件有任何故障的情况下，它将隔离自己，自行关闭离线，而该系统的其余部分将继续执行其功能。该系统被并行连接在分布系统中，从而确保它不会干扰工厂的操作。

15.6　室内即热式电热水器

热水器通常是现代建筑中仅次于空调的第二大能源消耗者。先进的水加热产品可以大幅度减少使用的能源，较传统热水系统的热水器和美国联邦最低能效标准而言，平均可以节省 37% 的能源。电阻式电热水器和非冷凝燃气储水式电热水器长期各占据住宅热水市场的半壁江山。这些在每一次远程位置有需求就会调剂水的中央储水式电热水器，水龙头在有热水输出前必须保持开启状态，用水完毕后残留在管道里的热水会迅速冷却，浪费更多的能量。

新型按需供应的电热水器运行效率高，比传统效率高 95%，它基本消除了输送热水和待机维持热水温度的损耗。在远离中央电阻热水器的浴室这样的典型应用中，大约可以节省 35%～40% 的电力。节省的方式包括更低的热水器水温要求，管道里热损失的减少和更低的热水在待机状态的热损失。电热水器有 3 个参数指标：

功率：加热到给定需求所需要的能量；

温升：进水温度和设定出口温度之间之差；

流速：一次被加热的水量，用 gal/min 表示。

高级的机型设有先进的微处理器技术，不断监测进水流量和进水温度以不断调节功率电来精确地保证由用户选择的输出温度。有些机型将温度控制带到了更高一个层面上，提供业界唯一的先进的流量控制技术。一个在热水器前面的简单的调节旋钮允许您在 30～60℃ 的任何温度设置您希望输出的水温。一个先进的网上工具 "EZ-SpecTM" 软件可以用于选择合适的型号、数量和安装几乎任何无缸热水器所需的附件。"EZ-specTM" 不但使用简单，而且高度精确。

15.7　LED 照明系统

大型建筑物所用的电力占电力市场的 40%。其中大型建筑使用的能源的 40% 专用于照明，并且照明大多都使用线性荧光灯。LED 照明系统可以以最低的价格取代和供应那些灯具。相比现有的灯具全功率输出时，优陲寺体的 LED 系统可以减少 40% 的照明负荷，或按照另一种方式来说，单是 LED 的能源效率的提高将使整幢建筑的能源使用减少 15%。当结合低成本无闪烁且无调光功能的灯具时，总建筑可以节省接近 25% 的能源消耗。此外，优陲寺体的直流照明系统具有独特的能力，可直接使用建筑物现有的电线以及现场分布式能源（DER）（太阳能、风能、燃料电池和电池）供电。当现场分布式能源充足时，照明及其他建筑里的电力系统亦可从电网中彻底分离。

优陲寺体独特的系统还有能力以低成本实时测量设备级和系统级的能源使用。这种能力打破了市场增长的许多障碍，使得新的融资模式成为可能，使得参与公用事业市场配套服务成为可能，也使得提供传统公共事业的替代方案成为可能。优陲寺体的系统将人类、机器、市场和基于软件的政策连接来提供多方位的能源服务和分析。

电源是通过标准或现有建筑物的布线动态混合直流交流电源，以及许多潜在的直流和现有的交流负载，来输出 325/430V 直流电，以供应"低成本/荧光"可调光 LED 照明。在这些电压下可以驱动多个低功率 LED，无须驱动电力通讯 IC 设备，而且几乎没有任何热损失。一个电源可以驱动多达 400 个灯泡；这也大大降低了电源/灯的成本。由于该系统使用现有的布线独特的混合交流直流电，在有足够规模的可再生能源和能源储存的条件下可以在建筑物、村庄和军事基地等地构造独立电网。

每个灯具还可以包含带有电力线通讯 IC 设备的驱动器盒。电力线通讯 IC 设备能使用现有电线和每个夹具/设备的 IP/GPS（全球定位系统）的地址和传感器枢纽来对所有建筑系统进行控制和网络监测。这些传感器可以控制灯光，以及为其他建筑系统提供基于 GPS 地理位置的反馈。

15.8　碱性氧气转炉的炉气和余热利用

在炼钢工业中，最大的能源使用者是在综合钢厂还原铁矿石和在电弧炉中重新熔化废钢。原钢使用碱性氧气转炉生产（BOF）。根据注入氧气方式的不同存在几种不同配置。这个过程步骤的能源强度为 0.30×10^6 英热单位/短吨燃料（0.3GJ/t）和 27kW·h/短吨钢（30kW·h/t）。

BOF 工艺是一氧化碳排放的一个重要来源。铁水中的碳发生反应生成一氧化碳（CO），而后作为 BOF 炉气排放。BOF 炉气热值介于 7.4 MJ/m³ 和 9.1 MJ/m³（平均价值 8.5 MJ/m³，低热值）。BOF 炉气可被回收用作钢铁厂或生产蒸汽和电力的气体燃料。BOF

炉气结合显热回收是最为节能的工艺，使 BOF 过程成为能源的净产出者。

热回收工艺分为燃烧和非燃烧法。使用燃烧法可以回收 0.125GJ/t 钢。非燃烧方法大约可以回收 0.54～0.92 GJ/t 钢。在全球应用 BOF 气体是非常有节能减排潜力的，预计为 250 PJ。非燃烧法可以回收 70%左右的潜热和显热。

BOF 炉气和余热回收在欧洲和日本综合钢铁厂很常见，是能量回收、排放控制和粉尘回收的有效手段。

BOF 炉气回收的节能潜力是巨大的。在全球应用 BOF 炉气的节能潜力预计为 250 PJ。此外，BOF 炉气和余热回收可以减少二氧化碳的排放。全球范围内的 BOF 炉气回收可以减少的二氧化碳排放量为 25 万 t/a。

15.9　地热能源

地热技术是利用可再生能源来发电和供热或者是制冷，同时产生非常低水平的温室气体（GHG）排放量。其在实现能源安全、经济发展、减缓气候变化的目标中起着重要的作用。

用于电力生产应用的 3 种技术可以根据储层的深度、温度、压力和整个地热资源的性质（闪蒸式、干蒸式和双循环式）来选择。所有目前公认的地热开发方式都采用再次注射作为资源可持续开采的一种手段。

流传最广的地热利用是地源热泵（大约占总地热利用的 49%），其次就是用于水疗和游泳池加热（大约占 25%）。另一个最大地热利用是区域供热（大约占 12%），剩下的一些用途加起来占总数的不到 15%。

15.10　天然气锅炉氮氧化物排放控制

目前，两个最普遍使用的减少氮氧化物排放量的燃烧控制技术是天然气发电锅炉烟气再循环（FGR）和低氮氧化物燃烧器。

在一个 FGR 系统里，一部分烟道气从烟囱中循环到燃烧器风箱。进入风箱时，在被输送到燃烧器之前循环气体与燃烧用空气混合。循环的烟道气由先前的燃烧产物组成，在此燃料/空气混合物的燃烧过程中作为惰性气体。

低氮氧化物燃烧器通过分级段燃烧来减少氮氧化物的排放。分阶段燃烧在一定程度上延缓了燃烧过程，由此出现一个能抑制热氮氧化物的一个"凉爽"的火焰。最常见的两种被应用到天然气锅炉的低氮氧化物燃烧器是分级天然气燃烧器和分级燃料燃烧器。

当低氮氧化物燃烧器和 FGR 组合使用时，这些技术能够降低氮氧化物排放量的 60%～90%。这适合用于发电、工业和大型区域加热的大型燃气锅炉。

15.11　太阳能储存电池新技术

有美国加州硅谷的一家高科技公司研发设计的大型绿能储存电池系统具有高度安全性、高可靠度、高质量和好的性价比等特性。它适用于大型商业、工业级能力储存、亦可用于电力公司绿色电网储存使用。它的储存系统是标准 480V-3 相输出可组合模块式 250 kW 提供 1～3MW·h，能量组合模块可以做成供应 250 kW/1.5MW·h 的或者 500 kW/4.0MW·h。其特殊设计的串联式结构，获得美国专利，它是对 RFB 技术的一种特殊改良。该技术已经在美国加州得到使用。该技术在实地安装测试系统期间得到了美国能源部提供的 500 万美元资金支持。

第五篇　中国企业节能与减排的决策方法

16　节能潜力计算和节能效益评价

16.1　减排项目决策方法的总体思想

鉴于现有的企业节能减排研究存在的问题，该方法拟从企业决策的角度，研究出一套适合企业决策者使用的节能减排量及其收益的计算方法。使决策者更好地了解节能减排项目可以给企业带来的收益，更积极地开展节能减排项目活动。定量地计算企业能耗和温室气体排放情况节能减排量可以从两方面考虑：改造项目和新建项目。其中改造项目需要将企业当前生产工艺和可能进行投资的新项目进行比较，国家发改委共发布了 5 批《国家重点节能技术推广目录》，目录涉及煤炭、电力、钢铁、有色金属、石油石化、化工、建材、机械、纺织、轻工、建筑、交通、通信等 13 个行业，企业进行节能改造时参考。新建项目则是从两种或两种以上的备选方案中比较选择出最优方案进行投资。

16.1.1　改造项目

（1）企业能耗及排放现状计算

主要是对企业当前运营状况下的能耗及主要温室气体和污染物排放情况进行计算，从而对企业当前的能耗水平以及对环境的污染情况具有全面的了解。这也是了解企业节能潜力的前提条件。

（2）企业节能潜力分析

主要是指节能量的计算。针对企业拟进行投资的项目运行前后的能源消耗量进行对比，计算在相同产量的情况下，采取新技术能够产生的节能量。

（3）减排量计算

通过对能耗量的计算，进而可以求出节约的那部分能源所能产生的温室气体和污染物的排放量。减排量的计算不仅可以直观地体现出企业对保护环境所做出的贡献，温室气体减排量的计算更可以作为碳交易的依据。

（4）节能减排项目的经济效益分析

企业普遍认为节能减排项目投资主要目的是减少企业生产经营活动对环境所产生的重大负面影响。企业对强制性节能减排项目投资，通常被视为被动性的投资，往往忽视其财务评价，而只考虑技术及环境法规的要求，对自愿性的节能减排项目投资，往往缺乏适当的评价，从而使其不能通过财务分析对投资回报率的要求而被放弃。该方法将对企业拟采取项目进行经济效益评价。

总之，方法的主旨就是通过较为简便的计算方法为企业的决策提供切实可操作的工具，使企业明确了解自身所能得到的经济利益以及有可能产生的环境影响和社会影响。方法的思路图如图 5-1 所示。

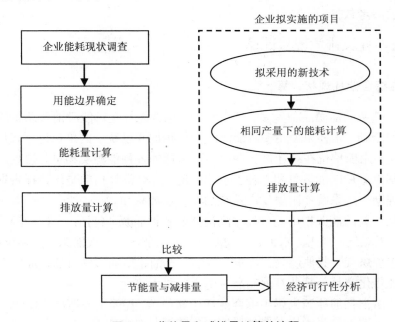

图 5-1　节能量和减排量计算的流程

16.1.2　新建项目

新建项目与改造项目的区别在于改造项目是对企业原有的生产技术设备进行改造，而新建项目需要对几种备选投资方案根据方案的技术设备参数及计划工作时间、产品产量等因素进行预测，估算出单位时间内，相同产量的情况下各自的能耗及排放情况。

（1）备选方案汇总

将项目投资备选方案进行汇总，了解各自的生产技术原理、技术先进性、设备参数、投资成本等基础信息。

（2）方案能耗及温室气体排放量计算

根据备选方案项目的技术参数及计划产量情况计算出项目投产后的能耗量，根据能源消耗类型可以计算出能源燃烧产生的温室气体排放，若项目生产工艺过程中有化学反应产生温室气体排放的，也需要将过程排放量计算在内，这部分排放量可根据物料平衡法进行计算。

（3）经济效益分析

新建投资项目需要对不同方案逐一进行经济效益分析，分析结果可以作为企业决策者决策的重要参考依据。

16.2   企业能耗及排放现状计算

16.2.1   企业综合能耗现状计算

企业实际消费的能源品种繁多、关系复杂。综合能耗是对能源消费总量的概括与计算单位能耗的基础，是体系使用多种能源时如何相加并以统一的单位进行表达、进行总量描述的规定。用能单位在统计报告期内实际消耗的各种能源实物量，按规定的计算方法和单位分别折算后的能量总和，对于企业来说，综合能耗指的是统计报告期内，主要生产系统、辅助生产系统和附属生产系统的综合能耗总和。

综合能耗计算的能源指用能单位实际消耗的各种能源，包括：一次能源，主要包括原煤、原油、天然气、风力、水力、生物质能、太阳能等；二次能源，主要包括洗精煤、其他洗煤、焦炉煤气、其他煤气、焦炭、煤油、汽油、柴油、燃料油、液化石油气、炼厂干气、其他焦化产品、其他石油制品、电力、热力等。

耗能工质所消耗的能源也属于综合能耗计算种类。耗能工质消耗的能源主要包括新水、软化水、压缩空气、氧气、氮气、氢气、乙炔、电石等。

根据综合能耗计算通则的方法，综合能耗的计算分为 4 种，分别是综合能耗、单位产值综合能耗、产品单位产量综合能耗和产品单位产量可比综合能耗。我国在进行能源统计时，规定将能耗单位统一成标准煤的形式。

（1）综合能耗的计算

综合能耗可按下式进行计算：

$$E = \sum_{i=1}^{n} (e_i \times p_i) \tag{5-1}$$

式中：E —— 综合能耗，kg 标准煤；

　　　　n —— 能源消耗的品种数；

　　　　e_i —— 企业生产过程中消耗的第 i 种能源的实物量，kg、kW·h、J 或者 m^3；

　　　　p_i —— 第 i 种能源的等价折算系数，按能源的当量值或等价值折算，kg 标准煤/kg、kg 标准煤/kW·h、kg 标准煤/J 或者 kg 标准煤/m^3。

　　其中，某种能源的折标系数等于该能源的实际热值与标准煤热值的比值。各种主要能源折标准煤参考系数见表 5-1 所示：

表 5-1　各种主要能源折标准煤参考系数

能源名称	平均低位发热量	折标准煤系数
标　煤	29 271kJ/kg	1.000 g 标准煤/kg
原　煤	20 908kJ/kg	0.714 3kg 标准煤/kg
洗精煤	26 344kJ/kg	0.900 0kg 标准煤/kg
洗中煤	8 363kJ/kg	0.285 7kg 标准煤/kg
焦　炭	28 435kJ/kg	0.971 4kg 标准煤/kg
原　油	41 816kJ/kg	1.428 6kg 标准煤/kg
燃料油	41 816kJ/kg	1.428 6kg 标准煤/kg
汽　油	43 070kJ/kg	1.471 4kg 标准煤/kg
煤　油	43 070kJ/kg	1.471 4kg 标准煤/kg
柴　油	42 652kJ/kg	1.457 1kg 标准煤/kg
液化石油气	50 179kJ/kg	1.714 3kg 标准煤/kg
炼厂干气	45 998kJ/kg	1.571 4kg 标准煤/kg
天然气	38 931kJ/m^3	1.330 0kg 标准煤/m^3
焦炉煤气	16 726～17 981kJ/m^3	0.571 4～0.614 3kg 标准煤/m^3
水煤气	10 454kJ/m^3	0.357 1kg 标准煤/m^3
煤焦油	33 453kJ/kg	1.142 9kg 标准煤/kg
粗　苯	41 816kJ/kg	1.428 6kg 标准煤/kg
热力（当量） 电力（当量）	3 596kJ/kW·h	0.034 12kg 标准煤/MJ （0.142 86kg 标准煤/1 000kcal） 0.122 9kg 标准煤/kW·h
沼　气	20 908kJ/m^3	0.714kg 标准煤/m^3

注：数据来源于《中国能源统计年鉴 2011》。

（2）单位产值综合能耗的计算

单位产值综合能耗也就是综合能耗与企业总产值之间的比值，可按下式计算：

$$e_g = \frac{E}{G} \tag{5-2}$$

式中：e_g —— 单位产值综合能耗，kg 标准煤/万元；

E —— 综合能耗，kg 标准煤；

G —— 统计报告期内产出的总产值，万元。

（3）产品单位产量综合能耗的计算

公式（5-3）所示是产品单位产量综合能耗的计算公式：

$$e_j = \frac{E_j}{P_j} \tag{5-3}$$

式中：e_j —— 产品 j 的单位产量综合能耗，kg 标准煤/万元；

E_j —— 生产产品 j 的综合能耗，kg 标准煤；

P_j —— 产品 j 的合格品数量。

对于有些企业同时生产多种产品的情况，应该按照每种产品实际的耗能量进行计算，在无法分别对不同产品能耗进行计算时，折算成标准产品统一计算或者按照产量与能耗量的比例计算。

（4）产品单位产量可比综合能耗的计算

产品单位产量可比综合能耗是同行业中针对同种产品的能耗进行的相互比较，各行业的计算方法不一样。

16.2.2　企业排放现状计算

根据企业的用能水平可以计算出企业的排放现状。企业的排放应当包括温室气体排放和污染物的排放，排放量同时包括企业所使用能源产生的排放以及企业用电所产生的间接排放。

（1）温室气体排放

企业用能产生的温室气体排放可按照不同能源的消费情况分别计算之后求总和：

$$E_{i,j} = \sum_{i,j}(Q_i \times \alpha_i \times \mathrm{EF}_{i,j} \times \mathrm{GWP}_j) \tag{5-4}$$

式中：$E_{i,j}$ —— 企业消耗能源所产生的温室气体排放总量，$kgCO_2$ 当量）；

Q —— 消耗能源的数量，kg；

α —— 消耗的能源发热值，kJ/kg；

EF　——　消耗能源的温室气体排放因子，kg/TJ；

GWP　——　温室气体的全球增温潜势；

i　——　能源种类；

j　——　温室气体种类。

这种算法需要对不同能源依次进行计算后求和，也是较为直接的计算方法。为使计算更为方便，对于温室气体排放量还可以根据下式进行计算：

$$E_{i,j} = \sum_{i,j}(\mathrm{EF}_j \times \eta_i \times \mathrm{EI} \times V \times P \times \mathrm{GWP}_j) \tag{5-5}$$

式中：$E_{i,j}$　——　企业消耗能源所产生的温室气体排放总量，$kgCO_2$ 当量；

　　　EF　——　温室气体排放因子，kg/TJ；

　　　η　——　该能源占总能耗中的比例，%；

　　　EI　——　单位产值能源强度，t 标准煤/万元；

　　　V　——　单位产量产值，万元/t；

　　　P　——　总产量，t；

　　　GWP　——　温室气体的全球增温潜势；

　　　i　——　能源种类；

　　　j　——　温室气体种类。

一般企业都会用到外购电来进行生产活动，对于有些工业企业来说，外购电在总的能源消耗当中占有不小的比重，对于企业本身来说，用电量的多少对排放影响不大，但是电厂发电必然会产生二氧化碳排放，所以，外购电所产生的间接排放也应纳入企业排放总量内。对于电力的排放计算需要根据企业所在地理位置选择不同的电网排放因子，我国电网区域划分见表 5-2。

表 5-2　我国电网区域划分

电网名称	省市划分
东北区域电网	辽宁省、吉林省、黑龙江省
华北区域电网	北京市、天津市、内蒙古自治区、河北省、山东省、山西省
西北区域电网	新疆维吾尔自治区、宁夏回族自治区、甘肃省、青海省、陕西省
华东区域电网	江苏省、浙江省、上海市、福建省、安徽省
华中区域电网	江西省、河南省、湖南省、湖北省、四川省、重庆市
南方区域电网	广东省、广西壮族自治区、云南省、贵州省、海南省

企业消耗电网电量产生的二氧化碳排放具体计算公式如下：

$$E_{ele} = H_{ele} \times EF_{grid} \tag{5-6}$$

式中：E_{ele} —— 企业所使用外购电所产生的二氧化碳排放量，tCO_2；

H_{ele} —— 总耗电量，$MW \cdot h$；

EF_{grid} —— 企业所在区域电网的二氧化碳排放因子。

$$EF_{grid} = EF_{grid,OM} \times \omega_{OM} + EF_{grid,BM} \times \omega_{BM} \tag{5-7}$$

式中：$EF_{grid,OM}$ —— 企业所在区域电网的电量边际排放因子，$tCO_2/（MW \cdot h）$；

ω_{OM} —— 电量边际排放因子权重；

$EF_{grid,BM}$ —— 企业所在区域电网的容量边际排放因子，$tCO_2/（MW \cdot h）$；

ω_{BM} —— 容量边际排放因子权重。

我国 2011 年各区域电网排放因子数据见表 5-3：

表 5-3 2011 年我国区域电网排放因子

电网名称	电量边际排放因子 OM/[tCO₂/（MW·h）]	容量边际排放因子 BM/[tCO₂/（MW·h）]
东北区域电网	1.085 2	0.598 7
华北区域电网	0.980 3	0.642 6
西北区域电网	1.000 1	0.585 1
华东区域电网	0.836 7	0.662 2
华中区域电网	1.029 7	0.419 1
南方区域电网	0.948 9	0.315 7

（2）大气污染物排放

企业在进行节能项目改造时，不仅降低能耗、控制温室气体的排放，同时 SO_2、CO、NO_x、烟尘等污染物的排放也相应降低，所以温室气体的减排和污染物的减排是相辅相成的。污染物排放量可以根据《排污费征收使用管理条例》中的物料衡算法来进行计算[68]。

二氧化硫排放量计算公式如下：

$$G_{SO_2} = 2 \times 80\% \times B \times S \times (1 - y) \tag{5-8}$$

式中：G_{SO_2} —— 二氧化硫排放量，t；

80% —— 燃料中硫的含量，硫分可分为可燃硫和非可燃硫，其中可燃硫占全部硫含量的 80%；

B —— 燃料消耗量；

S —— 燃料中全硫分的含量；

y —— 除硫设备的效率。

燃料中的氮含量在燃烧过程中与空气中的氧气反应从而形成氮氧化物，这些氧化产生的氮氧化物中主要成分是 NO 和 NO_2，其中 NO 占氮氧化物的 90% 左右，其余以 NO_2 为主。氮氧化物的计算可根据下式进行：

$$G_{NO_x} = 1.63 \times B \times (N \times b + 0.000\,938) \tag{5-9}$$

式中：G_{NO_x} —— 氮氧化物的排放总量；

B —— 燃料消耗量；

N —— 燃料中的含氮量；

b —— 燃料中氮的转化率。

一氧化碳排放量计算公式如下：

$$G_{CO} = 2.33 \times B \times C_{fh} \times \beta \tag{5-10}$$

式中：G_{CO} —— 一氧化碳的排放量；

B —— 燃料消耗量；

C_{fh} —— 燃料的含碳量；

β —— 燃料燃烧的不完全值，也就是燃料中没有被完全燃烧的部分所占的比例。

某些工业企业生产过程中会产生大量烟尘，烟尘排放量的计算公式如式（5-11）所示：

$$G_{SD} = B \times A \times d_{fh} \times (1-y)/(1-C_{fh}) \tag{5-11}$$

式中：G_{SD} —— 烟尘排放量；

B —— 燃料消耗量；

A —— 燃料中的含尘量；

d_{fh} —— 飞灰占灰分总量的比例，该值与企业的燃烧方式有关；

y —— 除尘系统的除尘效率；

C_{fh} —— 烟尘中的可燃物的含碳量，一般可取 30%。

16.3　节能潜力分析

目前来说，企业节能潜力的评估很难做到精确计算出一个数值，企业的能耗有明确的燃料消耗所消费的能源，同时也存在一些生产活动中不确定的能耗，所以企业详细的节能潜力是很难计算的，但是可以通过企业能耗现状统计、企业生产技术水平的评估以及设立能耗基准等手段来对企业存在的节能潜力做出综合评价。

（1）能耗现状统计

能耗现状统计也就是对当前能耗进行计算，对企业当前的用能水平进行全面统计。对主要生产线耗能工序、设备参数及使用情况以及生产工艺等的能源数据进行收集。

（2）技术评估

技术评估是对企业当前的生产工艺以及已经采取的节能措施和技术进行评价。对企业进行技术评估需要先对整个行业所使用的技术进行收集了解，并对能耗水平进行整理分析。然后将所调查的企业数据同整个行业相比较，对比分析出该企业所存在的节能潜力。

（3）设立能耗基准

由于对企业节能潜力的评估难以做到十分精确，所以通过比较来进行评估是节能潜力分析的一个重要思想。设立能耗基准是指找到一个与企业当前能耗水平可以进行比较的行业先进能耗水平，以此作为标准同企业作对比。基准的设立同企业规模的大小无关，基准需适用于同行业不同规模的企业。

16.3.1　行业标准比较

对于了解企业能耗处于什么水平最直接的方法是与该行业的国家能耗标准做比较，标准是企业应该达到的水平，若单位产量能耗高于国家标准，则说明企业还存在较大的节能潜力。假设企业单位产量能耗为 e，产量为 P，国家标准能耗为 e'，那么如式（5-12）所示，就可以大致估算出企业存在的节能潜力。式中 ΔP 表示企业节能潜力。该计算公式计算出的结果只是企业为了达到国家标准所能够产生的节能量，并不是针对特定项目投资或者是生产工艺环节而言的。

$$\Delta P = (e - e') \times P \qquad\qquad （5-12）$$

若企业单位产量能耗低于国家标准，那么就需要通过对企业详细的生产技术和主要耗能工序进行调查，与行业先进的技术进行比较，进而从技术设备的角度对企业存在的节能潜力做出分析。

16.3.2　拟投资项目节能分析

无论企业能耗水平高于行业标准还是低于行业标准，都或多或少存在一定的节能空间，为了降低能耗，企业都必须通过项目技术改造或者是流程工序的改进来实现节能。对于企业来说，节能潜力的评估仅仅针对行业内的情况做简单分析是不够的，需要通过具体的项目比较体现出来，对行业整体技术使用情况的评估只是一个前提，在此基础上选定企业拟进行投资的项目，在对企业本身以及行业先进的技术设备信息进行详细收集和了解之后，企业可根据自身情况选择合适的项目进行投资。对于拟投资项目而言，需要收集详细的项目运行数据，根据数据以及企业自身的年产量来计算拟投资项目生产相同产量产品所消耗的能源数量。以此为基准，与企业当前年综合能耗进行比较便可知拟投资项目上马运行之后的年节能量，即为企业存在的节能潜力。计算公式为：

拟投资项目运行情况下综合能耗－企业当前综合能耗=针对该项目的节能潜力

16.4　减排量计算

节能潜力的评估是减排效果评估的前提，项目减排效果的计算基于节能潜力计算的基础上进行。项目实施后能够产生多少温室气体和污染物减排量，根据企业项目节能效果的评估可以计算得出结果。在分别对企业当前用能情况包括排放状况进行详细统计，并且掌握拟投资项目的能耗水平后，可对项目减排情况进行计算，可通过两种方法计算。

方法一的计算步骤：

①统计企业节能改造前各类型能源消耗量；

②计算当前企业温室气体及污染物排放量；

③收集项目数据，计算相同产量下改造后项目能耗量；

④根据步骤③计算改造后项目排放量；

⑤对比改造后项目排放量和企业当前排放情况，得出结果。

方法二的计算步骤：

①统计企业当前各类型能源消耗量；

②计算相同产量下项目能耗；

③比较得出该改造后项目各种能源节能量；

④对节约的能源部分进行计算得出结果。

方法二和方法一的区别在于，方法一是先计算企业当前排放，再计算相同产量前提下拟投资项目的排放情况，直接通过比较二者的排放量得出减排效果。而方法二则是通过比较二者的能耗差距，对产生的节能量进行计算得出项目能够产生的减排效果。

两种方法各有优势，方法二不需要计算企业当前和投资项目的温室气体和污染物排放量，只需针对最终的节能量来计算投资项目的减排情况，对于企业来说，此方法的计算过程较为简单，但是不利于企业了解自身温室气体和污染物的排放情况。而第一种方法，需要企业对当前排放量做出明确计算，排放数据在企业的节能减排工作中是非常重要的，也可以为企业获得排放数据提供技术支持。所以，企业可以根据各自情况采取不同的计算方法，最终结果是相同的。

16.5　经济效益计算

经济效益是企业做出节能减排投资决策的内部驱动力。从企业的角度来说，对项目经济效益的计算是决策的最核心问题，因为企业是以盈利为最根本目的，经济上具有吸引力的项目，企业才会自愿进行投资。

可从以下几个角度对节能项目的经济效益进行计算。首先，节能项目产生的节能量和减排量能够产生多少收益，这对于企业的决策来说是最直观的，同时可将碳生产率的概念用于企业，反映单位二氧化碳排放产生的产值。对于项目的经济效益分析还必须从经济学指标的角度对项目可行性做出分析。

16.5.1　节能减排量收益

企业生产对于能源的消费在总成本中占有较大的比例，采取节能措施后可以减少能源购入量，从而帮助企业降低生产成本。同时对于二氧化碳的减排量可以用于碳市场交易，这将为企业带来可观的收入。

（1）节能经济收益

该项收益首先需要对项目节能量进行计算，在明确项目前后各种能源的节约值后，针对购入时的能源价格计算出降低的能源成本。计算如式（5-13）所示：

$$M = \sum_i (\Delta G_i \times J_i) \qquad (5\text{-}13)$$

式中：M　——　总的节能收益；

ΔG　——　节能量；

J　——　该种能源购入时的价格；

i　——　能源类型。

（2）减排经济收益

对温室气体减排收益的计算首先需要明确温室气体减排量，要计算出各种温室气体减排额度，但是对于碳市场交易来说，都是以二氧化碳当量为单位，所以需将各种温室气体统一折算成二氧化碳当量后进行计算。减少二氧化碳排放的经济效益如下式所示：

$$M_{CO_2} = \Delta G_{CO_2} \times J_{CO_2} \qquad (5\text{-}14)$$

式中：M_{CO_2} —— 二氧化碳减排收入；

$\triangle G_{CO_2}$ —— 减排的温室气体折算成二氧化碳当量后的减排量；

J_{CO_2} —— 当前市场上碳交易价格。

那么节能量给企业带来的经济收益与减排量给企业带来的经济收益二者的总量就是节能减排项目给企业每年带来的收益。

16.5.2　碳生产率计算

碳生产率的概念始于 1993 年，所谓碳生产率，是指在一段时间内，国内生产总值与同期二氧化碳排放量之间的比值，等于单位 GDP 二氧化碳排放强度的倒数，反映的是单位二氧化碳排放量产生的经济效益。一般碳生产率是用于国家及地区等宏观层面，本书将之用于企业节能项目投资的评价指标。对于企业来说，碳生产率就是一段时期内，企业生产总值和同时间内碳排放量之间的比值。即：

$$u = \frac{G}{E_C} \tag{5-15}$$

式中：u —— 企业碳生产率，万元/tCO_2；

G —— 企业年总产值，万元；

E_C —— 企业年碳排放总量，t。

节能减排项目实施前后碳生产率的增长率可通过下式推导：

$$r_c = \frac{(\frac{G'}{E'_C}) - (\frac{G}{E_c})}{(\frac{G}{E_c})} = [\frac{(1+\beta_g)G}{(1-\beta_c)E_c} - \frac{G}{E_c}] \times \frac{E_c}{G} = \frac{1+\beta_g}{1-\beta_c} - 1$$

即：

$$r_c = (\beta_g + \beta_c)(1 - \beta_c)^{-1} \tag{5-16}$$

式中：r_c —— 项目改造前后企业碳生产率的增长率，%；

G —— 项目改造前年总产值，万元；

G' —— 项目改造后年总产值，万元；

E_c —— 项目改造前企业年二氧化碳排放总量，t；

E'_c —— 项目改造后企业年二氧化碳排放总量，t；

β_g —— 项目前后企业年总产值增长率，%；

β_c —— 项目前后碳排放量年下降率，%。

碳生产率也可以作为相同行业不同企业之间的一个评价指标，碳生产率表示的是单位碳排放所产生的经济效益，那么碳生产率指标越高，说明该企业能源利用效率越高，温室气体排放率也越低。但是，碳生产率只适用于同行业企业之间的比较，不同行业的企业之间由于产品不同，所消耗的能源差异也较大，不适合用该指标来进行衡量。

16.5.3　经济指标分析

经济指标分析对于企业投资决策的关键具有决定性作用。经济指标分析是对投资项目进行分析、对比和评价，研究如何尽可能多地扩大经济效益，企业在任何项目投资之前都必须进行财务评价，这也是财务评价的主要内容。由于同一项目存在多种不同技术措施，经济指标评价可以对多种不同技术进行分析比较，从中选取最优方案。

财务评价是计算分析项目直接的财务效益和费用，财务收入和支出的计算需完整且符合实际情况，对于物价的确定要有充分的证明依据。项目财务收入和支出主要包括以下内容：

①项目投资总额，包括固定资产、固定资产投资方向调节税以及建设期借款利息和流动资金；

②产品销售收入；

③经营成本费用；

④税金，例如营业税、产品税、资源税、增值税等。

一般可以将项目经济效益评价分为互斥方案和非互斥方案经济效益评价。互斥方案经济效益评价指的是该项目具有多个可选方案，但是只能选择其中之一来进行投资，而不能同时选择两个或两个以上方案。也就是在几个具有功能可比性的方案的前提条件下，分别计算出各自的经济效益，选择其中经济效益最优者。而非互斥方案是在多个不相关项目中选择其中之一，也可以同时选择其他方案，目的在于找出经济效益最佳的组合方案。

节能减排项目常要用到的几个经济评价指标计算方法如下所示：

（1）内部收益率：

内部收益率是用来评价投资使用效率的指标，也就是用它来评价投资资金利用的好坏程度。内部收益率是指当净现值为零时的折现率；同时也是指整个项目计算期内各年现金流量的净现值累计为零或者净年值为零时的利率值。对于新建项目来说之所以选择内部收益率作为评价指标，是因为新建项目一般规模都较大，需要贷款建设，在借款条件（主要是利率）还不很明确时，内部收益率法可以避开借款条件，先求得内部收益率，作为可以接受借款利率的高限。计算公式如下：

$$\sum_{t=1}^{n}\left(R-R_0\right)_t\left(1+i'\right)^{-t}=0 \qquad （5-17）$$

式中：　R —— 项目流入现金值；

R_0 —— 项目支出现金值；

i' —— 项目内部收益率，%；

t —— 年份；

n —— 项目使用寿命期。

（2）投资回收期：

投资回收期是从时间尺度来评价工程项目的经济效益，也是项目经济评价中的重要指标。投资回收期是工程项目盈利偿还项目投资支出费用所需的时间，简单的计算方法是列表，将项目投资期每年的净得益依次列出，并转化成期初现值，再依次计算出每年净现值，当净现值出现由正到负变化时，便可以通过以下公式计算出项目投资回收期：

$$N=\left(t'-1\right)+\frac{NP}{P'} \qquad （5-18）$$

式中：　N —— 项目投资回收期；

t' —— 累计净现值出现正值时的年份；

NP —— 累计净现值为负时最后一年的值；

P' —— t' 当年的现值。

16.5.4　敏感性分析

敏感性分析是从定量分析的角度，研究项目某些因素发生变化对某一个或一组指标造成影响的程度。针对某一个或几个变量的波动对各个经济指标造成影响的敏感程度，如果某参数小幅波动导致经济指标较大程度的变化，那么该参数就可称为敏感性因素，反之称为非敏感性因素。投资敏感性分析是通过分析某些因素对内部收益率和净现值等经济效益指标的影响程度的一种分析方法，其目的是研究这些因素波动对于投资项目经济指标的影响程度，进而确定敏感性因素。

对于节能减排项目敏感性分析可按如下步骤进行：

（1）根据项目投资及运行数据，计算出正常情况下投资项目的经济效益指标，如年金、净现值、投资回收期、内部收益率等；

（2）确定敏感性分析指标，敏感性分析的对象就是项目方案以及项目投资产生的经济效益，所以投资项目的经济效益指标都可作为敏感性分析的指标，如内部收益率、投资回收期等；

（3）调整某不确定因素的值，使其发生某一程度的变化，同时使其他因素均不发生变化，以此算出调整后项目现金流量；

（4）计算不确定因素调整后各项经济效益指标的变化情况，从而分析不确定因素对该指标的影响程度。目标值变化越大，受该因素影响程度越大，对于该因素变化的敏感性就越高；

（5）根据相应的变化程度和关系，绘制出敏感性变化曲线图，根据图示可以清楚分辨出不影响评价结果的可行性范围。

敏感性分析通过对最有利和最不利的经济效益变动范围的分析，可以为企业决策者预测投资项目存在的各方面风险程度，为最终的项目方案投资决策提供决策依据。当内部收益率大于行业基准时，说明该项目具有可行性。而当节能减排项目不考虑减排量收益时，项目内部收益率低于行业基准，考虑减排量收益时，内部收益率高于行业基准，在这种情况下需要保守估计减排量收益，因为当前碳市场发展还不成熟，定价机制不完善，这种情况项目可能会存在一定风险[69]。通过敏感性分析之后，若某一因素的变化导致内部收益率低于行业基准时，同样说明项目存在一定风险，企业需要严格控制该因素的波动，将投资风险降到最低。

17　案例研究

17.1　传统燃煤电厂能耗及排放调查研究

17.1.1　企业介绍

为了对决策方法进行实证分析，本研究基于天津市提高能耗项目对该市某燃煤发电厂进行了实地调查，收集了该企业主要能耗数据。燃煤发电厂属于高能耗企业，且排放量大，所以选择某燃煤电厂作为案例进行研究。对于燃煤电厂的工作原理从能量转换的角度来分析就是煤通过锅炉燃烧将煤中的化学能转化成热能，后将具有热势能的过热蒸汽引入汽轮机，由汽轮机将热势能再转化成动能，高速流动的具有热能的蒸汽促使汽轮机转子转动，从而形成机械能。汽轮机转子转动同时也带动发电机转子转动，最终带动发电机的运行，发电机便将汽轮机生产的机械能转换成电能，进而完成发电。锅炉、汽轮机、发电机是燃煤发电厂的三大主要设备，辅助三大主设备工作的设备称为辅助设备，也叫做辅机。主要设备与辅助设备以及相连接的线路、管道等称为系统。燃煤发电厂系统主要有燃料系统、燃烧系统、汽水系统、电气系统、控制系统等。图 5-2 是燃煤电厂工作流程示意图：

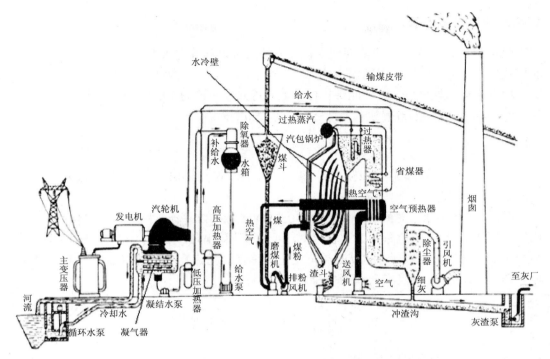

图 5-2　燃煤电厂工作流程示意

　　按装机容量分，发电厂可分为大容量发电厂、大中容量发电厂、中容量发电厂和小容量发电厂。装机容量在 1 000MW 以上的发电厂称为大容量发电厂，250～1 000MW 的属于大中容量发电厂，中容量发电厂装机容量在 100～250MW 之间，小于 100MW 的称为小容量发电厂。该电厂建设规模为两台国产 500MW 俄制亚临界燃煤汽轮机发电机组，总装机容量 1 000MW，所以该电厂属于大容量发电厂。本次调研收集了该企业从 2006—2010 年的主要能耗数据，以最近年份 2010 年的数据对该厂进行能耗现状的研究。从调研到的数据来看，燃煤发电厂主要化石燃料为煤炭，2010 年该厂使用煤 2 056 001 t，发热值为 7 000 kcal/kg，外购电 162 万 kW·h，年总发电量 62.14 亿 kW·h，工业总产值达 208 945 万元（表 5-4）。

表 5-4　该电厂生产数据

	煤/t	外购电/万 kW·h	总发电量/亿 kW·h	工业总产值/万元
2010 年	2 056 001	162	62.14	208 945

17.1.2 综合能耗计算

根据第 16.2 节企业综合能耗现状计算方法，可以计算出该燃煤电厂 2010 年的综合能耗数据。由于该电厂只用到煤和外购电两种能源，分别将两种能耗乘以各自折标系数统一换算成标准煤单位，查阅能源折标系数表可知发热值为 7 000 kcal/kg 煤，折标系数为 1 kg 标准煤/kg，电力折标系数为 0.1 229kg 标准煤/kW·h。

$$E = \sum_{i=1}^{n} (e_i \times p_i)$$
$$= 205\,6001t \times 1\,000 \times 1kg标准煤/kg + 1\,620\,000kW \cdot h \times 0.122\,9kg标准煤/kW \cdot h$$
$$= 2\,056\,200t$$

所以 2010 年该厂总的综合能耗为 2 056 200 t 标准煤。计算出总综合能耗后，由于已知该厂 2010 年总发电量和工业总产值，可分别计算出该厂 2010 年单位产值综合能耗和产品单位产量综合能耗，也就是单位发电量综合能耗。其中，已知 2010 年工业总产值为 208 945 万元，则单位产值综合能耗为：

$$e_g = \frac{E}{G} = \frac{2\,056\,200\ t标准煤}{208\,945万元} = 9.84\ t标准煤/万元$$

单位发电量综合能耗为：

$$e_j = \frac{E_j}{P_j} = \frac{2\,056\,200t标准煤 \times 1\,000}{62.14 \times 10^8 kW \cdot h} = 0.331kg标准煤/kW \cdot h = 331g标准煤/kW \cdot h$$

查阅资料可知，2010 年国家平均单位发电量综合能耗为 335 g 标准煤/kW·h，将该厂能耗水平和国家平均能耗水平相比，略优于平均水平。而国内先进电厂上海外高桥第三发电厂，这是目前上海最大发电厂，2010 年的供电煤耗为 279.39 g 标准煤/kW·h，这是国内目前最高水平。图 5-3 所示为该电厂能耗水平与国家平均水平以及国内先进水平比较图。与先进水平相比较，该燃煤电厂每千瓦时发电量综合能耗比国内先进水平高出 51.61 g 标准煤，若按照该厂年发电量计算，达到国内先进水平每年可减少能耗如下：

$$\Delta E = 51.61g标准煤 \times 62.14 \times 10^8 kW \cdot h = 3.207 \times 10^{11}g标准煤 = 320\,700t标准煤$$

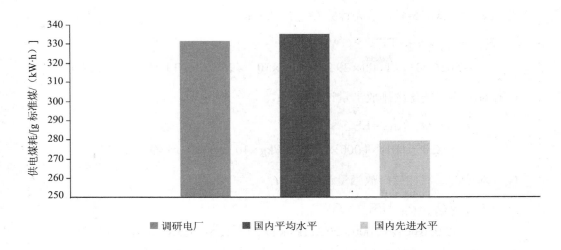

图 5-3　调研企业能耗水平与国内平均水平及先进水平比较

17.1.3　排放量计算

根据第 16 章介绍的方法，企业排放数据分为温室气体排放和污染物排放，下面分别对二者排放量进行计算。

（1）温室气体排放量计算

温室气体排放量的计算，需要对不同种类的温室气体排放量分别计算后再统一换算成二氧化碳当量。根据《2006 年 IPCC 国家温室气体清单指南》中提供的主要温室气体排放因子，对该企业的二氧化碳排放当量分别进行计算。由于该企业使用的能源结构比较单一，主要能耗就是发电用煤，而外购电的数量在总能源消耗中所占的比例极其小，甚至可以忽略不计，但是为了计算的精确还是将外购电考虑在计算范围内，所以用式（5-4）第一种算法比较清楚。而当能源种类较多，且各能源比例相差不是非常大时，用式（5-5）计算更为方便合适。

首先计算煤的燃烧所产生的排放，查阅表 5-1 以及《2006 年 IPCC 国家温室气体清单指南》中能源工业固定源燃烧的温室气体排放因子，将所用到数据列于表 5-5：

表 5-5　煤的温室气体排放因子及发热值

平均低位发热量/（kJ/kg）	温室气体排放因子/（kg/TJ）		
	CO_2	CH_4	N_2O
29 271	98 300	1	1.5

将数据代入式（5-4），首先计算 CO_2 排放量：

$$E_{CO_2} = Q_煤 \times \alpha_煤 \times EF_{CO_2} \times GWP_{CO_2}$$

$$= 2\,056\,001t \times 1\,000 \times 29\,271kJ/kg \times 10^{-9} \times 98\,300kg/TJ \times 1 \approx 5\,915\,812.5t$$

CH_4 对应的二氧化碳排放当量计算如下：

$$E_{CH_4} = Q_煤 \times \alpha_煤 \times EF_{CH_4} \times GWP_{CH_4}$$

$$= 2\,056\,001t \times 1\,000 \times 29\,271kJ/kg \times 10^{-9} \times 1kg/TJ \times 23 \approx 1\,384.2t$$

N_2O 对应的二氧化碳排放当量计算如下：

$$E_{N_2O} = Q_煤 \times \alpha_煤 \times EF_{N_2O} \times GWP_{N_2O}$$

$$= 2\,056\,001t \times 1\,000 \times 29\,271kJ/kg \times 10^{-9} \times 1.5kg/TJ \times 296 \approx 26\,720.5t$$

将以上三式求和后得到发电用煤产生的总的温室气体排放量为：

$$E_煤 = E_{CO_2} + E_{CH_4} + E_{N_2O} = 5\,943\,917.2t \approx 594.4 万 t$$

该电厂所在位置是华北地区，电力供应来自华北电网，查阅电网排放因子表可知，华北电网电量边际排放因子（OM）为 0.980 3 t 二氧化碳/（MW·h），容量边际排放因子（BM）为 0.642 6 t 二氧化碳/（MW·h），二者权重均取 0.5，根据式（5-6）和式（5-7）计算该厂 2010 年外购电产生的温室气体排放量为：

$$E = \sum_{i=1}^{n}(e_i \times p_i)$$

$$= 2\,056\,001t \times 1\,000 \times 1kg标准煤/kg + 1\,620\,000kW \cdot h \times 0.122\,9kg标准煤/kW \cdot h$$

$$= 2\,056\,200t$$

发电用煤排放和购入电量排放二者求和得：

$$E_总 = E_煤 + E_{ele} = 5\,943\,917.2t + 1\,314.5t = 5\,945\,231.7t \approx 594.5 万 t$$

所以该厂 2010 年产生的温室气体排放总量为 594.5 万 t 二氧化碳当量。

（2）大气污染物排放量计算

传统燃煤电厂排放的大气污染物主要有烟尘、二氧化硫以及氮氧化物等。根据 16.2.2 节的方法对该厂 2010 年产生的大气污染物排放量进行计算。按照公式（5-8）对二氧化硫排放量计算，其中煤炭中硫的含量取值为 0.52%，除硫设备效率为 95.5%。

$$G_{SO_2} = 2 \times 80\% \times B \times S \times (1-y)$$
$$= 2 \times 80\% \times 2\,056\,001t \times 0.52\% \times (1-95.5\%) \approx 769.77t$$

氮氧化物排放量按照式（5-9）计算，其中，煤炭中氮元素含量取值为 0.7%，氮元素转化成氮氧化物的转化率取值为 50%。

$$G_{NO_x} = 1.63 \times B \times (N \times b + 0.000\,938)$$
$$= 1.63 \times 2\,056\,001t \times (0.7\% \times 50\% + 0.000\,938) = 14\,872.99t$$

烟尘排放量按照式（5-11）计算，其中煤炭中含尘量取值为 9.3%，根据电厂燃烧方式，飞灰占灰分总量比例取值为 25%，烟尘清洁效率为 99%，烟尘中含碳量为 30%。

$$G_{SD} = B \times A \times d_{fh} \times (1-y)/(1-C_{fh})$$
$$= 2\,056\,001t \times 9.3\% \times 25\% \times (1-99\%)/(1-30\%) = 682.89t$$

所以该电厂 2010 年产生的主要污染物排放量见表 5-6。

表 5-6　调研电厂 2010 年污染物排放量

污染物类型	排放量/t
二氧化硫	769.77
氮氧化物	14 872.99
烟　尘	682.89

17.2　IGCC 电厂项目技术介绍

整体煤气化燃气蒸汽联合循环发电技术简称 IGCC，是结合煤气化技术和高效联合循环的先进动力技术。主要由煤的气化和净化部分以及燃气蒸汽联合循环发电两部分组成。德国于 1972 年建成世界上最早的增压锅炉型燃气蒸汽联合循环的 IGCC 发电站，该电站装机容量为 170MW。但是由于运行情况出现问题，迫使该项目无法长期稳定运行，导致项目失败。而第一个成功运行的项目是 1984 年由美国建设成功，该电站装机容量为 120MW。目前，世界上已建、在建以及拟建的 IGCC 发电厂大约为 30 座，其中美国最多，拥有 15 座。目前已建项目装机容量最大的为 440MW 机组，而计划建设和可行性研究分析中容量最大的为 900MW 和 1000MW 机组[70]。

IGCC 技术由煤的气化和净化部分以及燃气蒸汽联合循环发电两部分组成，煤的气化和净化部分主要设备有气化炉、空气分离装置和煤气净化装置，燃气蒸汽联合循环发电部分的主要设备有燃气轮机发电系统、蒸汽轮机发电系统和余热锅炉[71]。IGCC 系统工作示意见图 5-4：

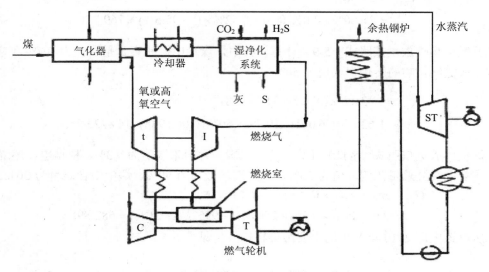

图 5-4 IGCC 系统工作示意

从图 5-4 可以看到，整体煤气化燃气蒸汽联合循环发电技术系统可以分为以下几部分：煤的制备部分、煤的气化部分、余热回收部分、煤气净化部分以及燃气轮机和蒸汽轮机发电部分。其技术流程为：先将煤气化，使其成为中低热值煤气，通过净化去除低热值煤气中的粉尘、硫化物、氮化物等污染物，净化成为清洁气体燃料，之后进入燃气轮机燃烧，使汽轮机工作做功，从燃气轮机排出的带有余热的气体送入余热锅炉，使水汽化成过热蒸汽，带动蒸汽轮机工作[72]。

IGCC 技术结合了高效的燃气蒸汽联合循环发电系统和清洁的煤气化技术，被称为"世界最清洁燃煤电站"，IGCC 不仅提高了发电效率，又具有很好的环保效果。就目前而言，该技术供电效率已经达到 42%～46%。随着相关技术水平的不断发展，IGCC 项目的发电效率还将进一步提高，有可能达到 52%以上。IGCC 电厂的污染物排放量仅为常规燃煤电厂的 1/10，脱硫效率高达 99%，氮氧化物排放量仅为一般燃煤电厂的 15%～20%，用水量也比常规电厂少 1/2～2/3，由于 IGCC 电厂 2/3 的发电量是通过燃气轮机发电产生，燃气轮机是不需要冷却水的，而只有 1/3 是通过汽轮机发电，汽轮机需要冷却水冷却。这对于一些需要考虑用水量选址的项目而言是一个明显的优点，所以 IGCC 项目对于环境保护贡献很大。

17.3　IGCC 项目能耗及排放量计算

根据 IGCC 项目可行性研究分析，拟建设的 IGCC 项目装机容量为 250MW，计划年发电时间为 5 880 h，其中自用电 3%，其余发电量将出售给华北电网公司。该项目发电效率达到 48%～50%，根据调研数据计算可得出结论，接受调研的燃煤发电厂发电效率为 37.2%，该项目比调研电厂发电效率高出至少 10 个百分点。

17.3.1　IGCC 项目能耗及节能量计算

（1）能耗量计算

根据已知项目基础数据，可计算出项目综合能耗。项目年总发电量可根据项目发电功率及年发电小时数求出：

$$250\text{MW}\times5\,880\ \text{h}=1\,470\ \text{GW·h}=5\,292\,000\ \text{GJ}$$

计算得出项目年发电量为 1 470 GW·h，转换成热量单位为 5 292 000 GJ，由于自用电比例占 3%，实际上网电量为 1 425.9 GW·h。为了便于计算，项目发电效率取值为 50%，那么该项目年使用燃煤的发热值为 10 584 000 GJ，按标准煤发热值计算，标准煤发热值为 29 271 kJ/kg，该项目年用煤量大约为 361 587 t 标准煤。那么单位发电量综合能计算如下：

$$e_j=\frac{E_j}{P_j}=\frac{361\,587\text{t标准煤}\times10^6}{1\,425.9\text{GW·h}\times10^6}=253.6\text{g标准煤/kW·h}$$

可见，该 IGCC 项目单位发电量综合能耗将达到 253.6 g 标准煤/kW·h，目前国内最先进水平为 279.39 g 标准煤/kW·h，比国内先进水平还高出 9.2%。

（2）相同产量下项目节能量计算

为了使 IGCC 项目与调研电厂具有可比性，根据调研燃煤电厂的年发电量来计算，在相同发电量情况下 IGCC 项目的能耗。已知该厂年发电量为 62.14 亿 kW·h，项目单位发电量综合能耗为 253.6 g 标准煤/kW·h，可计算出相同产量下项目总能耗为：

$$253.6\text{ g 标准煤/kW·h}\times(62.14\times10^8)\text{ kW·h}=1\,575\,870\,400\,000\text{ g 标准煤}$$
$$=1\,575\,870.4\text{ t 标准煤}$$

已知调研企业 2010 年综合能耗为 2 056 200 t 标准煤，二者比较可得相同发电量情况下，IGCC 项目可节约标准煤 480 329.6 t。

17.3.2 IGCC 项目排放量及减排量计算

（1）温室气体减排量

排放量计算同样是以和调研电厂相同发电量进行计算。按照标准煤计算，已知相同发电量情况下项目耗煤量为 1 575 870.4 t，根据式（5-4）主要温室气体排放系数以及全球增温潜势值可计算出相同发电量情况下项目温室气体排放量为：

$$
\begin{aligned}
E'_{CO_2} &= Q'_{煤} \times \alpha_{煤} \times EF_{CO_2} \times GWP_{CO_2} \\
&= 1\,575\,870.4t \times 1\,000 \times 29\,271kJ/kg \times 10^{-9} \times 983\,00kg/TJ \times 1 \\
&= 4\,534\,310t
\end{aligned}
$$

$$
\begin{aligned}
E'_{CH_4} &= Q'_{煤} \times \alpha_{煤} \times EF_{CH_4} \times GWP_{CH_4} \\
&= 1\,575\,870.4t \times 1\,000 \times 29\,271kJ/kg \times 10^{-9} \times 1kg/TJ \times 23 \approx 1\,060.9t
\end{aligned}
$$

$$
\begin{aligned}
E'_{N_2O} &= Q'_{煤} \times \alpha_{煤} \times EF_{N_2O} \times GWP_{N_2O} \\
&= 1\,575\,870.4t \times 1\,000 \times 29\,271kJ/kg \times 10^{-9} \times 1.5kg/TJ \times 296 \approx 20\,480.5t
\end{aligned}
$$

$$
E'_{总} = E'_{CO_2} + E'_{CH_4} + E'_{N_2O} = 4\,555\,851.4t \approx 455.6万t
$$

所以，相同发电量情况下 IGCC 项目温室气体排放量折合成二氧化碳当量约为 455.6 万 t，前面已经算得调研电厂 2010 年温室气体排放量约为 594.5 万 t 二氧化碳当量，所以该项目可减少二氧化碳排放量约为 138.9 万 t。

（2）大气污染物减排量

已知相同发电量情况下 IGCC 项目耗煤量，根据大气污染物排放量计算方法分别求出项目排放量。其中该项目除硫设备效率为 99%，烟尘清洁效率为 99.5%。

$$
\begin{aligned}
G'_{SO_2} &= 2 \times 80\% \times B' \times S \times (1 - y') \\
&= 2 \times 80\% \times 1\,575\,870.4t \times 0.52\% \times (1 - 99\%) \approx 131.1t
\end{aligned}
$$

$$
\begin{aligned}
G'_{NO_x} &= 1.63 \times B' \times (N \times b + 0.000\,938) \\
&= 1.63 \times 1\,575\,870.4t \times (0.7\% \times 50\% + 0.000\,938) = 11\,399.75t
\end{aligned}
$$

$$
\begin{aligned}
G'_{SD} &= B' \times A \times d_{fh} \times (1 - y') / (1 - C_{fh}) \\
&= 1\,575\,870.4t \times 9.3\% \times 25\% \times (1 - 99.5\%) / (1 - 30\%) \approx 261.7t
\end{aligned}
$$

所以相同发电量情况下项目大气污染物二氧化硫排放量 131.1 t，氮氧化物排放量为 11 399.75 t，烟尘排放量为 261.7 t。已知调研电厂污染物排放量分别为二氧化硫 769.77 t，氮氧化物 14 872.99 t，烟尘 682.89。比较可得出相同产量下 IGCC 项目大气污染物减排量，二氧化硫减排 638.67 t，氮氧化物减排 3 473.24 t，烟尘减排量为 421.19 t。

IGCC 项目温室气体和大气污染物排放情况见表 5-7：

表 5-7　IGCC 项目温室气体和大气污染物减排量

	调研电厂	IGCC 项目	减排量
二氧化碳/万 t	594.50	455.60	138.90
二氧化硫/t	769.77	131.10	638.67
氮氧化物/t	14 872.99	11 399.75	3 473.24
烟尘/t	682.89	261.70	421.19

17.4　IGCC 项目经济效益分析

17.4.1　二氧化碳减排量收益

由于本案例研究调研电厂所使用的煤质未知，本书均按照标准煤发热值进行计算，所以煤的价格无法确定，本书经济效益分析部分将不对节能量成本节约部分进行计算。假设对该项目二氧化碳减排量进行核证，企业将核证减排量拿到碳交易市场进行买卖，那么可以计算出二氧化碳减排量的收益。由于碳市场价格非常不稳定，当前每吨二氧化碳价格较低，按每吨核证减排量 1 欧元的价格计算，当前欧元对人民币的汇率为 1 欧元折合人民币为 7.918 3 元，已知相同产量下项目二氧化碳减排量为 138.9 万 t，则该项目核证二氧化碳减排量可获得经济收入为：

$$1\ 389\ 000\text{t} \times 7.918\ 3\,\text{元}/\text{t} = 10\ 998\ 518\,\text{元}$$

所以在与调研发电厂相同发电量的情况下，若项目进行碳交易，该项目二氧化碳减排量可为企业带来 1 099.85 万元经济收入。

17.4.2　碳生产率计算

根据 16.5.2 节的方法，将碳生产率单独进行计算，首先计算项目前后碳生产率的增长率。经过推导后的公式如下：

$$r_c = (\beta_g + \beta_c)(1 - \beta_c)^{-1}$$

式中，β_g 为项目前后企业总产值增长率。由于本书假设 IGCC 项目发电量与调研电厂相同的情况，上网电价也相同，所以项目前后总产值是相等的，故此处该增长率为 0，所以公式可化简为：

$$r_c = \frac{\beta_c}{1 - \beta_c}$$

式中，β_c 为项目前后碳排放量的下降率，由于已经计算出调研企业和 IGCC 项目的二氧化碳排放量，分别为 594.4 万 t 二氧化碳当量和 455.6 万 t 二氧化碳当量，计算得出碳排放量下降率为 23.35%。所以可求出碳生产率增长率为：

$$r_c = \frac{\beta_c}{1 - \beta_c} = \frac{23.35\%}{1 - 23.35\%} \approx 30.46\%$$

根据碳生产率的定义，即一段时期内，企业工业总产值和同时间内碳排放量之间的比值。已知项目前后工业总产值相同，二氧化碳排放量分别是 594.4 万 t 和 455.6 万 t，所以求出项目前企业碳生产率为 351.5 元/t，IGCC 项目投产后碳生产率为 458.6 元/t。即每吨碳排放创造的经济效益，项目投产之后将比目前情况多 107.1 元/t。

碳生产率的增长率一般用来衡量国家或地区不同时期内单位二氧化碳排放量产生的经济效益变化情况，这一指标可以从宏观层面评价低碳经济的发展情况，用它来衡量企业节能减排水平需要根据不同行业对此进行详细统计，才能使各企业数据具有可比性。

17.4.3   项目内部收益率

根据调研电厂能耗数据和 IGCC 项目发电功率以及年发电总量数据计算得出，项目年耗煤量为 361 587 t 标准煤，相同产量情况下调研电厂耗煤量为 471 830 t 标准煤。年节煤量可达 110 243 t，计算出可减少二氧化碳排放 318 713.48 t，按照每吨核证减排量价格为 1 欧元计算，项目每年减排量用于碳交易可获得 252.37 万元收入。该项目计算期为 25 年，用三年时间进行工厂建设及设备安装，建设完成后项目开始进入试运行阶段，第一年发电量为正常年份的 20%，第二年为 40%，第三年为 70%，第四年为 90%，从第五年开始年发电量保持 1 470 GW·h。项目发电上网电价按照 0.44 元/kW·h 计算，碳交易价格按照较低的 1 欧元/t 计算，项目现金流量数据见表 5-8。

表 5-8 项目经济分析表 单位：10^6 元

	建设费用	运行维护费	经济收入	碳交易收入	净收益（不考虑碳交易）	净收益（考虑碳交易）
	537.50				−537.50	−537.50
	1 037.31				−1 037.31	−1 037.31
1	974.91	71.82	125.48	0.5	−921.25	−920.75
2		116.29	250.96	1.01	134.67	135.68
3		182.99	439.17	0.44	256.18	256.62
4		227.49	564.65	2.27	337.16	339.43
5		249.69	627.39	2.52	377.7	380.22
6		249.69	627.39	2.52	377.7	380.22
7		249.69	627.39	2.52	377.7	380.22
8		249.69	627.39	2.52	377.7	380.22
9		249.69	627.39	2.52	377.7	380.22
10		249.69	627.39	2.52	377.7	380.22
11		249.69	627.39	2.52	377.7	380.22
12		249.69	627.39	2.52	377.7	380.22
13		249.69	627.39	2.52	377.7	380.22
14		249.69	627.39	2.52	377.7	380.22
15		249.69	627.39	2.52	377.7	380.22
16		249.69	627.39	2.52	377.7	380.22
17		249.69	627.39	2.52	377.7	380.22
18		249.69	627.39	2.52	377.7	380.22
19		249.69	627.39	2.52	377.7	380.22
20		249.69	627.39	2.52	377.7	380.22
21		249.69	627.39	2.52	377.7	380.22
22		249.69	627.39	2.52	377.7	380.22
23		249.69	627.39	2.52	377.7	380.22
24		249.69	627.39	2.52	377.7	380.22
25		249.69	627.39	2.52	377.7	380.22
				IRR（不考虑碳交易收入）=11.30%		
				IRR（考虑碳交易收入）=11.37%		

根据表中数据计算出在不考虑减排量经济效益时，项目内部收益率为 11.30%，考虑减排量经济收益得出项目内部收益率为 11.37%。

17.4.4　敏感性分析

（1）碳交易价格波动

由于碳市场价格波动非常大，所以减排量收益因素是非常不稳定的，在计算内部收益率时减排量价格取值为 1 欧元/t，若碳交易市场发展状况良好，拥有完善的定价机制，碳交易价格将会高于 1 欧元。图 5-5 所示为排放量价格变化情况的敏感性分析。

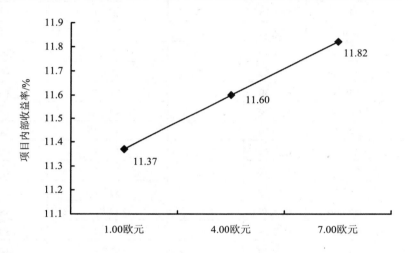

图 5-5　碳交易价格变化 IRR 敏感性分析

（2）收入、运行维护费用波动

在不考虑二氧化碳减排量交易收入的情况下，收入成本的波动对项目内部收益率影响比较明显，因为该项目减排量收益在项目总收益中所占比例较小，主要是发电量出售带来的经济收益，且 IGCC 项目投资总额很高。图 5-6 所示的是收入和运行维护费用分别正负波动 5%～10%时的内部收益率变化情况。

根据以上分析，该项目 IRR 值在进行敏感性分析之后最低为 9.21%，高于行业基准8%，说明该项目投资风险较小，具有可行性。

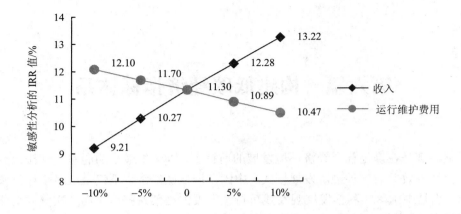

图 5-6　项目收入和运行维护费用变化 IRR 敏感性分析

第六篇　构建低碳经济指标体系

低碳经济是在满足社会经济环境发展的前提下，以产生最小的温室气体排放获得最大的社会经济效益的一种经济发展模式。中国发展低碳经济，不仅是应对全球气候变化的要求，也是中国落实科学发展观实践可持续发展的必然选择。在第二次气候变化国家评估报告中指出，低碳经济常用碳生产率及其年增长率作为衡量指标[73]。而各类能源的 CO_2 排放强度、能源结构、能源强度、经济发展以及人口等因素对 CO_2 的排放有着极其重要的影响，可视为衡量低碳经济发展的指标。本篇对各指标进行详细分析。

18　碳指标

18.1　碳生产率及其年增长率

碳生产率的概念始于 1993 年（Kaya and Yokobori），定义为一段时期内国内生产总值与同期 CO_2 排放量之比，即碳生产率=GDP/碳排放量。它与"单位 GDP 的碳排放强度"呈倒数关系，反映了单位 CO_2 排放所产生的经济效益，碳生产率的提高意味着低碳经济的发展水平的提高[74]。通过现行统计数据中的万元 GDP 能耗值，就可以计算出一个地区的碳生产率水平。

碳生产率是衡量低碳经济发展的重要指标之一，要发展低碳经济，需要控制 CO_2 的排放还要保持经济的增长。但仅有碳生产率并不足以完全表征低碳经济的水平，碳生产率的年增长率作为能够反映一个国家应对气候变化减排的努力和成效的因子，同样是衡量低碳经济发展的重要指标之一，可以用以下公式表示：

$$\gamma = \frac{P_b - P_a}{P_a} = \frac{P_b}{P_a} - 1 = \frac{\dfrac{A(1+\alpha)}{B(1-\beta)}}{\dfrac{A}{B}} - 1 = \frac{\alpha + \beta}{1-\beta} \tag{6-1}$$

式中：γ ——碳生产率的年增长率；P_b ——当年的碳生产率；P_a ——前一年的碳生产率；A ——前一年的 GDP 数值；B ——前一年的 CO_2 排放量；α ——所研究年份与上

一年相比的 GDP 增长率；β——所研究年份与上一年相比的 CO_2 减排率。

由于 β 一般较小，远小于 1，所以上述公式可近似描述为：

$$\gamma \approx \alpha + \beta \tag{6-2}$$

可以看出，碳生产率的年增长率可近似的表示为 GDP 年增长率和 CO_2 年减排率之和。其经济学含义表示为，若以提高碳生产率的途径来减少 CO_2 的排放，碳生产率的年增长率首先就需要抵消掉 GDP 增长所引起的 CO_2 排放量的增长，然后再降低现有的 CO_2 排放水平[75]。

对于中国等快速工业化国家来说，GDP 的年增长速度快，增长率较高，实现 CO_2 的绝对减排就必须要有较高的碳生产率的提高速度，使得碳生产率的提高速度高于 GDP 的增长速度。目前，发展中国家提高碳生产率的途径主要是通过减缓或抵消由经济快速增长带来的新增的 CO_2 排放，措施包括加强技术创新，转变落后的经济发展方式，走低碳经济发展道路；而对于发达国家来说，由于其经济发展水平以及人均能源消费水平都较高，而 GDP 的增长较为缓慢，所以提高碳生产率的主要途径是通过降低现有的 CO_2 排放水平，其措施包括改变当前奢侈型的消费模式，并在经济和社会发展处于较高的水平下，大幅度降低 CO_2 排放[76]。

18.2　影响碳排放的关键因素

要提高碳生产率，首先需要对影响碳排放的因素进行分析。Kaya 恒等式[77]是由日本的 Yoichi Kaya 教授提出的，揭示了 CO_2 的排放与能源、人口、经济之间的关系，认为一个国家或地区与能源活动相关的 CO_2 可通过下面公式将其与主要影响因素关联起来：

$$CO_2 = P \times \frac{G}{P} \times \frac{T}{G} \times \frac{CO_2}{T} \tag{6-3}$$

式中：P——人口；G——国内生产总值；T——一次性能源消费总量；CO_2——二氧化碳排放量。

对该式做进一步细分，可分解为：

$$C = \left(\frac{C}{F}\right) \times \left(\frac{F}{T}\right) \times \left(\frac{T}{G}\right) \times \left(\frac{G}{P}\right) \times P \tag{6-4}$$

式中：C——CO_2 排放量；F——含碳的化石燃料消费量；T——总一次能源消费量；G——国内生产总值；P——人口；$\frac{C}{F}$——化石燃料的 CO_2 排放系数，取决于煤炭、石油和天然气在化石燃料中的结构，IPCC 报告中提出了各类化石燃料的 CO_2 排放系数；

$\dfrac{F}{T}$——化石燃料在总能源消费中的比例，取决于新能源和可再生能源的开发利用情况；

$\dfrac{T}{G}$——单位 GDP 能源强度，单位 GDP 能源强度取决于生产方式与消费模式以及能源技术水平，具体地，产业结构与产品结构、城市化水平与基础设施建设、交通周转量与出行方式、能源供应与需求技术水平等都是影响单位 GDP 能源强度的主要因素；$\dfrac{G}{P}$——人均国内生产总值，是衡量经济发展的指标。

由此可以发现，CO_2 的排放与各类能源的 CO_2 排放强度、能源结构、能源强度、经济发展以及人口这 5 大因素密切相关。

影响这 5 大因素的指标其实有很多。陈彦玲等认为，我国近年来的人均碳排放量的增长主要是由于我国经济的高速增长引起的，而能源消费结构和产业结构的改善和能源效率水平的提高可以在很大程度上降低由经济增长带来的碳排放[78]。李国志等分析了人口、经济和技术对不同区域二氧化碳排放的影响，认为，不同区域人口、经济、技术对二氧化碳排放量的弹性系数是不一样的[79]。魏梅等分析了二氧化碳排放效率提高的长期影响因素，发现 R&D 投入、能源价格、公共投资、对外开放度、产业结构以及技术溢出与碳排放效率存在协整关系[80]。综合各学者观点以及中国低碳经济发展现状可以发现，影响 CO_2 排放的因素有很多，包括经济发展、人口增长、科学技术、产业结构变化、能源结构与利用效率以及能源需求管理政策等。本书通过走访调研相关专家，咨询了专家看法，得出与碳排放密切相关的因素如下所介绍。

18.2.1 经济发展

CO_2 需要减排，经济也需要发展。由于经济的增长，人均 GDP 的增加，人们的生活质量的提高，使得对碳排放的需求也不断增加，尤其在一些相对贫困的国家或地区，工业化、城市化刚起步，碳排放增加速度很快。在对中国减缓温室气体排放的宏观评价中，社会经济的发展是重要目标之一，而人均国内生产总值、GDP 增长率，是衡量经济发展的指标。

从世界范围看，人均 GDP 达 1 万～1.5 万美元以前，人均 CO_2 排放量增长较快，其后增长变缓。对于各国来说，经济增长都是影响 CO_2 排放最重要的因素[73]。

中国还处于工业化发展阶段，重工业的发展，GDP 的增加，必然引起对能源、交通需求的增加，碳排放也随之上升。2003—2008 年，人均 GDP 从 10 542 元增长到了 23 708 元[81]，CO_2 排放量也从 2003 年的 45 亿 t 迅速增长到 2008 年的 70 亿 t [82]，人均碳排放随人均 GDP 变化趋势如图 6-1 所示。可以看出，人均 CO_2 排放也是随人均 GDP 的增长在不断增加。

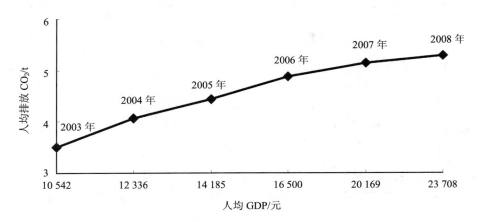

图 6-1　2003—2008 年中国人均碳排放随人均 GDP 变化趋势

18.2.2　人口增长及城市化率

人口增长及城市化率是衡量社会发展的标准。中国人口是世界上最多的国家，庞大的人口数量带来了大量的 CO_2 排放。虽然 20 世纪 80 年代以来政府努力贯彻执行计划生育政策带来了良好的效果，但是中国人口仍在增长中，从 1987 年的 9.62 亿增长到 2010 年的 13.4 亿，预计 2020 年达到 14.4 亿左右，2030—2040 年人口将可能达到高峰 14.7 亿左右。人口的增长必然带来更多的 CO_2 排放。

人口对温室气体排放的影响并不只与人口数量有关，城市化率也与碳排放量存在内在联系。城市化水平的提高将使得更多的人从农村迁移到城市，而人口聚集会促进大规模的城市基础设施建设，大量的建筑需求将消耗大量的钢铁、燃料和水泥等高耗能工业产品，从而导致 CO_2 排放量的增加。

另外，城市的快速发展也深刻地影响着人们的生活方式以及消费水平，城市化进程的加快一方面使得城市居民不断地倾向于各种高碳商品，另一方面由于城市居民的示范作用，农村居民的生活和消费方式也在不停地转变，进而加大了碳排放量[83]。城市化的进程带来的耕地和林地的减少也间接导致了碳排放量的增加。

18.2.3　单位 GDP 能耗

根据 1989—2009 年能源消费总量和 GDP 总值可以发现两者之间变动趋势一致，具有较强的相关性，如图 6-2 所示。随着 GDP 的快速增长，能源的大量消耗，势必带来

大量的 CO_2 排放。

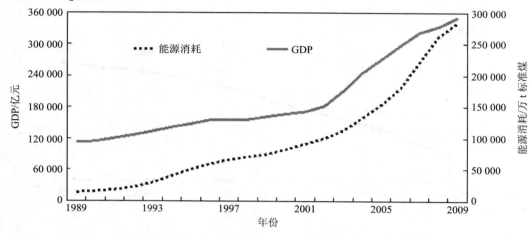

图 6-2　1989—2009 年能源消费和 GDP 之间的变化

单位 GDP 能耗是指在一定时期内，单位 GDP 产出消费的能源量，也称能源强度，取决于生产方式与消费模式以及能源技术水平，与国外先进国家相比，我国单位 GDP 能耗量明显较高。而低碳经济的发展，必然要以降低能耗、提高能源效率为目的，因此，单位 GDP 能耗的下降是衡量低碳经济发展的重要标准。

"十一五"时期，单位 GDP 能耗首次被纳入国家经济社会发展五年计划中，确定下降 20%的目标。单位 GDP 能耗下降目标的提出，促使各地区更加重视提高经济发展的质量和效益，走科学可持续发展之路，引导人们过上低碳生活。

18.2.4　产业结构

低碳经济的发展需要依靠科技创新带动产业升级，科学规划产业发展方向，抑制高耗能产业过快增长，优化服务业发展布局，推动城市形成以服务经济为主的产业结构。目前，我国发展中不平衡、不协调的问题依然突出，产业结构不合理，2009 年，三次产业对国内生产总值贡献率分别为，第一产业占 4.5%；第二产业比重偏大，占 52.5%，其中工业占 40.4%左右；第三产业占 42.9%。如图 6-3 所示，2005—2012 年三次产业各自对 GDP 的贡献率。而在英国、美国等国家，第三次产业比重已在 75%左右。2012 年全年国内生产总值 519 322 亿元，比上年增长 7.8%。其中，第一产业增加值 52 377 亿元，增长 4.5%；第二产业增加值 235 319 亿元，增长 8.1%；第三产业增加值 231 626 亿元，增长 8.1%。第一产业增加值占国内生产总值的比重为 10.1%，第二产业增加值比重为 45.3%，第三产业增加值比重为 44.6%。

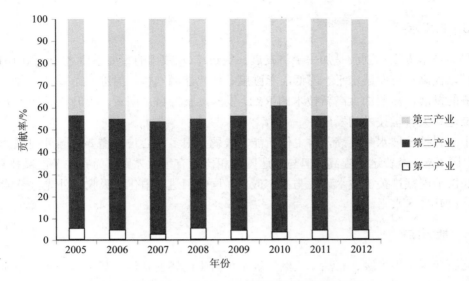

图 6-3　2005—2012 年国内三次产业贡献率

　　图 6-4 中显示了 2005—2009 年，能源消费中各行业所占的百分比。可以看出，在能源消费构成中，第二产业占了绝大部分，其中仅工业就占 70% 以上。由于第二产业尤其是重工业产业的能耗远远高于第三产业，所以提高第三产业比重，降低第二产业尤其是重工业产业比重，淘汰落后产能，发展先进装备制造业，同时大力发展高效节能、先进环保、资源循环利用关键技术装备、产品和服务，推进节能环保等新兴产业以及高新技术产业的开展，将促进未来单位 GDP 能源强度与单位 GDP CO_2 排放强度的不断下降。

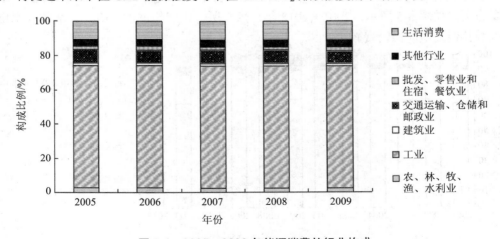

图 6-4　2005—2009 年能源消费的行业构成

18.2.5 技术水平

科学技术进步和创新是加快经济发展、促进 CO_2 减排的重要手段之一。由于 R&D 投入可以提高经济发展水平、降低能源强度、优化能源结构，促进 CO_2 减排。因此，低碳经济的发展，需要加大高新技术的 R&D 投入，坚持自主创新，提升核心技术突破能力，推进重大科学技术的发展。

中国科技发展水平不高，自主创新能力较弱，很多核心技术需要从国外引进。近几年，中国 R&D 经费迅速提高，但与发达国家相比还有很大差距。为完成节能减排目标，需要加快节能减排关键技术研发与推广应用，同时引进、消化、吸收国外先进节能环保技术，提升技术水平。

18.2.6 能源结构

化石能源是指煤炭、石油、天然气等不可再生的燃料资源，其中，煤炭、石油、天然气的含碳量分别为 25.5 kg/GJ、19.26 kg/GJ、15.3 kg/GJ[84]，如表 6-1 所示。

表 6-1　能源含碳量

	煤	石油	天然气	新能源
碳含量/（kg/GJ）	25.5	19.26	15.3	0

化石能源的迅速消耗，将带来大量的 CO_2 排放，使生态环境不断恶化。而中国经济的快速发展需要大量廉价的能源，煤炭的资源和价格优势使得长期以来一次性能源消费以煤为主，如图 6-5 所示，2001—2012 年，煤炭所占比例超过了 70%，天然气、水电、核电等其他发电能源消费较少。

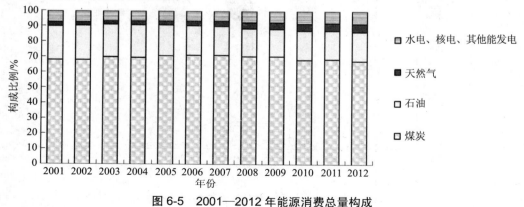

图 6-5　2001—2012 年能源消费总量构成

其他形式的能源如核能、水能、太阳能、风能、地热能等属于无碳能源，从保证能源安全和保护环境的角度来看，选择这类新能源与可再生能源，是改善能源结构、减少环境污染、促进低碳经济发展的必然选择。

18.2.7　居民生活水平

居民生活水平的提高是社会经济发展的重要衡量指标。据统计年鉴数据显示，城镇居民人均可支配收入逐年递增，而居民的生活水平的提高，消费方式也在逐渐转变，耐用消费品的数量不断增多，这样必然会使人均生活能源的消耗增加，带来更多的 CO_2 排放，如图 6-6 所示，2000—2009 年，人均生活用能量随着城镇居民家庭人均可支配收入的增长而不断增长。因此，低碳经济的发展需要引导居民生活方式低碳化，优化居民用能结构。

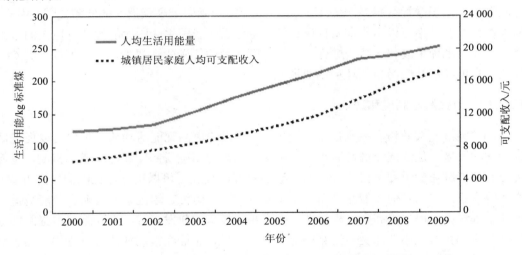

图 6-6　2000—2009 年人均生活用能量随城镇居民家庭人均可支配收入变化趋势

18.2.8　交通周转量与出行方式

国民经济持续快速增长，交通运输业逐日壮大。而作为占用型和能源消耗型终端用能部门之一，随着我国客货运输量的增长，交通运输带来的能源消耗和碳排放也逐年上升。

人们的出行方式也与能源的消耗密切相关。小汽车的单位能耗是公共汽车的 3.5～4 倍，是自行车的 42～43 倍。如果按每年运送 100 位乘客计算，公交车将会比小汽车节省油 80%左右，百公里节省 370 元；若以小汽车每 100 km 的人均能耗量为 1 来计算，公共汽车为 8.4%、无轨电车达到 4.4%、有轨电车达到 3.4%、地铁达到 5%[85]。

因此，推广节能环保型汽车，开发节能新材料、新技术，改造落后的技术和强制性淘汰高耗低效运输工具，引导人们采取绿色出行方式，将有助于保障国家能源安全，促进低碳经济的可持续发展。

18.2.9 低碳教育普及率

普及低碳教育，传递生活理念，提高公众低碳意识，也是低碳经济发展的重要环节。居民是城市的主体，搭电梯、看电视等每天的活动都会产生大量 CO_2 排放。居民生活方式是影响城市能源消耗和 CO_2 排放的重要因素，而居民的低碳意识引导着生活方式。据有关调查研究，人们对待污染的态度影响其生态意识和购买行为，对倡导低碳生活的人更倾向于购买生态包装产品。居民对全球气候变暖感知越强烈，对社会责任意识越高，对低碳消费知识掌握得越多，就越懂得如何低碳，越倾向于高碳消费的低碳化[86]。因此，低碳教育的普及率可以用来衡量低碳经济发展情况。居民生活所耗能源具有巨大的节约空间，通过多种手段和途径，进行有目的、有计划的低碳生活观念教育，可以减缓 CO_2 排放，实现经济社会与自然环境的协调发展。

18.2.10 政策激励制度和规划

低碳经济相关政策和激励措施的提出，既可以约束高耗能活动的发生也可以促进低碳活动的发展，是低碳经济发展水平的衡量标准。通常碳税制度和低碳激励机制，是促进企业节能减排的重要手段。一方面，碳税制度的征收，可以引导低耗能的生产方式，增加政府收入，为其他节能减排活动提供资金。另一方面，通过政府补贴、节能减排专项基金等激励手段，提高企业积极性，推进相关技术的研发。若污染控制采用强制性地为企业设置排放上限，却又不给企业提供经济激励，企业在被动的执行过程中，由于减排而使成本增加，就可能会在有形无形中产生抵制心理。

对低碳城市建设的合理规划也是衡量标准之一。低碳规划涵盖了产业、能源、建筑、交通、基础设施等方面，合理的规划，能够节约能源，优化能源结构，引导低碳经济的发展。

18.2.11 污染控制与循环利用率

低碳经济的发展与污染物的控制、环境质量的改善之间有着密切关系，随着工业的发展，工业固体废物及污水的排放严重影响着环境，带来一定的 CO_2 的排放。只有加大监督力度，严格控制工业固体废物及污水的排放，才能让低碳经济走可持续发展道路。

另外，低碳经济发展过程中，废弃物的循环利用率同样属于重要指标。企业通过回收、加工、循环、交换等方式将固体废弃物综合利用，从固体废弃物中提取或者使其转化为可以利用的资源、能源和其他原料的固体废物，变废为宝，合理利用资源，不仅减少了环境污染，还带来一定的经济利益，能够促进低碳经济的可持续发展。

18.2.12 森林覆盖率和城市绿地率

森林覆盖率是衡量低碳经济发展的重要指标，森林植被净吸收 CO_2 为改善生态环境作出了巨大的贡献。中国增加 1%的森林覆盖率，便可以从大气中吸收固定 0.6 亿～7.1亿 t 碳，通过增加造林来增加生物碳汇，具有可观的潜力[87]。此外，城市的绿地面积的增加，不仅可以美化环境，还能吸收更多的城市中释放的 CO_2。因此，低碳经济的发展，需要加强森林保护，大力发展现代林业，充分发挥森林的固碳功能，扩大绿地面积，改善城市环境。

19 低碳经济及其指标体系研究

19.1 低碳经济指标体系建立的基本思路

低碳经济指标体系一般是从低碳经济的内涵出发，按照一定的原则，选取适当的指标元素构成。综合各学者所提出的体系可以发现，低碳经济指标体系应该体现能源、经济、社会和环境四方面的有机统一，不是对单一的某个方面的评价，而是全面地体现系统的组成。低碳经济指标体系建立的基本思路如图 6-7 所示：

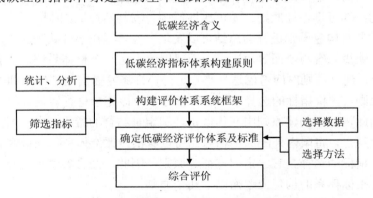

图 6-7 低碳经济指标体系建立思路

根据所建立的低碳经济指标体系，可以对某地区的低碳经济发展水平进行综合评价，将评价结果与标准相对比，得出低碳经济发展情况。

19.2 低碳经济评价指标体系构建原则

低碳经济评价指标体系的构建不仅要反映低碳经济的实质，还要有一定的原则为基础。国外指标体系应用广泛，是值得借鉴的范本，但对于指标体系的构建原则没有明确概括，仅在对指标的描述中提及指标应具有的特征，而国内学者对低碳经济评价指标体系构建原则进行了总结。

国外，OECD 开发和应用的低碳经济指标体系提出了具有明确低碳经济含义的低碳经济指标，更多地反映低碳经济的内涵，同时对低碳经济和绿色环境进行综合评价。OECD 指标体系的指标简洁易于理解，具有动态特征，并在评价的过程中注重客观公正，以及定性与定量结合[88]。因此，OECD 环境指标的设计原则可概括为：①简洁性原则；②客观性原则；③定性与定量结合原则；④动态性原则等。

欧洲绿色城市指标体系对欧洲主要城市的环境进行了客观的综合评价，以协助各城市有效达成气候保护目标。其中，在对各种指标的选择过程中，既有定性指标也有定量指标，并且指标需是独立存在的。另外，为了能比较不同城市的数据，还要求使所收集的数据具有可比性[89]。因此，可将该体系构建原则概括为：①客观性原则；②定性与定量原则；③可比性原则；④独立性原则等。

国内，张学毅等认为，指标体系的构建需要选择最具有代表性、最灵敏的指标，保证科学客观、可操作性和针对性的统一。其基本原则为：①定量与定性相结合原则；②科学性原则；③客观性原则；④有效性原则；⑤可比性原则；⑥可操作性原则[90]。

许涤龙等认为，低碳经济指标体系的构建应该遵循以下几个方面：①科学性原则；②代表性原则；③可操作性原则；④可比性原则；⑤创新性原则[91]。

从国内学者对构建原则进行的总结可以发现，各自存在部分缺陷。如，张学毅提出的基本原则中缺少系统与全面等原则。由于评价体系是一个整体系统，应全面反映到各个层面，因此，建立原则时应考虑这一点。另外，许涤龙提出的基本原则中缺少定量与定性结合的原则。评价指标的选择中，所有指标不应该完全进行定量计算，仍需要一些定性指标，因此，基本构建原则中应体现定性和定量结合的特点。

总结以上观点，将国内外的原则相对比可以看出，评价体系都强调客观性，整体层次结构清晰，指标的选择具有一定的特征等原则。因此，结合各学者观点，本书认为，低碳经济评价指标体系的构建应遵循以下几个原则：

①科学性原则。低碳经济的评价指标体系应该是对低碳经济发展程度的客观评价与充分反映，既实用又具有一定的可比性、可操作性。

②系统与层次性原则。低碳经济的评价指标体系是一个复杂的系统，包含若干个环节，具有层次高、涵盖广、系统性强的特点。

③全面与代表性原则。对于指标的选择，不遗漏也不重复，并且不一定要多，但是应该全面反映社会经济发展状况。而每个指标具有代表性，既是独立的，又能合成整体形成评价系统。

④定性与定量相结合原则。对低碳经济的定性衡量较为容易，但是缺乏说服力，若加上一些数据进行定量衡量，通过两者相结合，可避免单纯依靠某一方面所带来的缺陷。

⑤动态与稳定性原则。发展低碳经济是实现经济、资源和环境之间协调发展的一个动态过程。所以低碳经济的评价指标体系应该具有动态变化的特点，但在一定时期内应保持相对稳定，对低碳经济的发展状况进行分析和预测。

⑥效率与效益性原则。将能源效率、经济效益、环境效益统一起来，实现环境与经济综合效益优化前提下的可持续发展。

19.3 系统构架

依据低碳经济的评价指标体系设计的基本原则，评价体系应该由若干个层次构成，研究过程中发现，从整体上看，多数学者采用目标层、准则层和指标层这三个层次的系统层次构架，国内外一些指标体系虽没有明确指出哪些属于目标层、准则层和指标层，但结构层次清晰，符合该三层系统层次构架的描述。如表 6-2 所示，此表为某些学者所构建的低碳经济指标体系[92]。这种体系结构层次清晰，易于理解和应用。从实际内容看，不同的学者，由于其对低碳经济的理解以及所考虑的影响因素不同，在准则层和指标层上选用的指标差别很大。

表 6-2　低碳经济发展水平的衡量指标体系

目标层	准则层	指标层
低碳经济 发展水平	低碳产出指标	碳生产力
		能源加工转换效率
	低碳消费指标	居民消费碳排放
		政府消费碳排放
	低碳资源指标	零碳能源比重
		能源碳排放系数
		碳汇密度
	低碳政策指标	低碳经济发展规划
		建立碳排放监测、统计和监管体系
		公众低碳经济知识普及程度
		环保节能标准执行率
		碳税政策
	低碳环境指标	废弃物碳排放强度
		工业"三废"处理指标

每个研究者都会从自身认知上建立测度低碳经济发展态势的指标体系，使得指标不够统一。但从结果看，每套低碳经济评价体系都应该反映能源、经济、社会和环境四方面的有机统一，不是对单一的某个方面的评价。

19.4 评价步骤

建立低碳经济的评价指标体系构架后可进行具体评价。一般步骤为：数据的选择、指标数据的标准化、权重的确定、综合评价等。

（1）数据的选择

对于所收集的研究地区的数据，可能并不是每个指标都有对应的相关数据值，鉴于数据的局限性，应进行一定的筛选，除去部分数据不完整的相关指标或者无法获取数据的相关指标。

（2）指标数据的标准化

由于各指标来源及量纲不同，可能正向或者逆向反映低碳经济发展水平，因此需要对其进行标准化处理，使各指标成为可运算且单位统一的指标。通常采用正向化和无量纲化的方式来进行标准化处理，得出标准化指标值。例如，采用倒数变换法对逆指标进行正向化处理。公式为：

$$X' = \frac{1}{X} \tag{6-5}$$

式中：X' —— 经过正向化后的指标值；

X —— 逆向指标的原始数值。

通过处理后可以看出，正向化的指标值越大，低碳经济发展水平也就越高。此方法是各学者常采用的方法之一。

另外，对不同类型的指标进行无量纲化处理时，常采用归一化方法，公式为：

$$X = \frac{X^* - X^*_{min}}{X^* - X^*_{max}} \tag{6-6}$$

式中：X —— 进行归一化后的指标数值；

X^* —— 所有正向指标数值；

X^*_{min} 和 X^*_{max} —— 分别为该指标所对应的各评价个体的最小值和最大值。

（3）权重的确定

指标权重的确定是看其对目标的贡献程度，赋予相应的值。在整个评价体系中，权重的确定十分重要。目前国内外用于进行低碳经济发展水平评价的权重确定的方法并不多，常用的有层次分析法（AHP）和德尔斐法（Delphi）等。各方法都有其存在的优缺点。

层次分析法（AHP）适用于目标结构复杂，数据缺乏，难以完全用定量方法来解决的系统性评价。例如，刘嵘等在对河北省某县的低碳经济的发展水平进行实证研究的过程中，在指标较多，数据相对较少的情况下，选择了层次分析法确定各指标权重。其基本步骤为：建立层次结构模型、构造判断矩阵、层次单排序及一致性检验和层次总排序及一致性检验[93]。通过该方法，定量地计算出了各因素对总目标影响的权重。目前，层次分析法的应用较为普遍，它能将复杂的问题系统化，易于达到综合评价效果。

德尔斐法（Delphi）适用于以定性分析为主的评价，其基本思路是充分利用各领域专家的判断力，通过主观打分的方法，实现预测的目的。例如，任福兵等采用德尔斐法，邀请了 20 位有关专家对低碳社会评价指标体系中各个指标分别赋予权重。通过调查，专家对指标多轮评价，最后形成专家基本一致的权重数[94]。德尔斐法集思广益，加入了专家经验，有着广泛的代表性，也增加了体系的适应性，但同时由于主观因素的存在使得评价结果缺乏一定的可靠性。

（4）综合评价

结合指标的标准化值和权重，计算低碳经济综合评价指数，再同评价等级标准进行比较，判断出低碳经济发展水平情况。通常，对标准化值和权重的综合合成方法有许多，常用的有线性加权和法、乘法合成法、加乘混合合成法等。而用于比较的评价等级标准是由学者参考国内外相关碳排放资料，结合专家意见所建立的。由于各学者建立的评价体系不同，评价低碳经济发展等级的构建也存在着一定差异。

例如，孙延风等采用 100 分评分制，各分值对应的评价等级为：90 分以上，低碳经济发展情况优秀；80～90 分，低碳经济发展情况良好；60～80 分，低碳经济发展情况一般，60 分以下，低碳经济发展水平较低[95]。马军等根据评价所得综合指数将低碳经济类型分为低碳经济、中低碳经济、中碳经济、中高碳经济、高碳经济和超高碳经济 6 类[96]。肖翠仙等将评价所得综合指数处于 80～100 区间的定义为低碳经济；处于60～80 区间的定义为中碳经济；处于 0～60 区间的定义为高碳经济[97]。

通过综合评价分析，不仅可以衡量一个地区当前的低碳经济发展状况，还可以用于寻找最能影响该地低碳经济发展水平的指标，指导该地区低碳经济未来的发展潜力。

19.5　对低碳经济评价指标体系的评判

研究国内外现有的低碳经济评价指标体系可以发现，各体系存在许多不足。

首先，指标具有多样化的特点，在各套指标体系中，指标的提出都有其自身的逻辑.和原理，然而有些指标可能并不适用。

其次，各套低碳经济评价指标体系对于相同地区的评价结果可能不同，例如：马军等通过建立的城市低碳经济评价指标体系对上海、江苏、浙江、福建、广东和山东 6 个省市进行了评价，将得到的 2008 年的综合评价指数从高到低排序，所对应的省市依次为：上海、山东、江苏、福建、广东、浙江[96]。另外，齐敏建立的低碳经济评价指标体系对全国各省市都进行了评价，将得到的 2008 年这 6 个省市的综合评价指数从高到低排序，所对应的省市依次为：浙江、广东、上海、福建、江苏、山东[98]。两者都是综合分数越高，低碳经济发展的越好。从两者排序可以发现，不同评价体系得到的评价结果是有可能不同的。

各套低碳经济评价指标体系应用的范围不同，评价的难易程度也有所差异。目前并没有对低碳经济评价指标体系进行客观评估的方法或工具，来对各指标是否能够准确描述实际发展状况做分析；也没有能帮助使用者选择合适的体系的方法，这些都是指标体系研究领域中需要解决的重大问题。

从上述的不足以及存在的问题中可以看出，需要开发一种科学的方法对不同的低碳经济评价指标进行客观评估，这将有助于低碳经济评价指标体系的改善，推进低碳经济的发展。

20 评价低碳指标体系的方法

20.1 性质分析

20.1.1 全面性分析

指标的选择是否科学，要看其是否涉及低碳经济的各方面，是否从经济、能源、社会、环境 4 个方面充分全面地体现低碳经济发展特征。

根据国际能源署的 CO_2 报告以及国内外衡量低碳经济发展水平常用指标，不难发现，在经济方面，通常从经济发展、产业、技术上选择指标来评判一个地区的整体经济发展情况。城市的发展水平可用人均 GDP 来衡量，而人均 CO_2 排放是随人均 GDP 的增长不断增加。另外，低碳经济的发展必然需要产业结构的转变，过度依赖资源型产业的发展是不可持续型的发展模式。同时，只有技术水平的提高，才能促进经济发展，减缓 CO_2 排放。因此，人均 GDP、产业结构、技术水平或相关标准来作为指标是较为科学合理的。

能源方面，从碳源以及碳排放来看，化石能源在总能源中所占的比例直接影响到 CO_2 的排放，低碳经济的发展需要摒弃先污染后治理的理念，从源头开始低碳，即调整以煤为主的能源结构，加大可再生能源的利用。并且，低碳经济实质上是能源的高效利用，低碳经济发展过程中，单位 GDP 能耗越少，证明发展水平越高。因此，考虑用能源结构、单位 GDP 能耗、碳排放等相关指标作为能源指标衡量低碳经济发展情况也是客观科学的。

社会方面，社会的发展可以从基础建筑、人口增长及城市化率、居民生活水平来体现。高能耗建筑与节能建筑的比率，人口数量和结构的变化，城市化率和居民生活水平的变化必然影响着 CO_2 的排放，低碳经济社会的发展需要时刻关注这些指标的变化。另外，交通运输业作为高耗能部门之一，交通周转量与出行方式选择也是低碳经济发展中的重要衡量指标。人们的低碳教育普及率以及政策激励制度和规划，从教育宣传和政策规划方面反映了低碳经济发展。因此，可以考虑从人口增长及城市化率、居民生活水平、交通周转量与出行方式、低碳教育普及率以及政策激励制度和规划等相关指标来衡量低碳经济发展。

环境方面，经济发展与环境保护同时进行，以牺牲环境为代价的经济增长是不可取的。低碳经济的发展要考虑到绿化碳汇以及污染物的排放和控制。绿化面积的增添，可以从森林覆盖率和城市绿地率来反映城市 CO_2 吸收和存储的能力。另外，城市中的污染物排放能够直接影响 CO_2 的排放，对废物的回收利用又能变废为宝，有利于经济的发展。因此，可以考虑以森林覆盖率和城市绿地率等绿化碳汇指标，以及污染控制与循环利用率等相关指标来从环境方面科学评价低碳经济发展的指标。

综上所述，对一套指标体系的评判，看其是否全面，可以从上面介绍的经济、能源、社会、环境 4 个系统中的相关指标来衡量，如图 6-8 所示。

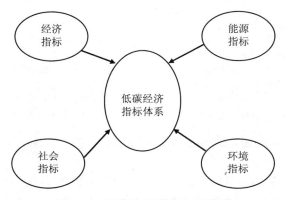

图 6-8　低碳经济指标体系的构成

20.1.2 有效性分析

低碳经济指标体系的有效性体现在指标是否能有效反映并引导低碳经济的发展。对指标有效性进行研究，将有助于改善指标体系，使其更贴切反映低碳经济发展情况。前期准备中，收集了多套近几年国内外的低碳经济指标体系。为保证所用材料可靠性，经整理后共采用 28 套可用的指标体系，这些体系部分来自于某市的低碳发展计划项目、某市教委人文社会科学基金项目"低碳城市发展路径研究"、国家自然科学基金项目、国家社科基金重大项目、国家环保公益性行业科研专项经费资助等；并且部分体系已进行实地验证。将这些体系所有指标进行归纳汇总得出以下结论：

（1）经济方面

经统计，经济系统中，能有效体现低碳经济发展中经济系统层面的指标如图 6-9 所示（彩图 1）。所占分量越大越能用于表示低碳经济发展中经济的发展情况。

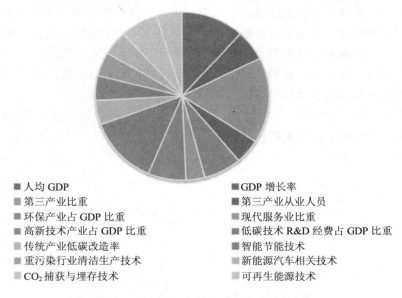

■ 人均 GDP	■ GDP 增长率
■ 第三产业比重	■ 第三产业从业人员
■ 环保产业占 GDP 比重	■ 现代服务业比重
■ 高新技术产业占 GDP 比重	■ 低碳技术 R&D 经费占 GDP 比重
■ 传统产业低碳改造率	■ 智能节能技术
■ 重污染行业清洁生产技术	■ 新能源汽车相关技术
■ CO_2 捕获与埋存技术	■ 可再生能源技术

图 6-9　普遍认为有效体现经济系统的指标

多数低碳经济指标体系认为人均 GDP、GDP 增长率这两个指标能有效体现经济发展水平，其中，有 35.7%的体系采用人均 GDP 指标，17.9%采用 GDP 增长率指标。此外，还有采用 GDP、对外开放度、外贸进出口总额、低碳产品出口与对外服务总额等指标来表示的。

有 50%的指标体系采用第三产业比重，21.4%的采用环保产业占 GDP 比重，21.4%的采用高新技术产业占 GDP 比重，14.3%的采用第三产业从业人员以及 10.7%的现代服务业比重指标来有效地展现低碳经济中产业发展情况。此外，有采用类似的指标，如环境保护投资占 GDP 比重、环境污染治理投资占 GDP 比重等指标来表示产业发展。

39.3%的体系认为低碳技术 R&D 经费占 GDP 比重指标，21.4%的认为 CO_2 捕获与埋存技术指标，14.3%的认为传统产业低碳改造率、智能节能技术、重污染行业清洁生产技术、新能源汽车相关技术、可再生能源技术指标可以有效反映低碳经济发展中技术层面。另外还有用万人拥有科技活动人员、规模以上工业技改经费占主营业务收入比重等指标来表示。

（2）能源方面

经统计，能源系统中，能有效体现低碳经济发展中能源系统层面的指标如图 6-10 所示（彩图 2）。所占分量越大越能用于表示低碳经济发展中能源各方面的发展情况。

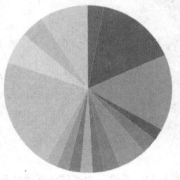

■ 资源循环利用率	■ 单位 GDP（产值）能耗	■ 再生能源及新能源比重
■ 清洁煤高效利用率	■ 太阳能利用率	■ 能源碳排放系数
■ 万元 GDP 耗水量	■ 万元 GDP 耗电量	■ 化石能源消耗总量
■ 煤炭占能耗比重	■ 化石能源占总能比重	■ 清洁煤占煤比重
■ 单位 GDP 碳排放（碳生产力）	■ 万元 GDP 的 COD 排放强度	■ 万元 GDP SO_2 排放强度
■ 碳排放总量	■ 人均碳排放	

图 6-10　普遍认为有效体现能源系统的指标

可以看出，绝大多数低碳经济指标体系中认为煤炭等化石能源消耗及其比重和新能源的比重等相关指标能有效反映低碳经济发展中的能源结构，单位 GDP（产值）能耗能有效反映能源强度。

在能源使用带来的碳排放方面，85.7%的体系认为单位 GDP 碳排放（碳生产力）是有效评价低碳经济发展极其重要的指标，42.9%的体系采用人均碳排放，25%的体系采用万元 GDP SO_2 排放强度和 28.6% 采用碳排放总量指标，以及 14.3% 采用万元 GDP COD 排放指标，其他类似的指标有家庭人均碳排放、居民消费碳排放等。

（3）社会方面

社会系统中，将各代表指标汇总，能有效体现低碳经济发展中社会系统层面的指标如图 6-11 所示（彩图 3）。所占分量越大越能用于表示低碳经济发展中社会的发展情况。

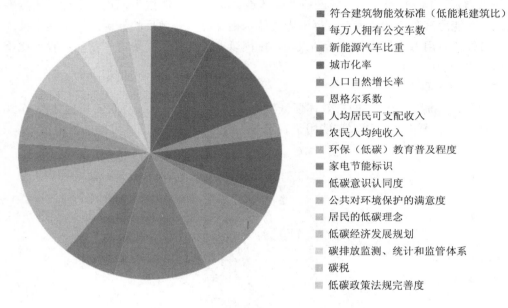

图 6-11　普遍认为有效体现社会系统的指标

社会系统从基础设施、交通、社会发展、生活水平、教育宣传、政策规划这 6 个层面来衡量。对于社会基础设施，采用较多的两个有效指标为符合建筑物能效标准和建筑单位面积碳排放量，28.6% 的体系会采用符合建筑物能效标准，其他相似指标有建筑单位面积碳排放量、高能耗建筑比率、新增节能建筑比率等。

42.9% 的体系认为每万人拥有公交车数指标，14.3% 的认为新能源汽车比重指标可以有效反映低碳经济的交通出行情况。其他采用较多的指标有万里行程碳排放量，私家车年行程公里数，机动车总量，客、货周转量等。

28.6% 的体系会从城市化率，10.7% 的体系会从人口自然增长率指标来衡量社会发展。35.7% 的体系采用恩格尔系数，42.9% 采用人均居民可支配收入和 25% 采用农民人均纯收入来反映人民生活水平。教育宣传方面常以环保（低碳）教育普及程度、低碳意识认同度、家电节能标识、居民的低碳理念和公共对环境保护的满意度来作为有效指标，其采用率分别为 42.9%、17.9%、14.3%、14.3%、10.7%。政策规划上常用的有效指标为碳排放监测、统计和监管体系、低碳经济发展规划、碳税和低碳政策法规完善度，采用率分别为 14.3%、10.7%、10.7%和 10.7%。

（4）环境方面

环境系统中，将各代表指标汇总，能有效体现低碳经济发展中环境系统层面的指标如图 6-12 所示（彩图 4）。所占分量越大越能用于表示低碳经济发展中环境方面的发展情况。

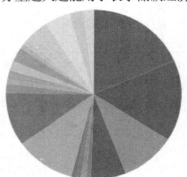

■ 森林覆盖率	■ 人均绿地覆盖率（面积）	■ 建成区绿地覆盖率
■ 自然保护区面积比	■ 碳汇密度	■ 人均森林面积
■ 森林蓄积量	■ API 指数≤100 的天数比重	■ 生活垃圾处理率
■ 工业废弃物利用率	■ 低碳农药化肥使用率	■ 废弃物碳排放强度
■ 工业"三废"处理指数	■ 每公顷耕地农药使用量	■ 每公顷耕地化肥使用量
■ 工业重复用水率	■ 工业"三废"综合利用率	■ 工业"三废"排放达标率
■ 机动车尾气排放达标率	■ 城市生活污水处理率	■ 工业废水污水排放达标率
■ 污水集中处理率	■ 工业 SO_2 去除率	

图 6-12　普遍认为有效体现环境系统的指标

环境系统通过绿化碳汇和污染控制两个层面来看，首先，绿化碳汇方面的指标使用较为统一。约 71.4%的体系采用森林覆盖率，60.7%的采用人均绿地覆盖率（面积），39.3%的采用建成区绿地覆盖率，25%的采用自然保护区面积比指标来有效反映低碳经济发展中绿化碳汇的情况。

对于污染物的控制情况，通常采用的指标有生活垃圾处理率、工业废弃物利用率、工业重复用水率、城市生活污水处理率、工业废水污水排放达标率和污水集中处理率，各自采用率分别为 42.9%、39.3%、10.7%、10.7%、17.9%和 10.7%，其中。其他指标还有工业"三废"综合利用率、每公顷耕地化肥或农药使用量等。

综上所述，将经济、能源、社会、环境各系统代表指标汇总，采用率较高，排名较前的指标如表 6-3 所示。

表 6-3　有效体现低碳经济发展的指标

系统	子层面	具体指标
经济系统	经济发展	人均 GDP、GDP 增长率
	产业结构	第三产业比重、第三产业从业人员、环保产业占 GDP 比重、现代服务业比重、高新技术产业占 GDP 比重
能源系统	碳源	资源循环利用率、单位 GDP（产值）能耗、再生能源及新能源比重、清洁煤高效利用率、太阳能利用率、能源碳排放系数、万元 GDP 耗水量、万元 GDP 耗电量、化石能源消耗总量、煤炭占能耗比重、化石能源占总能比重、清洁煤占煤比重
	污染物排放	单位 GDP 碳排放（碳生产力）、万元 GDP 的 COD、万元 GDP SO$_2$ 排放强度、碳排放总量、人均碳排放
社会系统	基础设施	符合建筑物能效标准、低能耗建筑比
	交通出行	每万人拥有公交车数、新能源汽车比重
	社会发展	城市化率、人口自然增长率
	生活水平	恩格尔系数、人均可支配收入、农民人均纯收入
	教育宣传	环保（低碳）教育普及程度、低碳意识认同度、公共对环境保护的满意度、家电节能标识、居民的低碳理念
	政策规划	碳排放监测、统计和监管体系、低碳经济发展规划、碳税、低碳政策法规完善度
环境系统	绿化碳汇	森林覆盖率、人均绿地覆盖率（面积）、建成区绿地覆盖率、自然保护区面积比
	污染控制	生活垃圾处理率、工业废弃物利用率、工业重复用水率、城市生活污水处理率、工业废水污水排放达标率、污水集中处理率
科技系统	技术水平	低碳技术 R&D 经费占 GDP 比重、传统产业低碳改造率、智能节能技术、重污染行业清洁生产技术、新能源汽车相关技术、CO$_2$ 捕获与埋存技术、可再生能源技术

　　指标采用程度的高低，直接表达了其反映低碳经济发展的有效程度。以上所列出普遍认为能体现经济、能源、社会、环境各系统的指标，是被多数专家认为确实能反映低碳经济发展水平的指标。将待评估的指标体系与其作对比，能判断出待评估体系的指标选择是否有效。

20.1.3　相关性评价

低碳经济指标体系中，对于指标的选择，不一定要多，但是需要全面反映社会经济发展状况。而每个指标应该具有代表性，尽量减少相关性，提高评价结果的精确度。若所选指标相关性太高，证明信息反映重叠性较高，对于评价所得结果的有效性将难以令人信服。要完全消除所有指标间的相关性是很困难的，但一套优秀的指标体系在选择指标时，应限制同级指标间的相关性。

SPSS 软件具有强大的分析功能，在统计学中，通常采用该软件对多个变量的相关性进行分析，判断各变量的相关性大小。因此，可利用 SPSS 软件对体系中指标间的相关程度做一定的分析。

（1）SPSS 软件相关性分析原理

若一个变量取值变化，另一个变量的取值也相应发生变化，通常认为这两个变量是相关的。反之，则证明二者无关。

SPSS 软件在对变量之间进行相关分析时，有简单相关分析（Bivariate）、偏相关分析（Partial）和相似性测度分析（Distances）。简单相关分析，用于两个变量间相关分析，若是多个变量，则给出两两相关的分析结果。变量受到多个因素的影响，要真实反映某两个变量之间的相关性，需要剔除其他变量的影响，此时可采用偏相关分析。而相似性测度分析，用于变量间进行相似性或者不相似性分析。

在进行相关性分析时，需要选择相关系数。将进行过标准化处理的变量进行检验，若存在正态分布，则选用 pearson 相关系数，否则选 spearman 相关系数或 Kendall 相关系数。spearman 相关系数利用变量的秩次大小作线性相关分析，Kendall 相关系数一般表示多列等级变量的相关程度。

相关系数的绝对值越接近 1，则表明两个变量线性相关程度越高，一般大于 0.8 时，认为两变量间有线性相关性。此外，显著性检验结果的 p 值越接近 0，则表示越显著。

（2）低碳经济指标间的相关性分析

低碳经济指标体系中的每一个指标都体现着被评价对象在低碳经济发展过程中某一方面的发展程度。因此，对于分析这些指标间的相关性，可以分别从经济、能源、社会、环境 4 个方面出发，按照以上步骤来进行，通过相关系数和 p 值的大小检验相关性是否显著，判断各系统的指标选择是否得当。若检验得出各指标间不具有显著相关性，证明所评价的指标体系较为优秀，反之，所评体系在指标选择上应进行改善，保证指标的独立性。

20.1.4　适用性评价

低碳经济指标体系可以供不同使用者采用，可以是政府规划、企业发展、城市建设等，针对不同目的，指标体系侧重点不同，因此，科学合理的指标体系应合理配置，确定所选指标体系在所针对的评价范围内，能够清晰明确地反映出低碳经济发展状况。指标体系对某地区进行评价前，需要分析该套指标是否适用于此地，如果并不适合，则需要进行改善，不能一味地套用，导致评价结果出现偏差。

首先，针对某个评价地区来说，所选的指标是否适用，需要看其在经过前面的全面性、有效性、相关性剔除后，是否能够获取评价对象的相关指标数据。若空有指标，难以获取评价对象的评价数值，证明筛选出来的指标对于所评价对象来说不具有适用性。因此，指标体系中，对于定量化指标，需确保数据完整可获取并且不过时；对于定性化指标，可采用多名专家咨询方式确定，保证数据客观公正有效。

其次，每个指标都有其应该达到的标准来衡量评价对象在此方面的发展程度，以及是否达标。因此，指标是否适用，也要从其所定的标准值来看。对于不同评价对象来说，由于其发展方向可能不同，有的侧重于环境，有的侧重于政策规划，所以设定的标准值可能也会有所差异。低碳标准的设置要合理，不能盲目地提高要求，否则指标也属于不适用指标。例如，对于某项评价指标，评价对象的指标数值明显低于全国先进水平，而全国先进水平又远远低于国际先进水平，此时若采用国际先进水平作为衡量标准来看评价对象是否达标，是不合理的。以国际先进水平为目标固然是有利于推动我国低碳经济发展的，但是对于发展中国家来讲，在哪个阶段该达到怎样的目标，是不能盲目制定的。标准可以一步步提高，但切记一次性就以高标准来要求，需要避免评价对象为了达标而采取一些措施带来不良后果。总之，尽量采用国际或国家标准所规定的低碳标准，保证与国家相关政策或规划的目标值相一致，根据评价对象低碳发展现状确定标准值数据。

最后，指标的适用性还体现在针对不同的评价对象，低碳经济指标体系所侧重的范围应该不同。若是对一个污染严重的地区进行评价，应主要考察指标体系是否突出该地区在环境治理上技术进步、绿化等指标的达标程度，判断其是否能促进低碳经济的发展；若是对一个以高耗能产业发展为主的地区进行评价，则需要考虑所用体系是否突出了这些高耗能行业在技术进步、节能方面促进低碳经济发展。总之，可以通过指标是否反映了评价对象的主导方面，是否能够反映低碳技术进步、发展和应用而促进低碳发展来衡量指标体系的适用性。

20.1.5　前瞻性评价

一套体系评价的目的不应该仅仅是单纯评出各评价对象的名次及优劣程度，更重要的是能够引导和鼓励被评价对象向正确的方向和目标发展。因此，合理的评价指标体系应该具有前瞻性，为评价对象未来的不断发展变化提供一定的扩展余地，能引导被评价对象向目标靠近。

对于低碳经济指标体系来讲，既要能够评估当前低碳发展现状，又要能够反映未来低碳经济和社会发展的变化。因此，加强对低碳经济指标体系前瞻性的考量，有助于促使体系对低碳经济发展做出更科学的评价，提供更有效的向导。

低碳经济指标体系的前瞻性首先体现在指标的标准是否是以国内外先进水平或者相关可以替代的先进值来衡量的。先进性主要体现在指标值不过时，是所评价时期内的先进值；并且指标值代表的是所评价时期内低碳经济发展水平居于领先地位的值。对于各种国内外的标准值，需要确定其是否已被重新修订或废止，保证其时效性、可用性。这样便可以将评价对象的指标数值与标准做对比，考察发展情况。若是与标准之间相差很大，则表示应努力发展这方面，以便能达到较高水准。

其次，标准的灵活性也是衡量指标体系是否具有前瞻性的方法之一。随着实践的发展，很多原定的指标已经达到标准，但并不表明在接下来的几年内我们可以停止不前，此时便可以考虑提高标准要求，引导低碳经济向更高一级发展。例如，某项指标标准值是以高于全国平均水平来定义低碳标准的，在评价时发现该项指标每次都是达标的，因此可以将该项指标标准值调整为居于全国领先地位或者高于发达国家平均水平等更高一级的标准。

20.2　评价工具的建立

根据 20.1 节对全面性、有效性、相关性、适用性、前瞻性各种性质的具体分析，可以建立一套评价方法来对各低碳经济指标体系进行详细评价。此处采用评分制，设定总分 100 分，各性质占 20 分。先将评价体系最后一层的指标进行划分，再根据评分规矩，对各环节进行打分。在制定各评分标准时，充分考虑了分值的公正性以及评价方法的可操作性。

20.2.1　全面性评价

低碳经济指标体系的全面性在于指标是否能全面科学地反映低碳经济特征。因此，从指标是否全面体现经济、能源、社会、环境四大系统来进行评分。总分 20 分。具体评分如表 6-4 所示。

表6-4　全面性评分

指标涉及方面		得分	
		涉及	不涉及
经济	经济发展	5/3	
	产业结构	5/3	0
	技术水平	5/3	
能源	碳源	5/2	
	污染物排放	5/2	0
社会	基础设施	5/6	
	交通出行	5/6	
	社会发展	5/6	
	生活水平	5/6	0
	教育宣传	5/6	
	政策规划	5/6	
环境	绿化碳汇	5/2	
	污染控制	5/2	0

20.2.2　有效性评价

　　体系的有效性根据前面调查的指标采用率来衡量。根据各指标采用率统计，可以发现，采用率最高的为89.3%，其次为71.4%、67.9%和60.7%，大部分普遍使用的指标采用率集中在10%～50%，如图6-13所示。

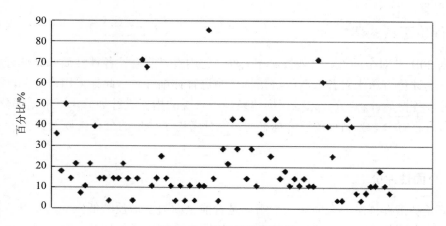

图6-13　指标采用率散点

因此，将采用率高于 10% 的指标定义为有效指标。对于采用率低于 10% 的指标和未被使用过的新建指标，采用专家咨询法来确定其对于将要进行评价的地区来说是否有效。若 80% 以上的专家认为是有效的，则将这些指标划分为有效指标，否则视为效用较差的指标。然后根据有效指标占体系中所有指标的百分比来判断得分，总计 20 分。具体评分如表 6-5 所示。

表 6-5　有效性评分

有效指标所占百分比（x）	得分
$x=100\%$	20
$80\%\leqslant x<100\%$	16
$60\%\leqslant x<80\%$	12
$40\%\leqslant x<60\%$	8
$20\%\leqslant x<40\%$	4
$x<20\%$	0

20.2.3　相关性评价

采用 SPSS 软件分别对经济、能源、社会、环境 4 个系统各子层面的指标进行相关性分析，通过考察任意两指标间的相关系数和 P 值的大小检验相关性是否显著。由于两个重要指标之间难免会产生一定的相关性，因此，仅将相关系数为 1，P 值为 0.000 的完全相关指标认定为重复表现了低碳经济发展过程中的某一方面。根据完全相关的指标成对数占整套体系应有的指标对数的百分比来判断得分，总计 20 分。具体评分如表 6-6 所示。

表 6-6　相关性评分

完全相关指标的成对数所占百分比（x）	得分
$x>80\%$	0
$60\%<x\leqslant80\%$	4
$40\%<x\leqslant60\%$	8
$20\%<x\leqslant40\%$	12
$0<x\leqslant20\%$	16
$x=0$	20

20.2.4 适用性评价

从前面的分析看出，衡量指标体系的适用性，可以从 3 个方面着手。总分 20 分，分值分布如下：

①是否能够获取评价对象的相关指标数据，通过能够获取有效数据的指标所占百分比来确定分值。此项总分为 4 分。具体评分如表 6-7 所示。

表 6-7　适用性评分 1

能获取有效数据的指标所占百分比（x）	得分
$x=100\%$	4
$75\%{\leqslant}x{<}100\%$	3
$50\%{\leqslant}x{<}75\%$	2
$25\%{\leqslant}x{<}50\%$	1
$0{\leqslant}x{<}25\%$	0

②指标低碳标准的设置是否合理，考察两个方面的内容。其一，考察是否采用国际或国家所规定的标准，或者采用规范性文件中所要求达到的低碳目标。该项得分通过采用规范制定低碳标准的指标所占总指标数的百分比来衡量，最高分值为 4 分。具体评分如表 6-8 所示。其二，考察是否是根据评价对象低碳发展现状来确定低碳标准值。该项得分仍然通过符合要求的指标所占总指标数的百分比来衡量，最高分值为 4 分。具体评分如表 6-9 所示。

表 6-8　适用性评分 2

采用规范制定低碳标准的指标所占百分比（x）	得分
$x=100\%$	4
$75\%{\leqslant}x{<}100\%$	3
$50\%{\leqslant}x{<}75\%$	2
$25\%{\leqslant}x{<}50\%$	1
$0{\leqslant}x{<}25\%$	0

表 6-9　适用性评分 3

根据评价对象低碳发展现状确定低碳标准的指标所占百分比（x）	得分
$x=100\%$	4
$75\%\leqslant x<100\%$	3
$50\%\leqslant x<75\%$	2
$25\%\leqslant x<50\%$	1
$0\leqslant x<25\%$	0

③通过低碳经济指标体系所侧重的范围是否与评价对象相符合来衡量。首先，考察指标是否反映了评价对象发展的主导方面，若能反映得 4 分，若不符能得 0 分。其次，考察指标是否能够反映低碳技术进步、发展和应用而促进低碳发展，若能反映得 4 分，若不符能得 0 分。

20.2.5　前瞻性评价

指标体系的前瞻性通过两个方面来评分，总分 20 分。

①指标标准值的先进性。考察低碳标准是否是以国内外先进水平或者相关可以替代的先进值来制定，从而对低碳经济的发展进行引导，根据采用当前先进值来设置低碳标准的指标在所有指标中所占比例来判断得分。共 10 分。具体评分如表 6-10 所示。

表 6-10　前瞻性评分 1

采用当前先进值设置低碳标准的指标所占百分比（x）	得分
$x=100\%$	10
$80\%\leqslant x<100\%$	8
$60\%\leqslant x<80\%$	6
$40\%\leqslant x<60\%$	4
$20\%\leqslant x<40\%$	2
$x<20\%$	0

需要说明的是，该项考察与前面适用性考察中的是否采用规范制定低碳标准这项评分规则有所不同。适用性中主要考察低碳标准的来源是否合理规范，此处主要考察标准的时效性，保证所定的标准值是所评价时期内的先进值。

②指标标准的灵活性。可根据具有灵活标准的指标在所有指标中所占比例来判断得分，共 10 分。具体评分如表 6-11 所示。

表 6-11　前瞻性评分 2

具有灵活标准的指标所占百分比（x）	得分
$x=100\%$	10
$80\%\leqslant x<100\%$	8
$60\%\leqslant x<80\%$	6
$40\%\leqslant x<60\%$	4
$20\%\leqslant x<40\%$	2
$x<20\%$	0

21　实证分析

本节为实例应用部分，意在对 20 章提出的评价方法进行实践，将所提出的方法论对低碳经济指标体系进行客观评估。此阶段，选用已经进行过指标采用率统计以外的一套低碳经济指标体系来进行研究，该体系是针对河北省低碳经济发展水平进行评价的体系。在使用 20 章所建立的评价方法对该体系进行深入分析并评分后，对体系做出相应改善，提出了一套新的低碳经济指标体系。

21.1　实证体系简介

实例分析所采用的低碳经济指标体系，如表 6-12 所示。

表 6-12　河北省低碳经济评价指标体系

低碳经济评价指标体系	经济发展	人均 GDP/元
		GDP 增长率/%
		城镇居民人均可支配收入/元
		农民人均纯收入/元
	碳排放	碳排放总量/t 碳
		人均碳排放量/（t 碳/人）
		平均碳排放系数（t 碳/t 标准煤）
		单位碳排放的产出/（万元/t 碳）
	环境能源	人均绿地面积/m²
		建成区绿化覆盖率/%
		人均能源消费量/（t 标准煤/人）
		人均电量消费量/（kW·h/人）
	社会人文	城市化率/%
		人口自然增长率/%
		居民消费价格指数/%
		就业率/%

该体系受到多个基金项目支持，由孙文生等学者提出的，是对 2005—2009 年河北省的低碳经济发展情况进行评价的低碳经济指标体系[99]。体系从经济发展、碳排放、环境能源以及社会人文 4 个层面出发，选用 16 个指标来衡量了 2005—2009 年河北省低碳经济发展情况。

为便于观察评价工具对评价体系的实证运用是否科学合理，本小节首先对河北省 2005—2009 年各方面的基本发展情况做了简单介绍。

河北省位于华北平原北部，渤海湾的中心地带，经济发展快速，地区生产总值从 2005 年的 10 012.11 亿元增长到 2009 年的 17 235.48 亿元[100]。总人口从 6 851 万人增长到 7 034 万人，自然增长率从 6.09%增长到 6.5%。"十二五"时期的发展目标是生产总值要突破 3 万亿元，年均增长 8.5%，经济增长速度要高于全国平均水平。

河北省能源资源较为丰富，有着大量的煤、石油、天然气等一次性能源。在能源消耗结构中，煤炭约占了一次性能源的 90%，大量的煤耗带来巨大的 CO_2 排放。工业是河北省的主要用能行业，钢铁、装备制造、水泥、石化等高耗能企业比重较大，使工业能耗占全省能耗的 80%以上，其中千家重点用能企业能源消耗占全省的 60%左右[101]。2009 年单位生产总值的能耗与 2005 年相比下降了 16.3%。对于"十二五"期间计划单位地区生产总值能耗要比 2010 年降低 18%，任务还很艰巨。

河北省的产业结构偏向于重工业，导致能源消耗极大。另外，根据统计资料显示，2009 年河北省第三产业整体比重为 35.2%，低于全国平均水平，与全国 31 个省市相比，排在倒数第 4 位。与比重占 75.5%的北京相比，差距甚远。虽然 2010 年高新技术产业增加值达到 1 220 亿元，与 2005 年相比，增加了 2.5 倍，但与其他省市相比仍然很薄弱。

2009 年高速公路通车里程达到 3 303 km，与 2005 年相比，增加了 1 168 km，跃居全国第 2 位；铁路营业里程为 4 880.3 km，跃居全国第 3 位，交通运输业实现新突破。此外，"十一五"期间，人民生活水平得到了很大的提高，城镇居民人均可支配收入从 2005 年的 9 107.9 元增长到 2009 年的 14 718.25 元，农民人均纯收入从 3 481.64 元增长到了 5 149.6 元。"十二五"规划提出城镇居民人均可支配收入、农民人均纯收入年均要分别增长 8.5%。因此，人民生活水平还将进一步得到提升。

大量的重工业的存在使得污染也相对严重。2010 年，工业废水排放总量达 110 058 万 t，高于全国平均水平 75 608.3 万 t，工业废水中化学需氧量排放量为 23 万 t，高于全国平均水平 14.2 万 t，生活污水排放量为 134 931 万 t，高于全国平均水平 114 420 万 t。

近几年，河北省的城市绿化环境有所改善，2009 年，城市绿地面积达到 6.1 万 hm^2，比 2005 年增长了 1.6 万 hm^2；建成区绿化覆盖率达到了 40.0%，与其他 31 个省市相比，排名第七位，2010 年跃居第二。森林覆盖率从 2005 年的 17.69%增长到了 2009 年的 22.29%，但与其他省市相比，覆盖率较小。

21.2　体系评估

在对此套低碳经济指标体系以及评价地区有了一定了解后，本节将运用新建的方法工具，从全面性、有效性、相关性、适用性、前瞻性来对指标体系进行客观评价。

21.2.1　全面性评估

原体系中，指标是按照经济发展、碳排放、环境能源、社会人文 4 个系统来分的，为便于评分，将所有指标重新进行归纳，并按照其是否涉及各领域来判断得分，结果如表 6-13 所示。

表 6-13　全面性评估得分表

指标涉及领域		具体指标	得分
经济	经济发展	人均 GDP/元	5/3
		GDP 增长率/%	
	产业结构	—	0
	技术水平	—	0
能源	碳源	人均能源消费量/（t 标准煤/人）	5/2
		人均电量消费量/（kW·h/人）	
		平均碳排放系数/（t 碳/t 标准煤）	
	污染物排放	碳排放总量/t 碳	5/2
		人均碳排放量/（t 碳/人）	
		单位碳排放的产出/（万元/t 碳）	
社会	基础设施	—	0
	交通出行	—	0
	社会发展	城市化率/%	5/6
		人口自然增长率/%	
		就业率/%	
	生活水平	城镇居民人均可支配收入/元	5/6
		农民人均纯收入/元	
		居民消费价格指数/%	
	教育宣传	—	0
	政策规划	—	0
环境	绿化碳汇	人均绿地面积/m²	5/2
		建成区绿化覆盖率/%	
	污染控制	—	0

经济、能源、社会、环境 4 个系统得分分别为 5/3、5、5/3、5/2，总计得分 10.83 分。

21.2.2　有效性评估

体系中共 16 个指标，其中，人均 GDP、GDP 增长率、平均碳排放系数、碳排放总量、人均碳排放量、城市化率、人口自然增长率、城镇居民人均可支配收入、农民人均纯收入、人均绿地面积、建成区绿化覆盖率均为有效指标。

绝大多数低碳经济指标体系采用万元 GDP 能源消费量、万元 GDP 电量消费量和单位 GDP 碳排放来作为指标。本套体系中，采用人均能源消费量、人均电量消费量类似的指标、单位碳排放的产出这 3 个极其类似的指标，因此，先暂定为有效指标。此外，就业率与居民消费价格指数这两个指标的采用率均低于 10%，视为效用较低的指标。

将暂定的有效指标和效用较低的指标向 10 位相关专家咨询，作进一步确认。经专家评断后认为，人均能源消费量、人均电量消费量类似的指标、单位碳排放的产出可以作为有效指标，而就业率和居民消费价格指数的有效性较差。

因此，16 个指标中，共计 14 个有效指标，所占百分比为 87.5%，根据评分规则，该项评估得分 16 分。

21.2.3　相关性评估

将河北省 2005—2009 年相关指标数据导入 SPSS 软件中，进行相关性分析。各变量经正态分布分析后，发现不存在正态分布现象，所以此处相关性分析采用 Spearman 相关来判定。

（1）经济

经济层面，分析结果如表 6-14 所示。

表 6-14　经济系统指标相关性分析

		人均 GDP/元	GDP 增长率/%
人均 GDP	相关系数	1.000	−0.359
	P 值		0.553
GDP 增长率	相关系数	−0.359	1.000
	P 值	0.553	

可以看出，相关系数为−0.359，P 值 0.553＞0.05，因此可判定人均 GDP、GDP 增长率这两个指标不相关。此组没有完全相关的指标。

（2）能源

能源层面，分析结果如表 6-15、表 6-16 所示。

表 6-15　能源系统碳源指标相关性分析

		碳排放总量/ t 碳	人均碳排放量/ （t 碳/人）	平均碳排放系数/ （t/t 标准煤）
碳排放总量	相关系数	1.000	1.000	0.335
	P 值			0.581
人均碳排放量	相关系数	1.000	1.000	0.335
	P 值			0.581
平均碳排放系数	相关系数	0.335	0.335	1.000
	P 值	0.581	0.581	

表 6-16　能源系统碳排放指标相关性分析

		单位碳排放的产出/ （万元/t 碳）	人均能源消费量/ （t 标准煤/人）	人均电量消费量/ （kW·h/人）
单位碳 排放的产出	相关系数	1.000	0.975	0.975
	P 值		0.005	0.005
人均能源消费量	相关系数	0.975	1.000	1.000
	P 值	0.005		
人均电量消费量	相关系数	0.975	1.000	1.000
	P 值	0.005		

可以看出，碳源方面，人均能源消费量与人均电量消费量之间相关系数为 1，且 P 值为 0，所以完全相关。污染物排放方面，碳排放总量与人均碳排放量的相关系数为 1，且 P 值为 0，也属于完全相关。

经分析，此组 6 对指标中有两对完全相关指标。

（3）社会

社会层面，分析结果如表 6-17、表 6-18 所示。

表 6-17　社会系统社会发展指标相关性分析

		城市化率/%	人口自然增长率/%	就业率/%
城市化率	相关系数	1.000	0.889	0.913
	P 值		0.044	0.030
人口自然增 长率	相关系数	0.889	1.000	0.649
	P 值	0.044		0.236
就业率	相关系数	0.913	0.649	1.000
	P 值	0.030	0.236	

表 6-18　社会系统生活水平指标相关性分析

		居民消费价格指数/%	农民人均纯收入/元	城镇居民人均可支配收入/元
居民消费价格指数	相关系数	1.000	0.900	0.900
	P 值		0.037	0.037
农民人均纯收入	相关系数	0.900	1.000	1.000
	P 值	0.037		
城镇居民人均可支配收入	相关系数	0.900	1.000	1.000
	P 值	0.037		

可以看出，生活水平方面，城镇居民人均可支配收入与农民人均纯收入之间相关系数为 1，且 P 值为 0，所以完全相关。

经分析，此组 6 对指标中有 1 对完全相关。

（4）环境

环境层面，分析结果如表 6-19 所示。

表 6-19　环境系统绿化碳汇指标相关性分析汇总

		人均绿地面积/m^2	建成区绿化覆盖率/%
人均绿地面积	相关系数	1.000	0.700
	P 值		0.188
建成区绿化覆盖率	相关系数	0.700	1.000
	P 值	0.188	

所选环境指标人均绿地面积和建成区绿化覆盖率之间的相关系数为 0.700，P 值为 0.188，不存在完全相关性。因此，此组不存在完全相关指标。

综上分析，经济、能源、社会和环境 4 组共 14 组指标，其中有 3 对完全相关指标，完全相关指标的成对数所占百分比为 21.4%，相关性评价总计得分 12 分。

21.2.4　适用性评估

此项评估从 3 方面进行。首先，指标数据的获取，由于是对河北省的低碳经济发展评价，所以只要能获取相关的河北省指标数据，就能得分。经观察，指标体系中的每一项指标都能获取有效的数据，因此该项评分得 4 分。

其次，判断指标标准值是否合理。每个指标都应该有其需要达到的标准来衡量评价对象在此方面的发展程度及达标程度，但此套评价体系中并没有给指标设置标准值。因此，一方面，对于是否采用规范的标志值来制定低碳标准这项得分为 0 分。另一方面，对于低碳标准是否符合评价对象当前低碳经济水平来确定这项得分也为 0 分。

最后，考察指标体系是否有突出河北省的主要发展情况。根据前面对河北省的简介，不难发现，2005—2009 年，河北省发展比较突出的表现为：第三产业整体比重较小，远低于全国平均水平；能源消耗严重，其中煤占绝大多数；由于高新技术产业薄弱，高耗能的重工业所占比重很大，污染物排放现状不容乐观。因此，体系中的指标若能突出这些高耗能行业是否在技术进步、节能方面采取有效措施；第三产业是否有在增长；煤的使用量是否得到有效控制等方面来促进低碳经济发展，就可证明所选指标是否具有适用性。但经观察发现，由于体系中不存在体现产业结构以及煤使用情况的指标，也没有相关的清洁生产技术或低碳节能技术水平等指标，所以可认为体系并不能反映河北省的主导方向，也不能够反映低碳技术进步、发展和应用而促进低碳发展。故此两项得分均为 0 分。

综上分析，对该套指标体系的适用性评价得分总分为 4 分。

21.2.5　前瞻性评估

前瞻性是通过对指标的标准值进行评价而计分的，由于该套指标体系中并未给指标设置标准值，因此该项得分为 0 分。

综上评估，各项得分如表 6-20 所示。

表 6-20　综合得分

	全面性	有效性	相关性	适用性	前瞻性
得分	10.83	16	12	4	0
总计	42.83				

经评估得出该套低碳经济指标体系的有效性最好，相关性和全面性次之，适用性、前瞻性较差。产生这样的结果，主要有以下几点原因：

（1）体系所含指标不够全面，导致全面性降低。16 个指标虽然涉及经济、能源、社会和环境，但是并不完整，如缺乏能够反映产业、技术水平、基础设施、交通、教育宣传、政策规划以及污染控制这些方面的指标。低碳经济发展是从各个方面来进行衡量的，若指标不能完全体现低碳经济发展状况，表明指标体系将有待进一步改善。因此，该套体系可增加相关领域的指标。

（2）所选的能源和社会指标相关性较高。例如，人均碳排放量与碳排放总量之间，很明显的存在极大的正相关性，指标之间越相关，就越能重复的表现评价对象，这与体系建立时的构建原则背道而驰。指标不能完全排除相关性，但有必要剔除相关性极高或完全相关的指标。

（3）指标适用性和前瞻性低主要是因为指标没有标准值。每个指标都应该有其需要达到的标准来衡量评价对象在此方面的发展程度及达标程度，但此套评价体系中并没有设置标准值，仅仅将所有指标数据综合起来，得出每一年的低碳发展水平分数，再将各年的分数作对比。这样虽然能看出河北省"所谓的"低碳经济发展的情况，但是很难发现对于河北省来说什么样的经济发展才算得上低碳的经济发展，在某一年是否有指标已经达到了低碳经济发展所该达到的程度。由于缺少这样的衡量标准，导致部分适用性和前瞻性无法估量。因此，该套体系在今后的改善工作中，可增添相应的标准值。

（4）指标体系未能突出河北省第三产业比重小、煤耗量比重大、技术欠缺等特征。因此可以设置第三产业比重、煤耗比重、低碳节能技术等多种类似指标来体现，但是体系中却不存在这样的指标，从而减弱了体系对于河北省的适用性。

21.3　改善体系

通过前面对指标的评价与分析，可以将实例体系进行改进，使其更适合用于评价河北省的低碳经济发展水平。

首先，依据全面性、有效性和适用性原则，收集技术水平、交通出行、社会发展、基础设施、教育宣传、政策规划等各方面的有效指标；其次，依据相关性原则剔除相关性极高的指标；再次，为选取的指标设置标准值，最后得到一套经过改良的河北省低碳经济发展水平评价指标体系，如表 6-21 所示。其中，依照适用性和前瞻性评分原则，对指标的低碳标准值进行设计。设置依据如下：

（1）根据国际或国家所规定的标准，或者采用规范性文件中所要求达到的低碳目标来确定。例如，人均 GDP、森林覆盖率、工业废弃物利用率等指标的低碳标准参照《河北省国民经济和社会发展第十一个五年规划纲要》中所要求的主要指标而定；每万人拥有公交车数根据《河北省建设事业第十一个五年规划纲要》而定；人均绿地面积根据《河北省城市化"十一五"发展规划》而定。其他指标的低碳标准设置方法相同，均是根据河北省的相关政策规定而设置。

（2）根据评价对象应有的低碳发展水平来确定。由于河北省重工业比重较大，所以在评价其低碳经济发展水平时，其低碳标准与其他以轻工业发展为主的省市相比，应有所不同。所以在设置低碳标准时，仅以河北省各年间的情况来衡量，若是高于（或低于）前一年的值，则认为是低碳发展的。例如，在《河北省建设事业第十一个五年规划纲要》中指出，2005 年每万人拥有的公交车数辆为 7.1 台，提出了"十一五"期末要增长到 10台，据此可推算出每万人拥有的公交车数的年均增长率，因此，评价每万人拥有的公交车数指标是否达到低碳标准时，以是否超过年均增长率为临界点来判定。其他指标的低碳标准设置方法相同。

（3）根据评价时期内的先进水平来确定。首先，保证标准反映的是低碳经济发展居于领先水平时的值。其次，保证指标值不过时，因此不能用对于 2005 年来说还是处于先进水平的标准来衡量 2009 年的发展情况，而是要随每年的情况指定低碳标准值。该套指标中，没有采用全国平均水平为衡量点，而是根据河北省政策规划情况，将年均增长率（或降低率）作为临界值，以高于（或低于）前一年数据来作为低碳标准。

（4）标准具有灵活性。由于每年指标值不同，所以标准值也在相应的浮动，并不是固定的一个数据值。

表 6-21　经改善后的河北省低碳经济评价指标体系

目标层	准则层		指标层	低碳标准（与上一年相比）/%
河北省低碳经济评价指标体系	经济	经济发展	人均 GDP/元	增长≥10.2
			GDP 增长率/%	增长≥11
		产业结构	第三产业比重/%	增长≥4
		技术水平	低碳技术 R&D 经费占 GDP 比重/%	增长≥1
			重污染行业清洁生产技术/%	增长≥20
			智能节能技术/%	增长≥20
	能源	碳源	人均能源消费量/（t 标准煤/人）	增长≤4
			单位地区生产总值能耗/（t 标准煤/万元）	下降≥20
			一次性能源中煤的比重/%	下降≥1
			平均碳排放系数/（t 碳/t 标准煤）	下降≥3.9
		污染物排放	人均碳排放量/（t 碳/人）	下降≥6
			碳强度/（t 碳/万元 GDP）	下降≥14.5
	社会	基础设施	低能耗建筑比/%	增长≥10.8
		交通	每万人拥有公交车数/标台	增长≥7.4
		社会发展	城市化率/%	增长≤4
			人口自然增长率/‰	增长≤0.5
		生活水平	人均可支配收入/元	增长≥8
		教育宣传	低碳教育普及程度/%	增长≥20
		政策规划	碳排放监测、统计和监管体系完善度/%	增长≥20
			低碳经济发展规划	制定并在相关部门实施
	环境	绿化碳汇	人均绿地面积/m²	增长≥6
			森林覆盖率/%	增长≥3
			建成区绿化覆盖率/%	增长≥2.6
		污染控制	工业废弃物利用率/%	增长≥15
			工业废水污水排放达标率/%	增长≥0.3

　　本章以评价河北省的低碳经济指标体系为例，对 20 章提出的评价方法进行实例应用。根据分析体系存在的不足，对指标体系做出了改善。总结所提出的方法，具体的评分原则、评分依据、各步骤得分如表 6-22 所示。

表 6-22　低碳经济指标体系评分

评分原则	评分依据	总分
全面性	指标是否涉及经济发展方面	5/3
	指标是否涉及产业结构方面	5/3
	指标是否涉及技术水平方面	5/3
	指标是否涉及碳源方面	5/2
	指标是否涉及污染物排放方面	5/2
	指标是否涉及基础设施方面	5/6
	指标是否涉及交通出行方面	5/6
	指标是否涉及社会发展方面	5/6
	指标是否涉及生活水平方面	5/6
	指标是否涉及教育宣传方面	5/6
	指标是否涉及政策规划方面	5/6
	指标是否涉及绿化碳汇方面	5/2
	指标是否涉及污染控制方面	5/2
有效性	体系中的有效指标数量	20
相关性	完全相关指标的成对数	20
适用性	指标是否能获取有效数据	4
	低碳标准的来源是否规范	4
	低碳标准是否根据评价对象低碳发展现状确定	4
	指标是否反映了评价对象的主导方面	4
	指标是否能够反映低碳技术进步、发展和应用而促进低碳发展	4
前瞻性	指标低碳标准的先进性	10
	指标低碳标准的灵活性	10

22　河北省低碳经济发展的时空分析

在第 21 章中，选择了一套评价河北省低碳经济发展水平的体系来做实例分析，并且，以本书所构建的评价方法为依据，对该套体系做了一定的改进，得到一套新体系。为验证改善后的体系更能贴切反映河北省低碳经济的发展情况，进而说明本书构建的评价方法科学可行，本章将改善后的体系与实例体系分别对河北省的低碳经济发展水平做评估，采用时间和空间分析方法，研究河北省的低碳经济发展状况，检验评估结果是否与实际低碳发展状况相符合。

22.1　河北省低碳经济发展水平的评价

按照第 19 章中介绍的指标体系评价步骤：数据的选择、指标数据的标准化、权重的确定和综合评价，本节将利用改进后的新体系与原实例体系分别对河北省的低碳经济发展水平做评价。

22.1.1　新体系的评价结果

首先，数据的选择。在查询 2005—2009 年河北省经济年鉴、中国统计年鉴、中国城市统计年鉴和中国能源统计年鉴的基础上，收集到相关指标的数据。

其次，指标数据的标准化。由于收集到的指标数据指向、量纲不同，所以采用公式（6-5）和公式（6-6）对指标数据进行标准化处理。得出各指标经标准化处理后的数值，如表 6-23 所示。

再次，权重的确定。本书采用前面所介绍的层次分析法（AHP）确定各指标的权重，从经济、能源、社会、环境四个方面出发，构建层次结构模型，再建立如表 6-24 所示的判断矩阵。表 6-24 中，$B_1 \sim B_n$ 为各个指标，b_{ij} 表示指标 B_i 对指标 B_j 的相对重要性，$b_{ji} = \dfrac{1}{b_{ij}}$，$b_{ij} > 0$，进而根据公式（6-7）得出最后的判断矩阵，

$$A = (b_{ij})_{n \times n} \qquad (6\text{-}7)$$

得到判断矩阵后，利用公式（6-8），求出相对应的特征向量，其中，λ 为最大特征根，ω 为权向量，其分量 ω_1，ω_2，$\cdots$，ω_n 即为各指标的权重值。

$$A\omega = \lambda\omega \qquad (6\text{-}8)$$

此外，还需要一次性检验，最后得到各指标的权重如表 6-25 所示。

表 6-23 指标标准化数据

年份	2005	2006	2007	2008	2009
人均 GDP/元	0.00	0.20	0.50	0.84	1.00
GDP 增长率/%	0.91	0.64	1.00	0.91	0.00
第三产业比重/%	0.05	0.55	0.45	0.00	1.00
低碳技术 R&D 经费占 GDP 比重/%	0.72	0.00	0.31	0.56	1.00
重污染行业清洁生产技术/%	0.00	0.10	0.31	0.56	1.00
智能节能技术/%	0.00	0.10	0.31	0.56	1.00
人均能源消费量/（t 标准煤/人）	1.00	0.58	0.25	0.15	0.00
单位地区生产总值能耗/（t 标准煤/万元）	0.00	0.16	0.33	0.68	1.00
一次性能源中煤的比重/%	0.00	0.43	0.62	1.00	0.70
平均碳排放系数/（t 碳/t 标准煤）	0.00	1.00	0.00	0.38	1.00
人均碳排放量/（t 碳/人）	1.00	0.82	0.25	0.28	0.00
碳强度/（t 碳/GDP）	0.64	0.00	0.14	1.00	0.97
低能耗建筑比/%	0.07	0.00	0.26	0.52	1.00
每万人拥有公交车数/标台	0.00	0.34	0.69	1.00	0.71
城市化率/%	0.00	0.00	1.00	1.00	1.00
人口自然增长率/‰	0.00	0.22	0.42	0.69	1.00
人均可支配收入/元	0.00	0.21	0.46	0.77	1.00
低碳教育普及程度/%	0.00	0.00	0.33	0.67	1.00
碳排放监测、统计和监管体系完善度/%	0.00	0.10	0.33	0.57	1.00
低碳经济发展规划	0.00	0.00	0.43	0.67	1.00
人均绿地面积/m^2	0.00	0.07	0.15	0.03	1.00
森林覆盖率/%	0.00	0.00	0.00	0.00	1.00
建成区绿化覆盖率/%	0.00	0.06	0.13	0.66	1.00
工业废弃物利用率/%	0.00	0.54	0.54	0.66	1.00
工业废水污水排放达标率/%	0.67	0.19	0.00	0.53	1.00

表 6-24　判断矩阵

A	B_1	B_2	$\cdots$	B_j	$\cdots$	B_n
B_1	b_{11}	b_{12}	$\cdots$	b_{1j}	$\cdots$	b_{1n}
B_2	b_{21}	b_{22}	$\cdots$	b_{2j}	$\cdots$	b_{2n}
$\vdots$	$\vdots$	$\vdots$	$\vdots$	$\vdots$		$\vdots$
B_i	b_{i1}	b_{i2}	$\cdots$	b_{ij}	$\cdots$	b_{in}
$\vdots$	$\vdots$	$\vdots$	$\vdots$	$\vdots$		$\vdots$
B_n	b_{n1}	b_{n2}	$\cdots$	b_{nj}	$\cdots$	b_{nn}

表 6-25　各指标的权重

指标	权重	指标	权重
人均 GDP/元	0.035 7	每万人拥有公交车数/标台	0.007 1
GDP 增长率/%	0.034 0	城市化率/%	0.005 3
第三产业比重/%	0.057 7	人口自然增长率/‰	0.004 9
低碳技术 R&D 经费占 GDP 比重/%	0.040 0	人均可支配收入/元	0.006 7
重污染行业清洁生产技术/%	0.051 4	低碳教育普及程度/%	0.014 9
智能节能技术/%	0.042 8	碳排放监测、统计和监管体系完善度/%	0.016 3
人均能源消费量/（t 标标准煤/人）	0.054 1	低碳经济发展规划	0.016 3
单位地区生产总值能耗/（t 标准煤/万元）	0.090 2	人均绿地面积/m²	0.052 8
一次性能源中煤的比重/%	0.096 5	森林覆盖率/%	0.036 9
平均碳排放系数/（t 碳/t 标准煤）	0.029 8	建成区绿化覆盖率/%	0.034 9
人均碳排放量/（t 碳/人）	0.063 8	工业废弃物利用率/%	0.046 0
碳强度/（t 碳/GDP）	0.075 1	工业废水污水排放达标率/%	0.065 8
低能耗建筑比/%	0.021 0		

最后，综合评价。将求出的权重与标准化的指标数值结合，具体公式为：

$$S = \sum_{i=1}^{n} X_i \times W_i \ (i = 1, \ 2, \ 3, \ \cdots, \ n) \tag{6-9}$$

式中：S —— 综合评分值；

　　　X_i —— 第 i 个指标标准化后的数值；

　　　W_i —— 第 i 个指标的权重。

最后可以得出河北省 2005—2009 年各年的低碳经济发展水平的综合评分，如表 6-26 所示。

表 6-26　河北省低碳经济发展水平综合评分

年份	2005	2006	2007	2008	2009
综合	0.274	0.289	0.325	0.559	0.784
经济	0.062	0.070	0.120	0.136	0.228
能源	0.166	0.169	0.130	0.271	0.230
社会	0.002	0.007	0.038	0.062	0.090
环境	0.044	0.043	0.037	0.090	0.236

22.1.2　实例体系的评价结果

同样采用公式（6-5）和公式（6-6）对实例体系的指标数据进行标准化，并使用层次分析法赋权重，最后算出综合得分，如表 6-27 所示。

表 6-27　河北省低碳经济发展水平综合评分

年份	2005	2006	2007	2008	2009
综合	0.171	0.261	0.601	0.763	0.828
经济	0.156	0.128	0.225	0.252	0.120
能源	0.015	0.069	0.212	0.259	0.338
社会	0.000	0.059	0.153	0.234	0.290
环境	0.000	0.005	0.011	0.018	0.079

22.2　河北省低碳经济发展水平的时间差异分析

根据表 6-26 和表 6-27 中河北省低碳经济发展水平的评价得分数据，可用图表更直观的表示，如图 6-14 和图 6-15 所示。

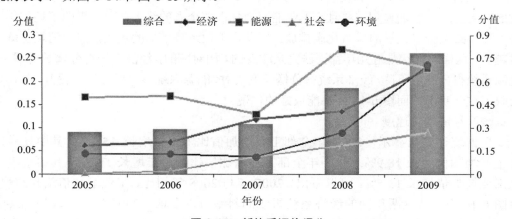

图 6-14　新体系评价得分

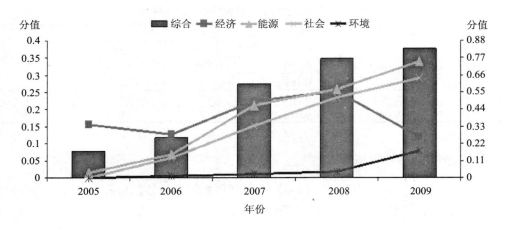

图 6-15　实例体系评价得分

其中，X 轴表示年份，主 Y 轴表示经济、能源、社会和环境 4 个系统的分值，次 Y 轴表示综合的分值情况。从两个图中可以发现，从时间发展过程上看，2005—2009 年河北省的低碳经济发展整体呈上升趋势。根据这 5 年间河北省社会发展水平的总指数和分领域指数来看，河北省各项指数均呈增长状态，因此，可表明河北省的低碳经济发展也是越来越好，这与图表中所反映的综合情况正好相符。

图 6-14 和图 6-15 中，社会系统和环境系统得分均逐年递增，最大的区别在于经济系统和能源系统所反映的情况不同。可以从以下 3 点分析其差异。

（1）经济与能源变化的相关性

河北省作为一个重工业发展为主的大省，工业上带来的经济效益对于整个省的经济发展有着至关重要的作用。并且，工业能源消耗占整个省的绝大部分，煤的消耗常年居高不下，必然带来大量的二氧化碳排放。因此，工业经济增加的越快，能源消耗也就相对越多，这样的现状是近几年都无法完全改变的。相对应的，经济系统得分增长得越快，能源系统得分就会下降，经济系统得分增长变缓时，能源系统得分便会有所提升。图 6-14 反映了这一状况，而图 6-15 并不能很好的体现。

（2）经济增长速度

根据统计资料显示，2007 年全部工业增加值比上一年增长 15.3%，其中规模以上工业增加值增长 18.9%；2008 年全部工业增加值比上一年增长 11.2%，其中规模以上工业增加值增长 13.5%。可以看出，2007 年与 2008 年相比，工业增加值增长较快，而图 6-14 中，从这两年间的经济系统折线的斜率可以发现，2007 年增长较快，2008 年相对较慢。因此，该曲线反映的特征与实际情况相符。2009 年全省的 GDP 比上年增长 10%，人均 GDP 也增长了 9.3%，低碳技术也在不断发展，因此，评价体系经济系统的得分也应该只增不减，但图 6-15 所反映的情况与此不符，而图 6-14 反映出了真实情况。

（3）能源消耗量

2006 年、2007 年和 2008 年河北省规模以上工业综合能源消费量分别为 15 859.48 万 t 标准煤、16 991.34 万 t 标准煤和 16 683.83 万 t 标准煤，从数据可以发现，2007 年工业能耗相对前后两年的增加，引起的 CO_2 排放也会比 2006 年和 2008 年多。能源消耗和 CO_2 排放的增加，使得在评价低碳经济发展水平时，能源系统评估得分相应减少，因此，2007 年能源系统得分应比 2006 年和 2008 年低，这与图 6-14 中所示能源系统的曲线变化正好相符合，但图 6-15 却没能反映出这个特征。

综上分析，从时间上研究新体系和原体系哪个与实际的低碳发展更相吻合，可以看出，图 6-14 所反映的情况与 2005—2009 年河北省的低碳经济发展现状完全相符合，但是图 6-15 没能反映出真实情况。因此，从时间上分析，可以得出新体系确实得到了改进，比原实例体系好的结论，从而验证了本文所构建的评价方法的可行性。

22.3　河北省低碳经济发展水平的空间差异分析

在 22.2 节中，根据河北省各年的低碳经济发展水平，从时间范畴上分析了新体系和原体系评价结果与现实的匹配程度。本节将采用 GIS 技术，把衡量低碳经济发展的济、能源、社会和环境 4 大系统的分值进行可视化，研究其空间格局，从而从空间上再次对比分析两套体系与实际低碳发展的符合情况。鉴于分析的繁杂性，本节仅选用 2009 年数据来做分析。

22.3.1　经济系统分值空间分布

将新体系和原体系分别对河北省 11 个地级市进行评价，再把得到的各市的评分结果导入到 GIS 软件中，得出经济系统分值的空间分布图，如图 6-16 所示（彩图 5）。

其中，图 6-16（a）是改善后的新体系的经济系统分值情况，图 6-16（b）是原实例体系的经济系统分值情况。从图 6-16（a）中可以看出，排在前 3 名的是石家庄、唐山和保定，图 6-16（b）中排在前 3 名的是唐山、沧州和石家庄。

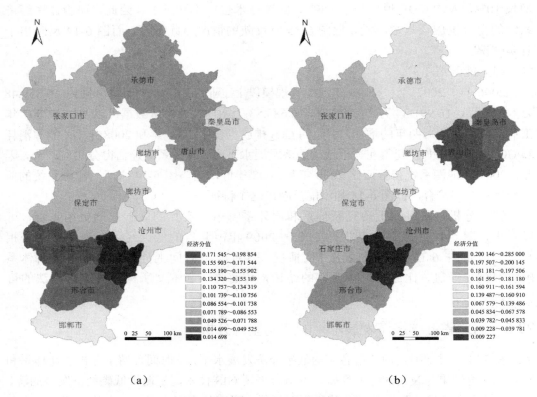

图 6-16   经济系统分值的空间分布

石家庄是河北省的省会，吸引大批国内外先进企业入驻，拥有大量高新技术产业为支柱，经济竞争力名列前茅，2009 年全省 R&D 经费中比重最大的为石家庄，其次为唐山，沧州排名倒数第二；保定与石家庄的 R&D 经费与 GDP 之比相同，都为全省最高。唐山以钢铁、矿产等重工业为支柱，拥有雄厚的经济实力，2009 年人均 GDP 达到 51 179元，居于全省首位，石家庄次之，而保定和沧州居于省内中等水平。唐山由于是老工业区，许多产业技术水平不够高，因此，较省会石家庄而言，低碳经济稍差，但具有相当大的发展潜力。河北省新能源装备制造水平不断提高，保定高新区 "光伏发电应用示范区" 建设走在全国的前列，多数产品技术水平处于国内领先地位。所以，衡量低碳经济发展水平的经济方面，就这 4 个城市来说，排名应该为石家庄、唐山、保定、沧州。此外，2009 年秦皇岛市第三产业比重位于全省首位，经济技术开发区是河北省唯一的国家级经济技术开发区，并荣获全国科技进步先进市的称号，人均 GDP 排在全省第 4 位，位于沧州之前。因此，对于低碳经济发展的经济层面来说，秦皇岛的发展较沧州好。衡水的工业化程度、经济总量发展落后与全省平均水平，且三次产业基础薄弱，就全省来看，经济处于落后位置，其余市居中。

综上分析结果与图 6-16 所示的空间分布相比较，可以发现图 6-16（a）正好与实际相符，而图 6-16（b）稍有偏差。

22.3.2　能源系统分值空间分布

同样根据各市的评分结果，得出能源系统分值的空间分布图，如图 6-17 所示（彩图 6）。

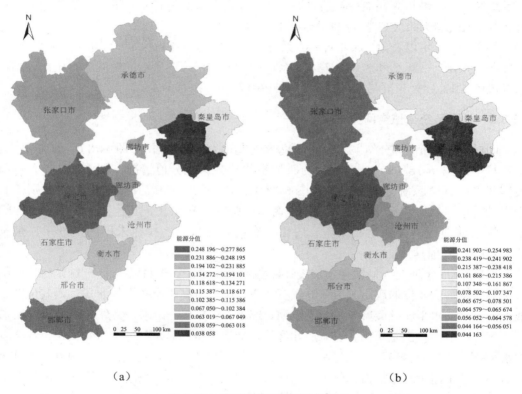

（a）　　　　　　　　　　　　　　　（b）

图 6-17　能源系统分值的空间分布

其中，图 6-17（a）是改善后的新体系的能源系统分值情况，图 6-17（b）是原实例体系的能源系统分值情况。从图 6-17（a）中可以看出，排在前面的是保定、廊坊、衡水和沧州，排在末尾的是承德、张家口、邯郸和唐山，其他居中。图 6-17（b）中排在前面的是保定、沧州、廊坊和衡水，排在末尾的是邢台、邯郸、张家口和唐山，其他居中。

保定市被科技部、中国可再生能源协会分别授予"国家太阳能综合应用科技示范城市"、"太阳能建筑城"荣誉称号,并且保定被科技部列为"十城万盏"试点城市以及"中国节能减排 20 佳城市",因此,河北省的 11 个地级市中,保定的节能减排工作开展较其他市好,能源系统得分最高。廊坊与衡水的人均能源消费、煤耗量以及单位地区生产总值能耗均排在全省后两位。

钢铁产业是邯郸的支柱产业,工业产值排全省第二,但是单位 GDP 能耗全省第三;其单位工业增加值能耗排全省第一,张家口第二,两市能耗及排放较大。对于素有"北方煤都"之称的唐山,以及煤使用量仅次于唐山的承德,由于一次性化石能源中煤的含碳量最高,随着城市高耗能行业的发展,必定导致大量 CO_2 排放,不利于低碳经济的发展。其他城市能耗和 CO_2 排放居于全省中等水平。

综上分析,可以看出,河北省能源系统得分较好的应该为保定、廊坊、衡水和沧州,而邯郸、张家口、承德和唐山最差,其余居中。该结果与图所示的空间分布相比较,可以发现图 6-17(a)正好与实际相符,而图 6-17(b)稍有偏差。

22.3.3 社会系统分值空间分布

同样根据各市的评分结果,得出社会系统分值的空间分布图,如图 6-18 所示(彩图 7)。

其中,图 6-18(a)是改善后的新体系的社会系统分值情况,图 6-18(b)是原实例体系的社会系统分值情况。从图 6-18(a)中可以看出,排在前四位的分别是石家庄、唐山、廊坊和秦皇岛,末尾的是衡水、张家口和承德,其他居中。图 6-18(b)中,排在前四位的分别是石家庄、唐山、廊坊和秦皇岛,排在末尾的是沧州、张家口和承德,其他居中。

根据 2009 年河北省城镇化发展统计监测数据显示,全省 11 个设区市城镇化发展综合指数,排名前 4 位的唐山、秦皇岛、石家庄、廊坊市高于全省平均水平,而其他 7 市低于全省平均水平,排最后 4 位的是承德、邢台、张家口、衡水。另外,11 个地级市城镇化率排在前 3 位的是唐山、石家庄和廊坊,最后 3 位的是承德、衡水和保定;社会发展水平排前 3 位为秦皇岛、保定和石家庄;城镇居民生活水平排前 3 位为廊坊、唐山、石家庄;城市建设水平排前 3 位为石家庄、沧州、邯郸。可以发现,石家庄各项均排前 3,社会综合发展水平较高,并且石家庄作为河北省的省会城市,集聚大量科研人员,教育事业和政策规划较好。其次唐山、廊坊和秦皇岛均处于前列,城镇发展相对较弱的为衡水、张家口和承德,其余居中。

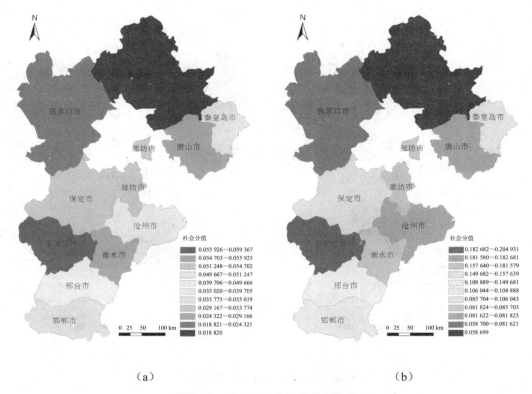

（a）　　　　　　　　　　　　　　（b）

图 6-18　社会系统分值的空间分布

综上分析，可以看出，河北省能源系统得分较好的应该为石家庄、唐山、廊坊和秦皇岛，而张家口和承德最差，其余居中。该结果与图 6-18 所示的空间分布相比较，可以发现图 6-18（a）和图 6-18（b）虽不完全相同，但差异较小，都与实际的低碳发展情况相符合。

22.3.4　环境系统分值空间分布

同样根据各市的评分结果，得出环境系统分值的空间分布图，如图 6-19 所示（彩图 8）。

其中，图 6-19（a）是改善后的新体系的环境系统分值情况，图 6-19（b）是原实例体系的环境系统分值情况。从图 6-19（a）中可以看出，排在前面的是廊坊、秦皇岛、唐山和承德，排在末尾的是衡水、邢台和沧州，其他居中。图 6-19（b）中排在前面的是廊坊、承德、邢台和秦皇岛，排在末尾的是沧州、张家口和衡水，其他居中。

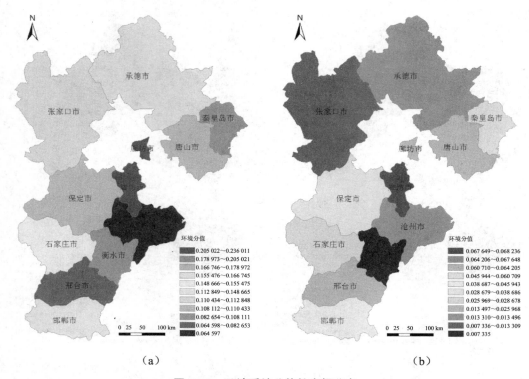

（a）　　　　　　　　　　　　　　　（b）

图 6-19　环境系统分值的空间分布

　　环保模范城体现了一个地区经济、社会、生态的协调发展。廊坊市曾先后获得"全国绿化模范城市"、"全国园林模范城市"、"全国平原绿化先进市"、"中国人居环境范例奖"和"中国优秀旅游城市"等 9 项涉及生态的殊荣，并在全国率先通过 ISO 14001 环境管理体系认证，并且廊坊市霸州还拥有"河北省环境保护模范城市"的荣誉称号。此外，秦皇岛也获得"省级环保模范城市"、"全国园林绿化先进城市"；唐山市继廊坊、秦皇岛之后，成为河北省第三个获得"全国绿化模范城市"称号的城市；承德也被评为"国家园林城市"，"省级卫生城市"，同时列入第二批"全国生态文明建设试点地区"。

　　沧州生产以化工为主，带来大量污染物排放，工业废水污水排放达标率为全省最低水平，其次为邢台，该市主要污染物排放中，单位 GDP 的 SO_2 强度排全省第二，单位 GDP 的 COD 强度第三；而衡水的单位 GDP 的 COD 强度排全省第一。其他城市环保良好，居于全省中等水平。

　　根据河北省城镇化发展统计监测数据来看，秦皇岛、唐山的城市污水处理率，秦皇岛、唐山、邯郸、廊坊、衡水的城市人均公园绿地面积，廊坊、唐山、秦皇岛、邯郸、承德的建成区绿地率、绿化覆盖率均达到目标要求。

综上分析，可以看出，河北省环境系统得分较好的应该为廊坊、秦皇岛、唐山和承德，而衡水、邢台和沧州最差，其余居中。该结果与图 6-19 所示的空间分布相比较，可以发现图 6-19（a）正好与实际相符，而图 6-19（b）稍有偏差。

22.3.5　空间差异分析结果

第 22.3 节的前 4 部分分别从经济、能源、社会和环境 4 个方面，对河北省的低碳经济发展水平空间分布做了分析，并对比了新建体系和实例体系与实际发展情况的贴合度。可以发现，在经济、能源和环境方面，新建体系更能真实体现河北省低碳经济发展状况，社会方面，两套体系均能有效反映。

本部分首先将改善后的体系与实例体系分别对河北省的低碳经济发展水平做评估，然后根据评估结果，从时间上分析了河北省各年的低碳经济发展状况，从空间上分析了2009 年河北省低碳经济发展的空间分布特征，通过分析检验两套体系的评估结果是否与实际低碳发展状况相符合。根据前面所述，可以得出新建的体系较原实例体系好的结论。因此，可认为体系确实得到了改进，更适合用于评价河北省的低碳经济发展，从而也证明了本书所构建的评价方法切实可行。

第七篇　低碳发展的政策和实践

23　低碳经济发展战略目标

23.1　中国低碳经济发展的战略目标

（1）中国发展低碳经济的战略目标

根据《中华人民共和国国民经济和社会发展第十二个五年规划纲要》和"中国共产党第十八次全国代表大会"文件的精神，本报告提出我国发展低碳经济的战略目标是：到 2020 年，单位 GDP 的二氧化碳排放强度降低 55%。在我国低碳经济机遇和挑战并存的情况下，中国特色低碳道路的战略取向应包括 4 个主要方面：一是降低能源消费强度和碳排放强度，努力减少二氧化碳排放的增长率，实现碳排放与经济增长的逐步脱钩；二是在资源环境绩效的前提下，抓住战略机遇期，利用目前国内外相对较好的资源能源条件加速完成重工业的工业化任务；三是选择重点行业特别是清洁煤发电和煤炭多联产等，提高这些行业在节能减排和低碳技术与产品方面的国际竞争力；四是积极参与国际气候体制谈判和低碳规则制定，为我国的工业化进程争取更大的发展空间。我国政府在采取一系列较为严格的节能减排技术和相应的政策措施，并且在有效的国际技术转让和资金支持下，我国的碳排放可争取在 2030—2040 年达到顶点，之后进入稳定和下降期。

（2）战略目标的实现从以下几方面为突破口

①能源低碳化

一是大力开发利用太阳能、风能、核能、生物质能、水能、潮汐能等清洁的新能源和可再生能源，逐步提高其在能源结构中的比重。二是加快研发煤炭制取氢气技术、氢气储存与运输技术、碳中和技术、碳捕获和埋存技术等，实现煤的清洁安全、高效利用。

②经济低碳化

一是发展循环经济，将减量化放在优先位置，推进资源能源的循环利用和高效利用，推进节能减排，变废为宝，化害为利。二是实现经济结构的低碳化。经济结构决定经济发展的能耗总量和强度，也决定着温室气体的排放强度。因此，应该加快经济结构调整、实现产业结构的优化升级，严格限制高耗能产业的发展，避免重化工业过度发展，淘汰落后产能，加快培育战略性新兴产业和现代服务业，用高新技术改造传统产业。

③社会低碳化

一是推行建筑低碳化。建筑的建设和使用是刚性碳排放的主要来源之一，目前发达国家建筑使用能耗占其全社会总能耗的30%～40%，我国的建筑使用能耗占全社会总能耗约28%，且还有上升趋势。二是推动交通低碳化。加大公共交通投入，创建低碳机动化城市交通模式。据测算，同等货物通过铁路运输的碳排放仅为高速公路的5%～20%；自行车作为零排放的交通工具，在城市有限空间内的通行能力是小汽车的20倍。三是引导消费方式低碳化。通过经济激励和宣传教育，促进居民在日常生活中选择低碳产品，减少能源浪费，如尽量使用节能电器、节能灯、新能源小排量汽车，选择公交出行等低碳消费习惯。

④排放低碳化

排放低碳化指在温室气体从城市系统排出后，通过人为手段对温室气体进行吸收和固定。排放低碳化，一是扩大碳汇，即利用林木生长吸收二氧化碳的生态功能，通过植树造林、生物固碳，提高森林捕捉、吸收、储存二氧化碳的能力。二是研发和推广二氧化碳捕获与埋存技术，即通过人为技术手段捕获和固定大型发电厂所产生的二氧化碳排放。这将成为大规模减少温室气体排放、减缓全球变暖的比较经济、可行的方法。

（3）我国自主减排目标的战略抉择

到2020年，单位GDP的二氧化碳排放强度降低55%的战略目标符合我国国情和发展阶段特征。国内生产总值的二氧化碳强度是指当年能源消费的二氧化碳排放量与当年国内生产总值的比值，反映了实现单位国内生产总值所需要的二氧化碳排放量。我国和发达国家发展阶段不同，在应对气候变化领域的责任和义务也不同，发达国家要遵照《气候变化框架公约》和《京都议定书》的原则，中近期内要实现大幅度绝对减排。我国处于工业化和城市化快速发展阶段，能源消费和相应二氧化碳排放仍会合理增长。选择国内生产总值二氧化碳排放强度下降的相对减排目标，反映了我国统筹协调经济发展与应对气候变化的关系。

我国自主提出的二氧化碳减排目标，是一个高标准和具有挑战性的目标，是需要付出很大努力才能实现的目标。从发达国家当前的承诺看，到2020年总体上比1990年减排15%左右，将其折算成国内生产总值的二氧化碳强度下降的指标测算，到2020年比2005年的下降幅度将不超过40%，其中与能源相关的二氧化碳下降幅度约为30%。不论从发达国家绝对减排，发展中国家偏离基准线减排，还是都折合成国内生产总值的二氧化碳强度下降指标来比较，我国的努力和成效都将不逊于发达国家。

（4）建设生态文明社会

"生态文明"在"十八大"中首次单篇予以论述，而全国党代会报告里第一次提出的"推进绿色发展、循环发展、低碳发展"、"建设美丽中国"，给予我们以新的发展方向，将生态文明提升到更高的战略层面。由此，中国特色社会主义事业总体布局由经济建设、政治建设、文化建设、社会建设"四位一体"拓展为包括生态文明建设的"五位一体"，这是总览国内外大局、贯彻落实科学发展观的一个新部署。

建设生态文明，是关系人民福祉、关乎民族未来的长远大计。面对资源约束趋紧、环境污染严重、生态系统退化的严峻形势，我们必须树立尊重自然、顺应自然、保护自然的生态文明理念，把生态文明建设放在突出地位，融入经济建设、政治建设、文化建设、社会建设各方面和全过程，努力建设美丽中国，实现中华民族可持续的永久发展。

坚持节约资源和保护环境的基本国策，坚持节约优先、保护优先、自然恢复为主的方针，着力推进绿色发展、循环发展、低碳发展，从这一宏观战略上发展低碳经济，实现可持续发展。

一要优化国土空间开发格局。要按照人口资源环境相均衡、经济社会生态效益相统一的原则控制开发强度，调整空间结构，促进生产空间集约高效、生活空间宜居适度、生态空间山清水秀，给自然留下更多修复空间，给农业留下更多良田，给子孙后代留下天蓝、地绿、水净的美好家园。加快实施主体功能区战略，推动各地区严格按照主体功能定位发展，构建科学合理的城市化格局、农业发展格局、生态安全格局。提高海洋资源开发能力，坚决维护国家海洋权益，建设海洋强国。

二要全面促进资源节约。要节约集约利用资源，推动资源利用方式根本转变，加强全过程节约管理，大幅降低能源、水、土地消耗强度，提高利用效率和效益。严守耕地保护红线，严格土地用途管制。

三要加大自然生态系统和环境保护力度。要实施重大生态修复工程，增强生态产品生产能力，推进荒漠化、石漠化、水土流失综合治理。

四要加强生态文明制度建设。要把资源消耗、环境损害、生态效益纳入经济社会发展评价体系，建立体现生态文明要求的目标体系、考核办法、奖惩机制。建立国土空间开发保护制度，完善最严格的耕地保护制度、水资源管理制度、环境保护制度。

而构建低碳型的社会经济体系，主要应从四个方面入手：第一，建立应对气候变化的法律法规体系，完善宏观管理体制；第二，建立低碳发展的长效机制，制定有序发展低碳经济的相关政策；第三，加强合作，建立健全低碳技术体系；第四，建立利益相关方参与的合作机制。

走低碳发展道路，体制机制创新是关键保障因素。除需要在上述四个方面做出创新性工作外，另一项非常重要的基础性能力建设是建立碳排放的统计监测体系。这个系统的建设不仅可以为制定减排指标的宏观决策提供科学的数据支持，而且可以为未来基层的指标核查、执行合作减排项目、创建排放贸易系统提供基本信息，为有序发展低碳经济奠定良好的基础。

23.2 降低国内生产总值碳强度

全球应对气候变化将推进经济和社会发展方式的重大变革，对世界经济发展方式转变和技术创新将产生积极的推动作用。在全球保护气候的长期目标下，碳排放空间将成为比劳动力、资本、土地等自然资源更为紧缺的生产要素，协调经济发展和保护气候的关系的根本途径在于大幅度提高碳生产率，也就是大幅度降低国内生产总值的碳强度。到 2050 年，全球国内生产总值增长大约将达目前的 4～5 倍，而二氧化碳排放按发达国家倡导的长期减排目标需至少下降 50%，如果同时实现上述两个目标，则需要全球碳生产率提高 8～10 倍，将超过工业革命以来劳动生产率提高的速度。相应国内生产总值的碳强度则需要下降 80%～90%，因此国内生产总值的碳强度下降的幅度反映了一个国家应对气候变化的努力和成效。

碳生产率高低反映单位二氧化碳排放产生的经济效益的大小。我国当前碳生产率的水平仍然很低，但提高的速度很快。我国碳生产率低（或者说国内生产总值碳强度高）的主要原因有：第一，我国产业结构中第二产业的比重高，约为 50%，第三产业比重仅为 40%，而发达国家第二产业的比重不足 30%，第三产业比重则达 70%以上，第二产业单位增加值的能耗约为第三产业的 3～4 倍。第二，制造业产品的增加值率低。据测算，我国制造业产品增加值率比发达国家低约 20 个百分点，低端产品比例高，单位增加值能耗高。第三，我国能源转换和利用技术效率较低。主要高耗能产品的单位能耗较发达国家高 15%～30%，能源转换和利用效率比发达国家低 10 个百分点左右。第四，我国能源消费品种构成的高排放特征突出。一次能源结构以煤为主，约占 70%，而发达国家则以油、气为主，煤炭比重仅约为 20%，而且核能、水电等非化石能源的比重也比较高，我国单位能源消费的二氧化碳排放因子比发达国家高出 30%左右。在上述导致我国国内生产总值碳强度高于发达国家的诸因素中，技术上的差距远小于体现发展阶段特征的结构性因素。因此，这既表明我国在提高碳排放的经济产出效益方面具有较大潜力，也表明我国要在国内生产总值碳强度指标方面达到发达国家水平需要在相当长的时期内不懈努力。这与我国缩小同发达国家经济发展水平的差距是一样的，是一项长期而艰巨的任务。

碳生产率的年提高率可近似表示为国内生产总值年增长率和碳年减排率之和。其经济学含义可解释为：以提高碳生产率的途径减缓二氧化碳排放，碳生产率的增长首先要抵消国内生产总值增长所引起的二氧化碳排放的增量，然后再降低现有二氧化碳排放水平。也就是说，如果实现二氧化碳排量的绝对下降，先决条件是碳生产率提高的速度要大于国内生产总值的增长速度。处于工业化和城市化快速发展阶段的国家，尽管在减缓碳排放上的努力和成效都远超过发达国家，但发展阶段的特征使其二氧化碳排放总量仍将有合理增长，因此，大幅度提高碳生产率，降低国内生产总值的碳强度，是我国中近期应对气候变化、实现低碳发展的主要目标。我国进入后工业化发展阶段，经济增长速度放缓，可使碳生产率提高的速度大于国内生产总值的增速，从而实现碳排放总量的绝对下降。

提高碳生产率，降低国内生产总值的二氧化碳强度主要途径有：一是节能，包括提高能源转换和利用效率导致的技术节能，也包括产业结构调整、产业升级、提高产品增加值率导致的结构节能，从而降低国内生产总值的能源强度；二是改善能源结构，大力发展可再生能源和核能、天然气等无碳或低碳能源，降低单位能源消费的二氧化碳排放因子，在保障能源供给的同时，降低二氧化碳的排放量。由于当前新能源和可再生能源在一次能源中所占比重较低，基数较小，尽管发展迅速，但对降低国内生产总值的碳强度的贡献率并不大。在今后相当长时期内，节能和提高能源效率，仍是实现国内生产总值二氧化碳强度下降的主要途径。"十一五"以来，高耗能产业通过"上大压小"和技术改造，推广先进节能技术，能效快速提高，主要高耗能产品能源消耗持续下降。据测算，技术进步导致国内生产总值能源强度年下降率可达2%左右。

实现国内生产总值二氧化碳强度大幅度下降的根本措施在于建立以低碳排放为特征的产业体系，这也是我国转变发展方式的重要切入点。以低碳排放为特征的产业体系建设，既包括新能源和可再生能源、智能电网等战略性新兴产业的发展，也包括传统产业的升级改造，促进产品向价值链高端发展，促进高耗能产业的低碳化发展，同时也包括产业结构的战略性调整，不断扩大高新技术产业和现代化服务业在国民经济结构中的比重，从而促进经济发展方式的根本性转变。

我国转变发展方式的另一个核心内容就是要改变单纯以国内生产总值为导向的粗放式发展模式。以投资为驱动的国内生产总值的过快增长势必导致对钢铁、水泥等投资品的强劲需求，进一步带动高耗能产业的快速发展，将对国内生产总值能源强度的下降起反向作用。在未来发展中，适度控制经济的过快增长，注重经济增长的质量和效益，有助于遏制高耗能产业的过快增长，有助于产业结构的调整和优化，从而促进国内生产总值能源强度的下降。另一方面，即使保持相同的国内生产总值能源强度的下降率，过高的国内生产总值的增长速度会使未来能源总需求量增长过快，对国内资源保障和环境容量将带来更大压力。同时由于新能源和可再生能源的大规模发展需要一个过程，能源需求总量过快的增长仍需主要依靠增加煤炭等化石能源供应来满足，不利于调整和优化能源结构，而新增燃煤电站等能源基础设施寿命期三四十年，具有"技术锁定"效应，其高排放特征将长期存在，这会增大未来能源结构调整的难度。因此，把国内生产总值的增长速度控制在适度较高的水平，例如 8%左右，将有助于缓解国内资源和环境的瓶颈性制约，也有利于控制中近期内二氧化碳排放量的过快增长和未来二氧化碳的峰值排放量，从根本上保障国民经济实现长期持续的较快发展。

23.3　中国发展低碳经济所选择的途径

（1）树立低碳观念，实现观念创新

切实贯彻"低碳经济是落实科学发展观重要途径"的思想，广泛宣传低碳经济的概念、内涵、措施和发展低碳经济的重要性。全面推行低碳经济，促进发展方式的转变、经济结构的调整和产业层次的提升，努力建设资源节约型、环境友好型社会，借鉴和吸收低碳经济的先进理念，深入研究和制定国家低碳经济发展战略，构建完善的低碳经济法律法规体系，推动中国经济由"高碳"向"低碳"转变。通过运用财政手段和金融工具，宏观调控产业政策，推进能源节约，预防和治理环境污染，促进能源与环境协调发展，逐步建立和完善低碳经济体系。

（2）充分发挥政府的引导作用

政府的积极引导对于还处在初步发展阶段上的中国低碳产业来说十分重要，然而，由政府来介入低碳经济的发展并非是目的，有效依托政府的大力扶持，切实帮助企业建立起发展低碳经济的增长体制才是我们真正的愿望。政府的引导作用主要应体现在以下两个方面：一是加强对企业的引导，尽快建立起中国的排放权交易市场，从而实现国内碳交易机制的健全完善，让企业能够以低碳、减排的方式来得到良好的收益，并让企业建立起发展的内在动力机制，并且逐步摆脱对于政府的高度依赖，完善低碳产业的良性发展机制。二是加强对民间资金的引导。国外一个十分成功的经验是由政府发起低碳经济投资基金，并立足于这些基金以吸引投资注入资金，从而为低碳产业的发展解决资金问题，这值得我们加以借鉴。

（3）发展低碳经济的关键是开发低碳技术

低碳技术的创新能力决定了我国能否实现低碳经济发展，包括煤的清洁高效利用、可再生能源及新能源、油气资源和煤层气的勘探开发、捕获与埋存等领域开发有效控制温室气体排放的新技术，涉及电力、交通、建筑、冶金、化工、石化、汽车等部门。这些技术的研发有一定的难度，如果依靠商业渠道引进技术则需要巨额资金的投入，但由于发达国家拥有比较成熟的低碳技术，出于其自身利益考虑，不会将高端技术无偿或轻易出售给我国。

发展低碳经济的重点是建设低碳城市。交通工具是城市温室气体排放的主要源头，发展低碳交通系统是建设低碳城市的重要方面。一是在大中城市大力发展公共交通系统和快速轨道交通系统；二是限制城市私家车的使用数量；三是发展以步行和自行车为主的慢速交通系统。另一个方面是在建筑设计中引入低碳理念，充分利用太阳能，选用隔热保温材料，合理设计通风、采光系统和节能型取暖、制冷系统。全方位的朝着低碳的方向发展，尽量降低社会每个家庭的碳排放，落实低碳经济策略。

（4）形成良好的财税调控体制

财税调控措施是我国政府宏观调控当中一项十分重要的方式，在中国低碳经济的发展过程中发挥着无法代替的重要作用。当然，在各个不同的区域，具体的税收政策也应当有所不同，这样才能推动中国的碳排放工作在整体产业结构中实现更加均衡的发展。一是要积极把握住有利时机来健全完善我国的生态税收机制。生态税收在发展我国的清洁能源、防止污染、节能减排以及优化资源配置等诸多方面均具有十分重要的作用，西方国家所实施的税收生态化改革就取得了相当好的效果。因此，我国应当积极吸收其他国家所取得的先进经验，通过不断发展生态税收以促进我国的新能源产业、节能环保产业的积极发展。二是依据当前我国财税体制当中缺少低碳环保方面政策的不足之处，积极健全完善节能减排方面的财税调控政策。

23.4　低碳经济发展模式

我国有自身的低碳经济发展模式。宏观层面上，低碳经济就是改变原有经济发展模式，取而代之以低碳经济发展模式。具体而言，如上所述，低碳经济发展模式，是以低碳发展为方向，以低碳技术创新为核心，以低能耗、低污染、低排放、高能效、高效率和高效益为特征，以节能减排为约束的全新发展模式。低碳经济发展模式是一个宏观主体概念，具有 3 个阶段（见图 7-1）不同发展特点和具体模式。

（1）发展初期阶段及模式

低碳经济发展初期，是低碳发展理念不断深入到社会机理的过程。低碳经济发展初期，是以政府推动为主导力量的自上而下的发展模式。自上而下的低碳发展模式，是以政府政策促进体系为指导，推动建立低碳经济发展所需的市场环境和体制机制。政府主导的发展模式，首先，促进全社会形成低碳发展理念，使全面协调可持续发展理念成为社会生产生活的自觉引领意识。低碳产业发展、低碳社会发展是低碳经济发展初期整个经济社会发展的风向标。全社会崇尚低碳生活和低碳消费，低碳理念深入人心，这是初期阶段的特征之一。其次，在政府主导下，转变经济发展方式，促进现有产业结构调整，使低碳产业成为三次产业的主导。低碳农业、低碳工业和低碳金融服务业，是引领未来产业发展的基础性产业。

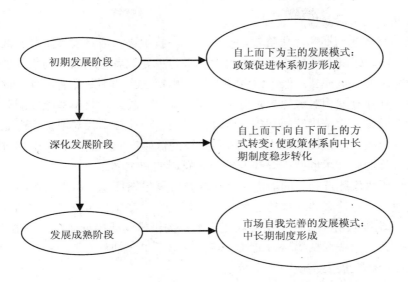

图 7-1 低碳经济发展模式关系

低碳工业以低碳能源产业为基础带动行业。低碳金融业是中国成为全球碳金融中心的促进因素。我国政府在不断出台低碳促进政策的基础上，包括有利于低碳产业发展的财政、税收、金融市场政策，充分发挥政策的激励作用，适当发挥政策对高碳产业的限制作用，全面促进低碳产业可持续发展。最后，政府主导下的模式，是大力促进低碳技术创新，努力营造由传统高碳发展向低碳发展转变的跨越式发展模式。跨越式发展是发展中国家采用技术创新开拓新型发展道路，避免原有技术模式下的缓慢发展。低碳技术革命的历史机遇，使我国具有了跨越式发展的条件。政策激励下的低碳技术创新，是我国在低碳领域赶超发达国家的契机。低碳技术创新，是我国实现低碳经济跨越式发展的动力。

（2）深化发展阶段及模式

经过低碳经济初期发展，就进入低碳经济的深化发展阶段。深化发展阶段下低碳经济发展模式，从政府主导下转变为以企业等经济体为主导的、自下而上的发展模式。经过初期低碳经济发展，低碳发展的激励机制、运作环境已经初步具备。企业形成了低碳技术创新机制，社会也初步形成了低碳经济发展的创新动力。在节能环保产业、新能源产业、新材料产业发展壮大的基础上，企业从自身发展的实际出发，要求革新生产方式、经营管理模式，企业也需要适宜发展的相关政策激励，如财政、税收政策和金融信贷政策。自下而上的发展，将深化低碳经济体制创新，使政府政策更加有效，使政策体系向中长期制度稳步转化。

（3）成熟发展阶段及模式

经过低碳经济的初期和深化阶段，低碳经济在我国进入成熟发展阶段。低碳经济成熟发展阶段，低碳经济发展模式不再是自上而下为主导或者自下而上为主导的模式，而是市场自我完善的发展模式，低碳经济制度进入稳定运作和不断完善时期。在低碳发展的外部条件、外部制度相对成熟的阶段，低碳经济中，低碳农业和基础性能源产业发展进入成熟期，低碳产业结构发展到相对合理的阶段，产业技术相对成熟，产业规模化程度不断扩大，低碳产品结构不断优化。成熟阶段的低碳产业，在产业结构相对完善的基础上，不断进行低碳技术创新，寻找低碳产业发展的新空间。

我国正处于"生死选择"的历史关头：既要修复生态环境、探索改革路径、推进经济转型，实现工业化，又要解决历史欠账、保障民生，多重任务交错、多方矛盾汇聚。2010 年 3 月，全国政协十一届三次会议提出的"关于推动我国低碳经济发展"的提案，被列为一号提案，为资源枯竭城市的经济转型开出了"一剂良方"。

（4）低碳经济发展要实现的三个转型

①在战略转型上，把发展低碳经济与经济结构调整、发展方式转变结合起来，将低碳经济纳入国民经济和社会发展规划。要创建低碳产业园区，实现产业的低碳低转型。要实现区域发展，打破行政区域限制，实现产业规划的科学布局，提高资源、能源的有效合理利用，防止重复建设和盲目投资扩张。要赋予工业化、城市化和现代化的低碳内涵，推进发展观念、产业结构、能源结构、生产技术和管理体制的创新和转变，形成低碳绿色的生产方式、生活方式和消费方式，促进资源枯竭城市可持续发展。

②在机制转型上，制定一系列相关扶持政策，扶持政策应包括产业允许和限制政策、投资和融资政策、信贷和土地使用优先政策、税收政策、财务补贴政策等，建立发展"低碳"产业的激励约束机制。改变现有的考核机制，由单纯追求 GDP 和发展速度，向追求绿色 GDP 和发展质量转变。在广大市民中倡导低碳生活，使"低碳"理念融入经济社会发展的各方面，内化为每个人的自觉行动，从而抢抓先机，使低碳经济早出成果，早见成效。

③在路径转型上，把发展低碳经济与节能减排、循环经济发展结合起来。低碳经济与循环经济有一定的承继关系和交叉重叠，并在技术层面上是一致的。以节能减排为抓手，推行清洁生产，优化能源结构，提高能源资源利用效率，形成低能耗、低排放、低污染的生产生活新形态。

24　实现低碳发展战略目标所需的法规、政策及措施

我国应根据国情建立适合我国低碳经济发展的运行机制，以利益为导向，拟建立以政府为主导，企业为核心，学术界引领，公众参与的发展低碳经济的运行机制见表 7-1。

表 7-1　低碳经济运行机制

低碳经济运行机制	法律政策机制	1. 低碳经济管理法律体系和相关政策的制定； 2. 公正、及时、严格的低碳经济管理执法与监督机制
	可持续发展战略与创新增长机制	1. 节能减排；2. 循环经济；3. 结构调整
	供求引导管理机制	1. 节能减排技术研发和推广；2. 新能源的开发和利用；3. 政府引导机制；4. 企业管理机制
	金融与交易机制	1. 完善碳金融服务机制；2. 碳排放权交易机制
	国际贸易与合作机制	国际贸易与投资以及对外合作项目
	理念机制	1. 节约为荣；2. 保护环境；3. 文明消费

24.1　法律和政策

目前，我国已经确立了发展低碳经济的理念和思路，在政策与法律方面进行了一系列的探索、创新与改革。近年来，我国政府提出了加快建设资源节约型、环境友好型社会的重大战略构想，不断强化应对气候变化的措施，先后制定了一系列促进节能减排的政策和法律法规[102]，在客观上为低碳经济的发展奠定了基础性的作用。

我国发展低碳经济的相关政策和法律法规仍处于不健全与不完善的状态，在一定程度上也制约了我国的低碳经济发展，主要存在以下问题：

第一，在我国低碳经济法律体系构建上，一些重要的领域还存在"法律缺位"的状态。比如关于能源方面的立法还处于空白，随之也导致了相应能源领域与环境相协调的法律保障作用力缺位。

第二，由于长期受到我国"宜粗不宜细"立法指导思想的影响，现行的低碳经济方面的政策与法律法规不够具体，缺乏统一系统性和可操作性。这一方面原因直接导致了我国环境执法的效果不佳，也是我国环保及生态状况得不到根本改善的重要原因之一。

第三，关于我国低碳经济方面的政策与法律法规的执行和监督机制不力。当政策与法律法规制定后，它们的落实很重要，政策和法律法规的监督就显得更为重要。在低碳经济方面的政策与法律监督领域，我国的公众参与监督和社会团体组织参与意识与制度

的保障方面存在着一定问题。

近些年来，世界各国尤其是发达国家大都通过政策支持与加强立法作为发展低碳经济的重要调整机制和保障手段。世界主要发达国家的低碳经济政策与法制建设主要体现了以下特征：

①政策与立法先行，发达国家低碳经济发展有政策支持，有法可依。政策与法律是低碳经济发展的重要调整手段和保障机制。

②发达国家的低碳经济政策与法律规定明确、具体、系统，具有可操作性。纵观发达国家在低碳经济方面的政策与法律规范，尤其是对产业结构调整、各个行业规制和环境保护的目标都作了明确而又细致入微的规定，突出了低碳经济政策与法律的可操作性的重要特征[103]。

③多方主体参与及其监督意识较高，低碳经济政策与法律有保障、有实效。各个发达国家在推动和发展低碳经济的过程中都普遍认识到，低碳经济的发展不仅仅是政府和企业的事情，还需要各利益相关方乃至全社会的广泛参与和监督相关政策与法律的落实，充分发挥集体的智慧，将低碳经济的新理念植入民心，共同行动努力推动低碳经济的发展[103]。

吸取发达国家的经验和教训，综合本国国情，制定出适合我国低碳经济发展的法律政策。在法律政策机制方面提出以下4点措施：

（1）制定我国发展低碳经济的财政支出政策与财政收入政策

第一，建立低碳经济发展的预算投入政策，充分发挥各级人大、财政及社会舆论监督，有效治理我国目前存在的资金使用不规范问题，提高低碳经济发展资金的使用效率；第二，加大低碳经济发展的财政补贴或补助政策，引导经济结构调整和产业升级以及吸引企业积极进行低碳技术的研发和鼓励消费者使用和消费节能环保产品；第三，建立政府低碳采购制度；第四，完善和整合现行税制中具有低碳功能的税种，进一步完善资源环境税种体系，调整其税制要素，以此来构建我国的低碳税制，开征碳税。

（2）加快低碳经济领域的立法，健全与完善低碳经济的法律法规体系

制定相关法律法规，加快《低碳经济促进法》的正式立法，提高现有的法律级次，限制高碳产业[104~106]。运用法律调整机制来推动低碳经济技术创新机制的形成，在法律制度上为企业减排创造条件，依法建立和制定具体的、符合我国低碳经济可持续发展的、具有可操作性的"中国低碳标准"，从法律层面规范企业和消费者的行为，促进企业的清洁生产和人们消费方式、生活方式和思想观念的转变。

（3）加快政府职能转变，推进低碳经济发展

转变政府职能，构建低碳政府，树立低碳行政新理念，提升政府职能中节能减排、环境保护职能的地位；转变主要依靠行政命令向依靠经济手段解决节能减排的问题；建

立政府环境管理的新模式，以更合理、更有效地综合利用多种政策来引导和规范企业和消费者的个人行为；建立以政府、企业、社会团体与消费者个人互动的政策与法律制度体系，为我国低碳经济的发展提供强大的制度支撑。

（4）征收碳税

碳税是指针对二氧化碳排放所征收的税。它以环境保护为目的，希望通过削减二氧化碳排放来减缓全球变暖的速度。碳税通过对燃煤和石油下游的汽油、航空燃油、天然气等化石燃料产品，按其碳含量的比例征税来实现减少化石燃料消耗和二氧化碳排放。与总量控制和排放贸易等市场竞争为基础的温室气体减排机制不同，征收碳税只需要增加较少的管理成本就可以实现。

中国作为经济迅速发展的发展中国家、世界第一大二氧化碳排放国，实施二氧化碳减排的压力会越来越大。从长期发展来看，我国加入控制二氧化碳排放的国际协定组织是早晚的事情，并且随着我国市场化改革的逐步深化，能源价格也会逐步放开，在我国开征碳税将是二氧化碳减排政策上的一个较好选择。

①选择合适的征收方式

通过国外的实践可以看出，碳税是一种灵活多变的政策工具，不仅可以配合已有的能源税收政策，而且还可以配合其他的二氧化碳减排措施。碳税的征收既可以由全国统一征收，也可以由地方征收，成为一种地方税。我国可以根据实际情况自主选择具体的征收方式。在与其他政策的配合上，应将开征碳税与我国排放权交易体系建立的进程，以及相关能源税收政策的制定统筹考虑，由此决定是以碳税为主还是仅仅将碳税作为一个辅助措施。

②碳税征收环节的确定

为了减少征管成本，保障碳税的有效征收，应当充分利用已有的税制体系。国外大多都是在批发零售环节征收碳税。但在我国，消费税的征收是在生产环节，从减少征管成本的角度考虑，碳税在生产环节征收更符合实际情况。与一般消费税有区别的是，其收入并不作为一般的财政性资金。

③碳税开征的原则

我国碳税的开征，应当遵循逐步推进的原则[107]。

第一，在碳税开征之前，广泛、持续地宣传碳税的制度及其目标，促进企业和居民主动改变能源消费行为，减少碳税制度实施的阻力。

第二，逐步提高碳税的整体税负。开征碳税之初，将税率设定在较低的水平上，然后随着时间推移再逐步提高，其政策效果是促进企业和居民在较低税负的情况下不断调整能源消费行为。通过较长时间的税率逐级调整，让居民和企业具有足够的时间作出各自的行为选择，增加人们的可接受性。

第三，缓解或补偿措施逐步减少。由于不同行业受碳税的影响不一致，比如能源密集型行业特别是能源密集兼出口密集型行业会受到较大的冲击，在碳税实施的初期，有必要采取一些缓解和补偿措施，以便让这一类企业有足够的时间作出调整，避免其在开征初始阶段承受过高的税收负担。缓解和补偿措施可以采取设定免征额或税收返还的方式。但是此方式仅是权宜之计，以后补偿的力度应逐年减小。

24.2　可持续发展战略与创新增长

实施可持续发展战略

（1）高度重视低碳经济发展，构建节能减排的科技创新机制

①加大对低碳经济的重视力度在当今世界，一个地区的综合竞争优势主要体现于当地的环境资源利用效率、环境友好程度和可持续发展的能力。在日趋复杂的国际政治经济形势之下作为一个负责任的发展中国家，我国敢于勇担重任，积极推行低碳经济，大力发展可再生材料、清洁生产、低碳排放和绿色能源的基础工业，总是立足于生态文明与经济和谐的视角审视中国经济发展的战略。

②大力发展绿色科技低碳经济将会催化全球科技的密集创新，届时将极大地改善人类的生产和生活。这似乎预示着"第四次产业革命"的到来。值此时际，低碳技术与经济不应该成为我国区域经济发展的"漏网之鱼"，因此，当地政府应该正确引导低碳技术的研发与推广，把高新的低碳技术引入社会生产生活中。当地的企业也应当积极研发节能减排技术，奉行节能环保和提高资源循环利用率，逐渐占据新能源、新材料领域的制高点。

③积极构建节能减排的创新体系从政府的工作而论，只要把绿色科技创新战略作为经济发展战略的重点，当地政府就应当加快构建节能减排的科技创新机制，建立和健全绿色科技创新激励和保障机制。绿色科技转让与推广中心的建设有助于充分发挥高新科技创新的扩散效应；科技资源信息网络的建立有助于加快信息流通和消除信息的不对称；专利制度的有效设计有助于激励绿色科技发明和推行成果的保护；合理的绩效考评制度、分配制度和激励机制的建立有助于激励技术创新；科技创新活动的论证与选择机制的建设有助于科技创新扩大正面的外溢效应，这些制度的建设最终促进和保障中国经济稳健地发展。

（2）高度重视低碳经济发展，科学发展循环经济

循环经济以资源的高效利用和循环利用为目标，以"减量化、再利用、资源化"为原则，以物质闭路循环和能量梯次使用为特征，按照自然生态系统物质循环和能量流动方式运行的经济模式。它要求运用生态学规律来指导人类社会的经济活动，其目的是通过资源高效和循环利用，实现污染的低排放甚至零排放，保护环境，实现社会、经济与

环境的可持续发展。循环经济是把清洁生产和废弃物的综合利用融为一体的经济，本质上是一种生态经济，它要求运用生态学规律来指导人类社会的经济活动[108]。

循环经济，它按照自然生态系统物质循环和能量流动规律重构经济系统，使经济系统和谐地纳入自然生态系统的物质循环的过程中，建立起一种新形态的经济。循环经济是在可持续发展的思想指导下，按照清洁生产的方式，对能源及其废弃物实行综合利用的生产活动过程。它要求把经济活动组成一个"资源—产品—再生资源"的反馈式流程；其特征是低开采，高利用，低排放。

从资源利用的技术层面来看，循环经济的发展主要是从资源的高效利用、循环利用和无害化生产三条技术路径来实现。

（3）高度重视低碳经济发展，加快结构调整升级[109]

产业结构是指一个经济体当中各产业、各行业的构成情况。除了一、二、三次产业的划分外，各产业内中又分为众多行业。一个经济体的产业构成是经济发展的内涵，是经济发展阶段、经济发达程度的标志。产业构成、三次产业内部的行业构成对一个经济体的碳消耗强度、碳排放规模起着决定性作用。这是因为不同产业，不同行业所需要的物质投入构成是不同的；在现有技术条件下，不同行业在生产过程中所产生的废弃物的规模也相去甚远。

对于发展中国家来说，在经济全球化当中争取什么样的分工地位，是否争取产业结构高度化，是国家战略选择的结果。有的国家选择了追赶战略，努力推进产业高度化，从而实现了经济与环境和谐发展；有的国家选择了比较优势战略，固化低度化的产业结构，其结果就是按照"比较优势"的要求，发展高碳消耗、高碳排放产业，就必然会形成高碳经济的灾难性后果。

从我国的情况来看，造成单位产出消耗过高，形成高碳型增长的首要原因是产业结构低度化。与世界其他国家，尤其是发达国家的经济发展历程相对照，我国产业结构低度化的特征突出，经济增长对资源消耗的依赖程度高，表现在：

①三次产业当中，第二产业比重过高，第三产业比重过低。作为一个处于工业化进程中的发展中国家，工业一般会成为带动经济增长的主导和支柱部门。但是，我国三次产业之间的比例关系严重失调，产业结构中工业偏重，服务业过低的矛盾十分突出。最近几年来服务业比重出现上升趋势，但仍然大幅度低于世界主要国家。由于工业整体上加工程度低、技术创新活动少，以技术服务、产业组织、规避创新风险为职能的生产服务业缺乏发展空间。产业结构低度化造成生产服务业不能正常发展，这是我国第三产业比重过低的根本原因。

②在工业内部，能源、原材料工业的比重过高。我国采掘业、能源与原材料工业产值占全部工业总产值的比重，1980 年为 25.8%，2000 年上升到 30.6%，2010 年则超过

了40%，达到了46.9%，创造了新的历史纪录。这是一个影响非常深远的比例关系，它意味着我国经济增长是靠采掘、能源和原材料这些附加值最低的初级产品产业支撑的，在一定程度上已经成为资源型经济。采掘、能源和原材料工业是能源消耗系数最高的产业，同时也是污染物排放强度最高的产业。这些产业比重的上升会拉动能源消耗、碳排放的大幅度增加。据经济普查的数据计算，采掘、能源和原材料工业产值比重占全部工业的40%，而这三个产业部门所消耗的能源量占到工业总消耗的近80%[110]。

③高技术产业在我国成为资源密集度较高、技术含量和附加值较低的产业。我国以电子、信息技术为代表的高技术产业，规模庞大，扩张迅速，包括计算机、移动电话、视听产品在内的许多高技术产品的产量都是世界第一。但是，以现有"原产地"定义的产品产量，并不能说明我国对这些产品进行了高技术的加工。像信息技术这样的高技术产业，从我国实际从事的生产内容来看，基本是一个缺乏技术含量的组装产业。核心技术、关键元器件、零部件严重依赖进口，所谓生产只不过是把整套进口散件用简单劳动组装在一起。国内即便提供配套产品，所生产的大都是盒子、壳子、外设、结构件等劳动密集型的低附加值、低技术含量的部分。因此，我国的一些高技术产业成了资源密集的高碳产业，高技术产业主要靠技术投入创造高产出的特征并不明显。以我国规模最大的高技术产业——通信设备、计算机与其他电子设备制造业为例，长期以来这个产业的附加值率，只相当于我国全部工业平均水平的65%，比轻工、纺织这些劳动密集型产业还低；这个产业的利润率只相当于我国全部工业平均水平的50%。从以上分析可以看出，产业结构的低度化是制约、阻碍我国实现低碳发展的重要原因。

如前所述，我国低度化的产业结构从根本上决定着资源的高消耗和废弃物的高排放，很大程度上决定着经济发展必然要走高碳模式。只有促进产业结构升级，实现产业结构由低度化向高度化转型，才有可能实现低碳发展。在一个大的经济体中，如果能使产业构成当中资源性产业的比重下降一个百分点，就能够节约成千上万吨甚至上亿吨的资源；如果能增加服务业、高技术产业的比重，单位GDP所需要的资源投入量必然会相应减少。

因此，努力促进我国产业结构升级的措施都具有推进低碳经济发展的意义，这就要求：

第一，要发展附加值高、技术含量较高的产业，比如，重新振兴我国的装备制造业，发展航空航天、信息技术等高新技术产业，发展节能环保、新能源、生物、新材料等战略性新兴产业。

第二，要按照低碳，而不是高碳的模式来促进产业升级，发展高附加值、高技术含量的产业。具体来说，就是要真正搞技术研发和技术创新，要加强产业链关键环节的研发和制造能力，要具备设计、开发和制造新材料、关键元器件和关键零部件的能力，不能用单纯从事组装的方式来发展高技术产业。

24.3　引导与管理

（1）引导机制

在市场经济的大背景下，环境管理方式除采取必要的行政手段外，还必须综合运用法律、经济、技术等手段，激发企业主动治污的积极性，激励其走资源节约、环境友好的发展方式。引导企业建立正确的产业政策和产业制度，促进低碳经济更好更快发展[111]。

①产业政策

产业结构政策：由于低碳经济时代的来临改变了传统的高碳经济的产业价值链向资源型企业密集分布的模式，需要进行价值链的分布调整。一是通过对能源、汽车等高碳产业积极引入新技术和改造现有技术并且细分了这些产业所引出的产业链条以实现低碳化的目的。二是大力发展分布于可再生能源领域、能源的效率化与低碳化领域和主要包括碳排放权交易服务、绿色金融服务、企业碳管理咨询服务等低碳型服务领域的低碳产业。

产业组织政策：为了提高节能环保产业的集中度以抢占国际低碳经济市场，实现企业的规模化、专业化和国际化，政府积极扩张、重组、转型一些有实力的大型企业。主要是加速转型大型设备制造业为节能环保设备制造业及一些相关领域；加速整合扩张节能环保基础设施的运营和服务企业；加速配置节能环保和新能源业务到传统资源性企业。

产业技术政策：通过碳基金管理模式、官产学合作的国家研发体系模式和低碳技术市场化模式并在政府投资的主导下大力提高推广低碳商用技术。

②产业规章制度

在产业制度方面建立适合中国国情的制度，例如："领跑者制度"、能源效率承诺、节能标识制度和"碳足迹"制度等。

a."领跑者"制度

要求确定家电、汽车、新建住宅及配套设备等行业内同类中能耗最低的产品为整个行业的标准，并且要求在指定时期内所有同类产品必须达到这个标准。

b.能源效率承诺

要求电力公司和天然气公司要为用户提供调高能源效率的措施。

c.节能标识制度

要求在产品上必须贴加按照能好级别的分类的标识，能够让消费者清楚地了解到能效等级、节能标准达标率等产品信息。

d."碳足迹"制度

要求计算出一个产品或者一项服务从生产、运输、使用到丢弃整个周期的温室气体排放值，并且标注在产品或者服务上以达到使消费者直接了解该产品或者服务的碳排放量的目的。

（2）管理机制

低碳经济，是以"低能耗、低排放、低污染"为特征的经济形态，其实质是能源的高效利用、清洁能源探索问题。核心是能源技术和减排技术创新、产业结构和制度创新以及人类生存发展观念的根本性转变[110]。在这种背景下，低碳生活、低碳经济等相关的话题开始走进我们的日常生活中，走进我们的企业管理中。企业该如何把握低碳经济的脉搏，逐步构建现代企业管理机制，不断提高企业管理水平，进而提高企业竞争力，已成为影响我国企业生存和发展的一大障碍。

①决策机制和绿色理念

决策是企业管理的灵魂，可以认为，整个企业管理的过程都是围绕着决策的制定、组织和实施而展开的。实施企业决策机制改革是新经济时代企业必须面对的难题。当前，面对突如其来的国际市场新环境，我国企业必须顺应形势，抓住机遇，迎头赶上。企业在创新的基础上制定积极的管理决策，进一步为参与国际市场竞争提供可能[112]。

企业实施绿色管理理念，从总体上看是为了追求三大目标：a. 物质资源利用的最大化。通过集约型的科学管理，使企业所需要的各种物质资源得到最大化和最优化利用；b. 废弃物排放的最小化。通过采取以预防为主，防治结合的措施以及全过程跟踪监控的环境管理，使企业在生产经营过程中产生的各种废弃物得到最大限度地降低；c. 适应市场需求的产品绿色化。低碳经济时代，企业绿色管理应在绿色文化的指引下，强调低碳经济和绿色文化相结合的理念，对企业管理中的各个子体系和流程进行升华。首先，树立绿色经营理念，定位绿色市场。企业实施绿色管理的首要方针是节约能源、保护环境、谋求可持续长久发展。其次，建立绿色机构，弘扬企业绿色文化。可根据企业的实际情况，培养员工的环保意识，创建和谐绿色的企业环境和工作氛围。与此同时在经营管理的各个层面建立标准化的绿色管理体系，以实现环境效益和企业经济效益的最优化。再次，研发绿色技术，实施绿色供应链管理。它主要是建立在绿色制造理论和供应链管理技术的基础上，涉及供应商、生产商、销售商和消费者，其目的是使产品从最初的原料获取、加工、包装、运输为一线的整体集约型管理。最后，通过绿色认证，获得绿色签证。根据 ISO 14000《环境管理系列标准》，规范企业行为，达到资源节约、降低环境污染、提高环境质量、促进经济全面持续健康发展。

②管理创新机制

管理是企业各项工作中最核心的内容，也是企业发展中不断探寻的话题[113]。完善的企业组织管理机制，是确保企业政令畅通的"神经网络"。第一，正确处理好企业组织管理幅度与管理层次的关系，进行科学的组织设计。第二，正确处理好集权与分权的关系，使企业内部职责分明，充分授权。第三，完善企业用人制度，实现人事的最佳组合。在低碳经济下企业管理机制的改革中管理创新是必不可少的手段，打破原有的企业管理制度，使传统模式和现代新思想、新科技相结合，使基层管理逐步实现标准化、规范化、现代化。通过加强企业管理，带动市场需求、消费、流通一体化，符合企业低碳经济持续发展的要求。具体做到：a."走动式管理"是科学管理的基础，是企业打造低碳经济的前提条件。如美国麦当劳快餐店创始人雷·克罗克，他把大部分时间和精力都用在"走动式管理"上，经常到所属的各公司走走、看看，和员工座谈、吃饭，在"走动"中及时发现问题，并能够立即采取相应的措施加以解决，不仅使公司转亏为盈，而且发展日益加快。b."精细化管理"是科学管理的保证，是企业打造低碳经济的有效方法。"精细化"而言，首先是要有计划性；其次是要有超前性；最后是要有周密性。目前，有不少企业在管理考核中，存在着很多的致命误区，如"管而不理"，即不考虑员工的立场，只要求他们必须按照公司的规章制度办事。另外，"重管轻理"，管理者强权专断，无法真正调动起员工的工作积极性，达不到管理的效果。

③监督机制

企业监督机制是确保企业健康发展的"免疫抗体"。监督机制完备与否，对确保企业坚持经济核算原则、降低生产经营成本提高经济效益具有极其重要的作用。必须做到：a. 强化预算监督；b. 强化审计监督；c. 强化成本控制。对于企业而言，发展低碳经济究竟是福是祸，是锁定效应还是溢出效应，是成本优势还是成本劣势，这3个难题始终是企业和企业管理者必须面对和考虑的。其中，成本问题是企业参与低碳发展绕也绕不过的一个难关，尤其是在当前前景不是很清晰的情况下，企业对于参与低碳经济很犹豫。但是对于企业监督机制而言，低碳经济下企业参与低碳经济投入的资金成本是否有利可图，可能给企业带来的经济效益等问题做出明确的规划和决定，只有这样才可以使企业在低碳经济大背景下开辟出一片新的天地。

24.4　金融与碳交易机制

（1）金融机制——完善碳金融服务机制

发展低碳经济，金融服务要先行。但是，低碳经济不能建立在简单金融服务和初级金融市场的基础上，金融业要担当增长与环保"双赢"的重任，必须主动调整金融发展模式，主动转变金融增长方式，完善低碳金融服务体系。

虽然经过多年发展，我国市场化投融资机制得到了长足发展，金融对于经济发展的支持方式和重点也不断得到调整，但在低碳经济发展过程中，政府扶持仍然是最主要的特征，这突出地表现为政府对低碳经济活动的较多干预和政策性金融机构对低碳经济项目的倾斜性支持。从我国商业性金融机构对低碳经济的服务现状来看，仅有几家银行试点推出相应的低碳金融产品或者制度工具，碳排放权交易机制也处于探索阶段，因此，综合来看，我国低碳经济金融服务模式属于"政府主导、试点示范"相结合的服务模式。

一个国家金融服务水平的高低，主要取决于其金融体系与经济发展阶段、制度环境的相适应性。具体到我国的产业低碳发展，碳金融服务模式必须充分考虑我国金融业的发展现状、经济发展水平和总体体制环境，不能盲目地跟随其他国家的碳金融服务模式。

①完善碳金融服务体系，提升"三个水平"

构建完善碳金融服务体系要提升"三个水平"[114]。一是提升金融工具技术能级与市场风险管理水平。碳金融服务体系是指由以下因素和条件构成的、高级化的金融市场交易与服务体系：以碳货币为代表的新金融管理模式与交易制度；基于各类碳排放指标与环境变化指标（比如天气等）而设计的一揽子、系列化的交易产品；碳期权期货等交易工具；包括低碳债券、低碳股票、低碳债券等资本市场直接筹资、投资与融资工具；低碳贷款与低碳保险等金融服务渠道。区别于传统金融产品，碳金融产品的交易规模、工具要求、服务能级、风险评级都更加严格。二是提升金融体系服务产业升级、服务国家大局的意识。碳金融服务体系的主要对象应是新能源产业、环保节能产业、生物技术产业、新材料产业等低碳产业、绿色产业和新兴产业。为此要强化"碳金融服务于新型战略产业"的大局意识。碳金融与碳资本的有机结合是低碳产业发展的必由之路。三是提升金融市场的开放性思维与国际互动能力。碳金融不能闭门造车，要讲世界语。中国是少数碳金融资源极其丰富的国家之一，不能没有碳金融市场上的话语权，不能没有碳金融产品的定价权。世界能源货币体制在 19 世纪以"煤炭—英镑"体系为主导，20 世纪以"石油—美元"体系为主导，21 世纪中国要在"碳货币"体系中发挥突出作用。

②协调政府主导与发挥市场机制作用之间的关系

我国属于典型的政府主导产业发展的国家，政府主导、试点示范也是当前低碳经济政府主导型的金融服务体系可以最大限度地发挥政府干预经济的功能，动员社会资本为产业低碳发展服务，促进金融资本与低碳经济发展计划的有机结合。但是，这种金融服务模式对产业低碳发展的推动具有不可持续性，如果仅依靠政府扶持来完成产业低碳发展的金融支持，还有可能产生负面效应，表现在 3 个方面：一是企业层面，容易形成对政府扶持资金的长期依赖，造成产业绩效和市场竞争能力下降；二是行业层面，容易造成低水平的重复建设和投资失控，造成资源浪费；三是金融主体层面，会由于金融服务的无效甚至负效行为导致整体服务水平的倒退。因此，就产业低碳发展而言，拓展投融资渠道，协调好政府主导与发挥市场机制作用之间的关系，需成为未来金融服务模式的主要特征。例如美国和日本，前者是自由市场经济国家，主要依靠市场机制实现资源在产业之间的优化配置，但在其低碳经济发展过程中，政府也有意识地通过制定有利于产业低碳发展的政策，以及对可再生能源项目、低碳技术研发项目的资金支持政策等，鼓励企业发展低碳经济；后者在明确低碳社会发展计划和政策性金融政策的基础上，也非常重视资本市场的融资力度，并正在积极探索有效途径，试图借助低碳经济发展的契机，加快本国金融体制改革，在发展产业间接融资的同时，进一步提高产业直接融资比重。

③重点支持对产业低碳发展具有决定意义的产业

纵观世界各主要大国的经济发展历程，可以发现，金融手段起了十分重要的作用，比如工业化初期阶段对钢铁、石油等产业的支持，后工业阶段对电子信息等高新技术产业的支撑等。对于产业低碳发展而言，需要高新技术产业群在其中继续发挥可持续发展的作用，各国普遍都在研究开发投入，人才教育和培训、融资渠道等方面，对这些产业实行了物质资本、人力资本和金融资本的支持。同时，也强调增加研究和开发投入，加快低碳化技术产业化进程，对传统产业进行技术改造。据欧洲委员会 2010 年 10 月发表的"2010 世界工业界研发投资排行榜"，美国、日本等发达国家的研发投资仍然远远高于发展中国家。若将工业行业按研发投资强度高、中高、中低和低 4 个层次划分，目前占据高强度行业研发投资排行榜前 3 位的分别是：美国、日本和欧盟。其中，美国占本国研发总投资的 69%，日本占总投资的 37.8%，欧盟占总投资的 34.9%。而且，从不同高强度行业的研发投资水平占全球该行业总研发投资比重看，美国医药研发投资占全球医药研发总投资的 43.2%，IT 硬件研发投资占全球 48.0%，软件和计算服务研发投资占全球 74.6%。美国、日本等发达国家高额的研发投入使他们的信息通讯、航空航天、新材料、生物技术、环境保护等领域的知识和技术密集型高新技术产业保持世界领先地位，对产业低碳发展起到了强有力的带动作用。

（2）交易机制——碳排放权交易机制

碳排放权交易在我国作为一项新鲜事物正刚刚起步，还没有形成统一的碳排放交易平台，法律保障体系还不健全。因此，我国需要针对目前存在的问题，结合实际情况和借鉴欧美等发达国家的成功经验，逐步建立并完善我国碳排放交易体系[115]。

①建立全国统一的碳交易市场

中国现在已成为世界上最大的排放权供应国之一，却没有一个像欧美那样的国际碳交易市场，不利于争夺碳交易的定价权。所以要促进低碳经济更好更快发展，建立全国统一的碳交易市场是十分必要的。

建立全国统一的碳交易市场，特别是配额交易市场，是一项长期的任务，需要分阶段推进。而建立自愿碳交易市场是建立国内统一碳交易市场的有益尝试，通过自愿碳交易市场的基础制度和管理办法的制定与实施，可为研究与制定全国统一碳交易市场的交易机制、法规政策等提供重要的实践依据，从而为顺利推进我国碳交易市场建设奠定坚实基础。

尽管目前我国已经在北京、天津、上海、深圳等多个城市建立了多家环境能源交易所，但交易所内真正完成的自愿碳减排交易却非常少。当前达成的自愿减排交易也仅仅是一些环保意识强的买家的个别行为，很少有来自高耗能行业企业的参与。可以说，交易所大都处于"有场无市"的尴尬境地。所以建立全国统一的碳交易市场成为当下发展低碳经济的当务之急。

②丰富碳排放交易产品

目前，我国排放权交易目前仅限于二氧化硫，真正的碳排放交易市场正处于起步阶段，同时在各个试点的碳排放交易方案中也只涉及二氧化碳这一种温室气体和碳现货这一种产品，并没有涉及碳金融衍生产品。而国外很多发达国家的金融机构已经推出了品种丰富的碳金融衍生产品，如碳期货、碳期权等，并且交易的主体也非常广泛，既有受规排放企业，也有金融机构和中间商等。在政府的支持下，国外一些发达国家的碳金融产品已经走上了精细化的道路。为碳金融的发展带来了很大的提升空间[116]。

因此，我国应该向碳金融交易产品丰富的发达国家学习，将二氧化碳、甲烷、氢氟碳化物等温室气体纳入市场交易的范围，重点加强碳现货交易市场的建设和完善，并在此基础上开展碳金融衍生产品的研究和开发，鼓励金融机构和企业参与到碳金融衍生产品交易中，如碳期货和碳期权等。

③让更多的机构参与到碳排放交易市场中

我国与欧美等发达国家相比，由于中国碳市场还没有起步，参与到碳排放交易市场中的机构较少，目前只是有少数的商业银行参与其中，大部分商业银行仍处于观望阶段，基金公司、保险公司、中介公司等基本上都没有参与到碳交易市场中，碳金融服务体系还没有形成。

碳排放交易市场在我国兴起的时间较晚，国内各行业和机构对碳金融的价值、交易规则、操作模式等还没有完全了解，因此只有少数商业银行关注碳金融。根据《京都议定书》的规定，我国至少在 2012 年底之前不需要承担减排义务，因此各行各业对碳排放权交易的认识不够深，碳资源的战略地位也无法显现出来。国内的金融机构对碳金融的操作模式、风险控制、利润空间以及审批等都缺乏研究，参与国际碳交易的程度很低，甚至导致国内企业在参与 CDM 项目时出现融资困难。

由于我国碳金融服务支持机构缺失，没有碳保险机构及碳信用评级机构，而是由其他的信用评级机构代替，因此，我国产生的碳减排量很难得到国际社会的认可。所以，我国应该加紧完善碳金融服务体系。

我国可以通过政策引导等多种方式鼓励更多的机构参与到碳排放交易市场中，这些机构不仅限于金融机构，还包括许多中介机构，如碳咨询公司、第三方核证机构、碳信用评级机构等，这些中介机构可以帮助企业降低风险，提高国际竞争力，争夺我国在定价问题上的话语权。除此之外，要鼓励更多的金融机构参与碳排放交易项目投资，为碳排放交易市场提供充足的信贷服务。

④建立配套的法律体系

一个运行良好的交易市场需要一套严密的法律体系来做保障，健全的法律可以规范和约束碳排放交易有序的进行。目前我国已出台的《大气污染防治法》、《水污染治理法》等法律虽然提及了排污总量控制及排污许可制度，但是仍然没有涉及碳排放权交易这一领域的法律，甚至没有碳排放权交易指南在碳排放权交易规则。减排配额初始分配方式、超额排放处罚机制等问题上，都需要尽快立法解决，以保证碳排放交易市场的顺利运行。

现阶段我国只有江苏和浙江两省尝试性地出台了有关碳排放权交易方面的法律法规，但覆盖范围较小，影响力不大。在未来我国必须建立健全相关的法律法规，否则会阻碍碳排放交易市场的健康发展。因此，我国需要根据国际形势的变化，吸收欧美等发达国家的经验，尽快出台一部关于碳排放权交易的法律，对我国碳排放交易的规则、排放许可、初始分配、处罚机制等都做出明确的规定，使我国碳排放交易有法可依，有章可循。

⑤加强政府的监管力度

随着碳排放权交易在我国的发展，交易时面临的风险也将越来越大，碳排放权交易者中有可能出现投机者操纵市场的行为，而我国正处于碳交易市场发展的初期，规避风险的能力有限，因此，我国在制定了与碳排放权交易相关法律法规的同时也要实施有效的监督与管理措施，以保证制定的法律落实到位。

我国应建立严密的监管体系，该体系是由证监会、同业协会及交易所3个部门组成，以逐层保证碳交易的行为规范。同时，监管机构更应该制定相应的规章制度并且严格执行，避免出现弄虚作假。操纵市场的行为，保证市场公开、透明和碳排放权交易的顺利进行。

24.5　国际贸易与合作

面对气候变化，发展绿色低碳经济，既是世界经济发展的趋势，又是中国经济转型的需要。所以要建立恰当的国际贸易与合作机制，推动低碳经济发展。

24.5.1　低碳经济背景下我国可持续贸易战略与合作机制的实施思路

（1）转变出口增长方式，加强出口产业结构的调整和优化

为谋求对外贸易的可持续发展，就必须调整我国目前技术含量、环保标准和附加值都比较低的出口产业结构，走一条科技含量高、经济效益好、资源消耗低、环境污染少、

人力资源优势得到充分发挥的新型工业化的路子，在保持出口贸易适度增长的同时，更加重视优化出口结构、提高产品质量。另外，也要充分认识到，劳动密集型产业在一定时期对缓解就业压力仍具有较大的作用，我们要抓住服务业市场开放的契机，充分挖掘高素质人力资源创业优势，提高我国服务贸易在出口贸易中的比重[117]。

（2）积极推行 ISO 14000 环境管理体系，大力发展绿色产业

各国特别是发达国家消费者的绿色消费理念已经形成，这表明国际绿色消费品市场上存在较大的开拓空间。我国的出口商品经常在技术标准方面受到进口国的阻截，一方面的确是因为一些商品的生产和设计与国际同行业存在技术上的差距；另一方面则应归咎于我国企业对国际标准的忽视，生产和设计往往会因为跟不上国际标准的变化而做出相应改变。因此，国内企业应密切关注国际标准，尤其是国际环境标准的动态演变。从长远看，通过 ISO 14000 环境管理体系的认证可以引导企业按照绿色要求改进产品种类、生态设计、生产工艺和生产过程，推动企业的管理走上标准化、规范化和国际化，促进企业经营由粗放型向集约可持续型转变。

（3）熟悉与保护环境相关的国际贸易规则，抵制国际贸易保护主义

目前国际上已经签订了约 200 多个多边环保公约和协定，各国也纷纷制定相应的政策法规。因此，我国必须充分掌握以争端解决机制为代表的 WTO 系列协议文件的内涵，熟悉其约束性规则，这样才可以在权利与义务对等的基础上客观公平地维护我方利益，为我国企业提供趋利避害的有效法律武器，并在国际社会中尤其是在与发达国家的双边对话机制中增加谈判的筹码。出口企业的管理者要学习并熟悉与可持续贸易有关的国际规则，一方面可以合理规避技术性贸易壁垒和绿色贸易壁垒，尽量避免由环保问题引起的贸易纠纷；另一方面，尽可能按照国际环保规则组织生产，按照环境标准来更新机器设备，改良生产工艺技术，积极进行绿色产品的研制开发，从而有利于树立企业的国际环保形象，提高出口产品的竞争力，在新兴的国际绿色产品市场中占有一席之地，这完全符合我国可持续贸易战略规划。

（4）积极开展环境外交，为涉外经济创造良好的国际环境

在国内，要综合运用财政政策、金融政策和产业政策，支持各产业部门顺利过渡到可持续贸易发展模式上来。建立绿色产业的技术支撑平台，提供绿色产业建设中所必需的基础性、共同性技术并提供技术咨询和指导，通过财政补贴、税收减免、信贷和技术支持等政策手段激励企业的生态建设。通过弥补企业的生态建设成本，从经济效益方面引导企业特别是中小企业的生态化建设，为企业创造可持续发展的国内商务环境。国际上，要通过开展与各国政府间的谈判，摆脱"非市场经济国家"的地位，积极倡导自由贸易，参与双边和区域经济合作；积极开展环境外交，注重环境外交策略运用，维护本国的经济利益，同广大发展中国家团结起来，利用相互的国际协议、公约的有关规定，

积极参与谈判，关注发达国家的环境保护壁垒。

（5）加强同发达国家的技术合作，努力促进低碳经济发展

可以预见的是，低碳经济将成为未来世界发展的主流，低碳技术作为低碳经济发展的核心，必然会成为各国争夺话语权的重要砝码。目前，世界上仅有两个碳技术国际协作渠道：清洁发展机制和多国基金机制。但这两个渠道都缺乏国家层面的交易机制，资金和技术转让大多集中在私人部门，而公约下无偿的技术和资金转让还并未出现。《哥本哈根协议》虽然有相关条款规定发达国家要为发展中国家提供资金支持，但由于缺乏相应的监督和惩罚机制，该条款并不能视为强制性的。因此，我国企业应充分利用现存机制，努力申请低碳项目。政府应积极促进发达国家和发展中国家之间的国际减排协作制度建设，大规模引进先进的低碳技术，实现国外引进和国内自主创新相结合，最大程度降低企业生产成本，努力促进国内低碳经济的发展。

24.5.2　可持续贸易战略下的贸易与合作机制政策调整

在对外贸易取得快速发展的同时，我们必须清醒地认识到，粗放式的增长模式给我国的资源和生态带来了很大压力。因此，贸易政策要在保证对外贸易平稳增长的基础上转变外延式增长模式，贸易政策调整优先向竞争力导向转变。

（1）逐步使外资结构合理化，引导外资企业向中西部和第三产业倾斜

首先，大力引进深加工工业和技术密集型项目，努力实现向技术含量高、附加值大的项目转移。达到与国际水平相符合的节能和环保标准，改变目前一般加工工业和劳动密集型企业占主导地位的局面。其次，要规划鼓励外资继续参与传统产业的改组改造，增强企业的国际竞争力。将外资引导到现代农业，高新技术产业、先进制造业、环保产业以及服务外包等现代化产业领域，以促进我国产业结构的合理化和高级化，使我国利用外资投向结构更加合理。第三，积极鼓励外商投资中西部和东北地区的城市基础设施建设和资源枯竭型城市的接续性第三产业的发展，改善中西部和东北地区的投资环境，加快推进生产性服务业及其能源、交通、通讯等基础设施的建设。第四，要逐渐取消对外资企业的超国民待遇，使民营企业与外资企业处在平等竞争的地位，促进民营经济和外资经济的互补共同发展。

（2）引导加工贸易的转型升级，优化产业结构

抓住国际产业转移机遇，制定促进加工贸易转型升级的中长期发展规划，明确不同发展阶段的目标和任务，准确把握国际产业发展方向，采取措施进一步提升加工贸易发展水平，调整加工贸易监管制度，不断提升世界加工制造业重要基地的功能，处理好转型升级与引资质量并举的关系。同时延伸加工贸易产业链，调整产业结构，促进加工贸易转型升级。并发挥政府部门管理效能，转变管理方式，着力引导加工贸易转型升级，

淘汰落后产能。

（3）优化贸易结构，大力发展服务贸易

一要加快国内服务业的发展，实现服务行业的产业化和社会化，制定以提高我国服务贸易国际竞争力为导向的可持续贸易发展战略。二要摆正工业化与发展服务业的关系，促进服务贸易与相关产业的协调发展，高度重视服务业的发展。三要加快服务立法，建立完善的服务贸易法律体系。按照 WTO 有关服务贸易的条款原则，尽快建立健全符合我国整体经济发展目标的服务业和服务贸易法律体系，以增强服务业发展的法律支撑和规范力度，使服务贸易真正实现制度化和规范化。四要优化和提升服务行业结构，推进服务业现代化，提高服务行业人力资本素质，增强可持续发展的竞争力。五要加快金融体制改革，为服务业提供多元化的融资渠道。因此，要解决资源、能源瓶颈压力，必须加快中国现代服务业的发展，而要发展现代服务业，关键要有配套的金融体制改革。

（4）以绿色技术创新为核心，实施绿色贸易增长战略

大力推广绿色产业，制定相应的鼓励、扶持政策，促使企业提高环保技术、不断开发绿色产品。积极推广出口产品的绿色生产和清洁技术。企业必须转变传统的设计观念，以生态需要为导向，掌握绿色产品的技术，进行清洁生产，实施绿色设计，进行绿色包装，申请环境标志，塑造知名绿色品牌。对于绿色技术创新方面，政府要加大人力和资金的投入力度，设立绿色技术创新的专项基金，并加强绿色技术创新的技术服务组织建设；企业要健全绿色技术创新能力机制，加强与科研机构、高等院校的合作创新。

24.6　创建发展低碳经济的社会环境

24.6.1　发展低碳经济，必须在全社会大力弘扬节俭文化

中华民族是一个崇尚节俭与和谐的民族。老子的《道德经》被世人称为仅次于《圣经》的奇书，老子也被世人尊为智者。《道德经》充满着辩证法，对于世人有洞悉世事人生、厘清乱世浮尘之助益。老子曾说："吾有三宝：一曰慈，二曰俭，三曰不敢为天下先。"其中"节俭"即是老子的"三宝"之一。唐朝著名诗人李商隐"历览前贤国与家，成由勤俭败由奢"的诗句流传千古，影响深远。节俭文化陶冶着我国一代又一代后人。发展低碳经济，必须在全社会大力弘扬中华民族传统文化尤其是节俭文化，摒弃奢侈文化，树立节俭为荣，奢侈为耻的风尚[118]。

（1）领导率先垂范

发展低碳经济需要领导干部和管理人员率先垂范，身体力行。孔子在与季康子讨论为政之道时说："君子之德风，小人之德草。草上之风，必偃"，意思是君子的道德好比风，小人的道德好比草，草受风吹拂，一定顺风倒伏。因此，领导干部要带头弘扬节俭

文化，以实际行动影响和带动群众，营造节俭风尚。

（2）加强舆论引导

发展低碳经济，需要做好宣传动员、舆论引导工作。胡锦涛同志在革命圣地西柏坡调研时提出，全党同志一定要牢记毛泽东同志倡导的"两个务必"，即务必继续保持谦虚、谨慎、不骄、不躁的作风，务必继续保持艰苦奋斗的作风。我们要清醒地认识到，随着对外开放的扩大和深化，西方奢侈文化也在我国占据着一定的市场，"节俭"在一些人眼里成了"落后、土气"的代名词。舆论导向的偏颇，颠覆了生活真谛，扰乱了是非标准，带来了严重危害。发展低碳经济，需要重视舆论引导，弘扬节俭文化，鞭挞奢侈文化，树立正确理念，倡导良好行为。

（3）改革考核制度

发展经济不仅要注重发展速度，而且要注重经济质量即经济和社会效益。但是，一些地方过度关注 GDP 增长，而忽视了经济质量，有的地方甚至出现了 GDP 崇拜。"张书记挖坑李书记填"的现象屡见不鲜，这样的 GDP 浪费了大量资源，给社会带了巨大的负效益。另外，过剩产能的上马，污水废气的偷排，矿难事故的频发，都可以从 GDP崇拜中找到原因，也都可以从现行考核制度中找到病根。要发展低碳经济，必须改革考核制度，必须破除 GDP 崇拜。有关部门要创新管理理念，调整考核方式，完善激励机制，把低碳经济、绿色 GDP 和国民幸福指数与政府官员的乌纱帽紧密挂钩，对成绩突出者给予奖励和晋升，对于阳奉阴违、有令不行、有禁不止、违规违纪者给予严肃查处，形成发展低碳经济的社会氛围。

24.6.2　发展低碳经济，加强环保宣传教育力度，提高全民环境保护意识

生态环境的好坏直接关系到我们的生活质量，关系到未来的可持续发展。当前，全球性资源与环境问题是人类面临的最大威胁之一，生态环境日益恶化与经济高度增长已成为当今时代特征，对环境实施有效控制已变得越来越重要和紧迫。可持续发展成为了社会的焦点，我们要吸取"先污染，后治理"的教训，把实现可持续发展作为一项基本国策。而可持续发展战略的实施必须依靠科学技术和环境宣传教育，加强环境科学知识宣传教育，普及环境保护知识，增强全民保护环境知识是环境保护工作的一项重要内容。

（1）扩大环保宣传教育层面，提高全社会环保意识

保护环境，宣传教育为本。由于环境保护的宣传教育在农村相对薄弱，农民普遍缺乏环境意识，由此，化肥、农药、秸秆、家禽粪便等造成的环境问题日益突出，农民们却对破坏环境的行为及其产生的后果浑然不知。因此，环保宣传工作要适应新的形势，应将提高农民环境意识作为今后宣传工作重点，面向乡镇和农村，运用电视、广播、短信、报纸、传单、板报等形式，加大对农村居民环境知识的宣传工作，让居民了解农村

环境工作的重要性，如何帮助减少在生产、生活中所产生的污染。帮助农村居民了解农村环境存在的问题、发展趋势及其危害，唤起农民的生态意识和可持续发展意识，增强全民生提案环境保护的责任感和使命感。

（2）加强环保政策教育，提高群众的环保法制意识

要全面落实"预防为主，防治结合"的方针，努力提高民众的环保法制意识。要把环境保护法律法规的宣传教育，作为全民法制宣传教育的重要内容，组织开展形式多样的环保法律法规宣传教育活动。要在全社会中，特别是在农村中大力普及环保法律法规和科技知识，宣传环保工作方针政策，增强环保国策意识，树立科学发展和环保法制观念，普遍提高民众保护环境、防治污染和平衡生态的自觉性和责任感。要针对基层环境保护工作现状和民众的特点，采取符合实际、贴近民众的形式，把环境保护法律法规送到群众身边、农户家中，使环保法律法规家喻户晓、深入人心，在全社会营造浓厚的法制氛围[119]。

（3）多开展环保宣传活动，营造珍爱环境的良好社会氛围

要充分利用各种"生态活动日"，广泛开展主题鲜明、形式新颖、丰富多彩的环境宣传活动。由政府、环保部门或村（社区）委会组织开展环境实践体验活动，组织企业、农（居）民参与"世界地球日"、"中国爱鸟周"、"中国植树节"、"保护野生动物宣传月"、"保护母亲河行动"等系列科普、纪念与实践活动，让群众亲自参与、亲身体验。在农闲时期可以组织农民对照参观生态环境良好的地区和生态环境恶化的地区，既借鉴先进的生态模式，又吸取惨痛的经验教训，让农民又切身的体会，在生产生活中自发地保护环境，自觉形成环保意识，从而为创建资源节约型、环境友好型社会，着力营造一个人人珍爱自然、保护环境的社会氛围。

（4）环保教育，从小抓起

教育部门要开展好环保渗透教育，把学校环境专题教育和绿色学校创建工作结合起来，在学校里大力普及环境知识和环保理念，教育孩子从小树立环境保护意识，以点带面，吸引父母邻里关注环保，在这种潜移默化的影响下提高居民的生态环境意识。将中小学生纳入环保宣传队伍，充分挖掘学生作为环境保护的宣传队和生力军的作用，提高学生的环保意识、环境文明素养和参与积极性。中小学阶段是接受人生教育的黄金时期，加强农村中小学生的环保知识教育，其成本低效果好。当他们成为社会的中坚力量时，全社会居民的生态环境意识将会有极大的改观。

（5）培育典型，以点带面

加大新闻媒体宣传报道力度，及时报道宣传生态建设和环境保护的先进典型和成功经验，调动群众参与农村环境保护的积极性和主动性。用身边事教育身边人，使群众有榜样、有目标、有信心，逐步推进全社会环境保护科普工作的深入开展。

保护环境人人有责。开展保护环境宣传教育事解决环境问题不可缺少的一个环节，提高全民的环境意识是一项刻不容缓、复杂的、长期的任务，任重道远。唯有社会全方位协调与合作，齐心协力，建立健全环境意识的长效机制，才能切实提高全社会群众的环境意识，只有这样才能使全社会各界都积极参与到环保中来，人人具备环保意识，自觉履行环保义务，从自己做起，从身边的每一件小事做起，时时注意环境保护，才能真正解决环保问题，更好地保护和美化我们的家园。

24.6.3　发展低碳经济，提倡文明消费

文明消费以保护消费者健康和节约资源为主旨，符合人的健康和环境保护标准的各种消费行为的总称，核心是可持续性消费。人们形象地把绿色消费概括为"5R"：节约资源，减少污染；绿色生活，环保选购；重复使用，多次利用；分类回收，循环再生；保护自然，万物共存。树立文明消费观，有利于促进低碳经济的发展。

文明消费问题影响到人类的生存与发展，影响到人类现代文明建设及和谐社会的进程。当今时代，解决经济发展、政治稳定、社会进步等问题，都与消费问题密切相关。因此，文明、合理的消费对维持生态环境平衡、减少环境污染、应对资源短缺、创建低碳生活等具有极其重要的作用。同时，树立新的文明消费的价值理念，确立文明健康的消费模式，是构建生态文明、和谐社会的必然要求[120]。

（1）从生产方式到消费方式各环节上应加以创新

文明消费是实现物质资料再生产、人口再生产、生态再生产和精神产品再生产之间相互和谐不可或缺的重要组成部分。新的文明消费观要求从消费的源头——生产开始创新。传统的生产观以追求最大经济效益、最大利益为目的，生产者和经营者很少会考虑对自然资源的可持续利用。这种无节制的追求利润的生产是以牺牲人类赖以生存的地球生态平衡为代价的。因此，应从生产环节开始创新，走可持续发展的道路。

（2）从消费理念上加以创新

物质消费与精神消费并驾齐驱，全面提升和创新人的世界观、人生观、价值观，每个人在付出艰辛的劳动之后都有消费的欲望，但过度消费、超前消费、挥霍性消费既不利于人类自身的发展，又不利于自然生态的平衡，不利于生产关系的发展。如果那些占有大量物质资料的人花费他们的部分物质资料购买一些生活必用物资去帮助和扶持处于贫困中的人们，这样既有利于提高他们的人格品质，增加精神幸福感和价值感，又有利于代内公平，减小由于贫富差距带来的心里不平衡感，有利于社会的稳定和谐。总之，人之所以为人，在于他能追求和创造价值，"人类发展史也就是人类探索和寻求自身解放和自由的历史"。人类在探寻和创造并实现自身价值的同时，又要实现自然环境与人类社会的和谐发展。文明消费在这条道路上起着举足轻重的作用，实现人与社会的全面

发展，就必须要转变传统的生产和消费模式，实现世界观和价值观的创新，使个人的发展和社会的发展相协调，使个人的进步和社会的进步相一致，使人类代内平衡发展、代际可持续发展与生态的可持续发展相一致。

25　低碳发展实践的经验与教训

25.1　发达国家低碳发展的典型实践与推进策略

为了应对全球气候变化和能源紧张的形势，实现减少碳排放的目标，发达国家纷纷调整发展战略，制定了以低碳为目标的新的经济发展模式，开始了向低碳经济转型的战略行动。

英国政府为将生物燃料和氢确定为未来低碳运输燃料最有前景的备用燃料，实施的一整套生物燃料鼓励政策，包括燃料税、投入税收、资本补助金、资本减税及可再生运输燃料义务。

挪威减排温室气体的国家目标是到 2050 年减排 2/3，要通过四步措施来实现：一是各个行业提高能效，如建筑、交通节能等；二是用可再生能源替代化学能源；三是投资碳捕捉和储存；四是减少砍伐森林[121]。

综观各发达国家发展低碳经济的推进策略，主要有：法国考虑增设二氧化碳排放税，大幅度增加核能、风能及太阳能等可再生能源的使用比例，大力发展高速铁路，冻结高速公路建设，创造"零碳经济"。瑞典大力推行"环保车计划"[122]。德国将环保技术产业确定为新的主导产业重点培育，计划在 2020 年赶超传统的汽车及机械制造业，成为第一大产业[123]。丹麦则在全球率先建成了绿色能源模式，形成了由政府、企业、科研、市场关联、互动的绿色能源技术开发社会支撑体系[124]。日本加快开发可再生能源和清洁技术，最近又提出了重启太阳能鼓励政策[125]。2004 年 11 月，日本颁布了新环境税计划，据此计划，日本居民每户每年要缴纳 3 000 日元环境税。德国发展气候保护高技术战略，为此，先后出台了五期能源研究计划。2007 年，澳大利亚发布了酝酿已久的《减少碳排放计划》政策绿皮书，提出减碳计划的三大目标：立即采取措施适应不可避免的气候变化，减少温室气体排放，推动全球实施减排措施。意大利政府则出台了鼓励可再生能源发展的"绿色证书"制度以及提高能源效率的"白色证书"制度，除此之外，2015法案中的能源一揽子计划以及向欧盟提出的能源效率行动计划等。

综上所述，很多发达国家采取了强有力的法规标准和经济措施（如强制性的法规标准、激励性的财税政策、碳交易计划），使得低碳经济在较短的时间内得到迅速发展并取得明显的社会经济成效。综合来看，发达国家发展低碳经济的政策措施是将政府引导与商业激励相结合，鼓励市场运用最新的低碳技术，为企业和投资商提供一个明确和稳定的政策框架，进而引导整个社会经济结构的转变。此外，政府方面还加强公共交通网络建设，城市建设应推行紧凑的城区布局，鼓励居民徒步或骑自行车出行等；企业方面，开发温室气体排放量少的商品；民众方面，改变生活方式，选择环保产品。

25.2　国内低碳发展的典型实践与推进策略

中国作为世界第二大能源生产国和消费国，高度重视全球气候变化问题。中国先后于 1998 年签署、2002 年批准了《联合国气候变化框架公约》和《京都议定书》。为应对气候变化，2006 年年底，科技部、气象局、发改委、原国家环保总局等六部委联合发布了《气候变化国家评估报告》；2007 年 6 月，中国政府发布了《中国应对气候变化国家方案》；2007 年 7 月，温家宝主持召开国家应对气候变化及节能减排工作领导小组第一次会议，研究部署应对气候变化、落实节能减排工作；2007 年 12 月 26 日，国务院新闻办发表《中国的能源状况与政策》白皮书，提出能源多元化发展战略，将可再生能源发展列入国家能源发展战略体系。2007 年党的十七大报告强调"加强应对气候变化能力建设，为保护全球气候作出新贡献"。

科技部高度重视发展低碳技术，2009 年将低碳技术作为重点内容纳入国家"十二五"科技发展规划；组织成立了低碳科技示范专家组，制定了《低碳经济科技示范区工作方案》，提出将选择不同类型的城市、社区、行业进行试点和示范，建设低碳经济科技示范区。

工信部将低碳绿色工业纳入国家发展规划，力抓重点行业节能减排工作。钢铁、水泥、电子信息、军工等行业以及中小企业节能减排的指导意见正在制定中，重点行业的能耗、物耗和环保技术标准规范也正在制定或修订中。工信部还将逐步加强对年综合能耗在 5 000 t 标准煤以上的重点用能企业节能目标进行考核。

环境保护部、科技部联合启动了"推动发展低碳经济投融资战略同盟"，全力推进投融资机构与环保企业的融合，引导更多的资金进入低碳经济领域；财政部、发改委颁发了《关于开展节能低碳产品惠民工程的通知》，安排专项资金，采取财政补贴方式，支持高效节能低碳产品的推广使用；工信部、科技部联手组织重点行业节能减排技术评估和应用研究，主要围绕钢铁、有色金属、化工、建材等 12 个行业，制定企业节能减排目标考核机制。

上海的崇明岛已逐步被打造成适应上海现代化国际大都市建设的长远需要，人与自然和谐相处、经济社会协调发展的最佳区域之一。2005 年起，上海市科委设立了节能减排科技专项，支持节能技术和低碳技术的研发，崇明也先后在工业节能、交通节能、建筑节能、新能源、资源循环利用等方面部署了多项重大科技攻关项目，为崇明的低碳发展之路提供了技术保障[126]。

河北保定已成为国内两个国家级的"新能源产业国家高技术产业基地"之一，并正被全力打造为名副其实的"太阳城"和新能源基地。

近几年，我国在节能建筑推广中也取得一定的成绩：济南已实现热水器与 24 层建筑的一体化，高于国家标准的 12 层以下必须一体化的要求。大大提高能源利用率，节约了成本。

城市交通方面，我国浙江省杭州市建立了自行车交通系统，实行低碳交通。2008年，杭州市通过采取政府引导、企业运作的模式，在国内率先构建公共自行车交通系统，并将其纳入杭州城市公共交通体系之中。到目前为止，杭州市公共自行车交通系统已经经过了 4 次升级，各方面功能都日益完善，不仅方便了人们出行，而且有利于低碳城市建设[127]。

除此之外，深圳的节能灯模型，广州有自主产权的板管蒸发式冷凝技术，珠江啤酒厂对生产工艺的二氧化碳和最后的残渣的沼气利用（用生物质气发电）；广州用太阳能水泵，这些都是在生活中实实在在的低碳实践。

25.3 我国低碳发展的经验与教训

虽然我国近几年低碳发展势头强劲，并初步取得一定的成就，但相较发达国家仍具有一定的差距，并在发展过程中也存在一定的问题和教训。

25.3.1 国家层面

实现低碳发展，政府的作用不可替代，这是推动低碳经济发展的有效手段，是其开展的前提和基础，是实现国家整体低碳发展的保障；因此政府应该做到：

（1）坚持立法先行，以健全完善的法律体系做保障

生态文明建设离不开完善的法律制度保障。西方发达国家非常重视立法的保障作用，以健全完善的法律法规为生态文明建设保驾护航。

随着我国低碳发展的行进，关于气候变化的法律法规逐步增加，但是现有的立法规定不够详细，缺乏足够的操作性。同时，低碳经济发展的政策法律体系并不完善，法律之间缺乏联系，缺乏必要的配套制度，严重削弱了法律制度的综合效力。除了《中华人民共和国节约能源法》、《中国应对气候变化国家方案》、《气候可行性论证管理办法》等少数与气候变化相关的政策，没有专门应对气候变化的法律。并且在能源法、环境保护法和资源保护法等相关法律也没有对"温室气体"的高污染高排放，资源密集的经济模式加以明确限制[128]。

目前我国对于低碳产品的认证尚处于研究准备阶段。2010 年 3 月中国环境保护部环

境发展中心与英国标准协会（BSI）签署了关于低碳产品认证的合作备忘录，以便于两国共同推动低碳产品认证的研究工作。国家发展和改革委员会及其他部门已同时启动了重点行业典型产品及重点减排项目低碳认证制度研究，将为《中国低碳产品认证管理办法》的出台提供借鉴。目前我国低碳认证标准的制定已明显落后于英国、日本等发达国家，应尽快出台相关的指导性文件，在此过程中可借鉴日本的经验开展试点行动，并加强与国际标准的接轨。

因此，建立机制协调小组，评估温室气体减排政策，健全综合性的法律机制和制度体系，是发展低碳经济的基本保障前提。

（2）积极实现经济转型，为生态文明建设提供物质基础。

当前，发展生态经济，推行以循环经济、低碳经济为核心的绿色新政是发达国家的一致选择，目的在于把高能耗、高消耗、高污染的传统经济发展模式转变为低能耗、低消耗和低排放的绿色可持续发展模式[129]。

对低碳经济关键技术的投入，促成了低碳经济的快速发展，并树立示范。根据低碳经济发展的不同内容和目标先行试点，开展低碳经济区域或城市示范以及技术示范，探索有中国特色的低碳经济发展道路。针对不同发展水平和区域特点，选择若干省、自治区和直辖市或者城市、开发区，建立国家级或地方级的典型示范区。

（3）制定和广泛应用多种鼓励生态文明建设的环境经济政策

环境经济政策是指按照市场经济规律的要求，运用价格、税收、财政、信贷、收费、保险等经济手段，调节或影响市场主体的行为，以实现经济建设与环境保护协调发展的政策手段[129]。

发达国家采用的比较成功的环境经济政策主要包括环境税、排污收费、生态补偿、绿色金融与排污权交易等。其中，生态税收和生态补偿机制在资源开发利用与保护方面被广泛采用。

运用适当的政策手段特别是经济政策手段，对符合低碳经济发展要求的行动加以引导和鼓励。可以采取的经济政策如下：

①通过税收优惠、融资优惠等激励机制，政府和相关企业会增加对低碳技术的研究和开发投入。

②推出环境税、能源税和碳税。碳税是针对二氧化碳排放所征收的税种，以环境保护为目的，希望通过削减二氧化碳排放来减缓全球变暖的速度。碳税通过对燃煤和石油下游的汽油、航空燃油、天然气等化石燃料产品，按其碳含量的比例征税来实现减少化石燃料消耗和二氧化碳排放。建立环境保护部与财政部、国家税务总局组成的合作系统，建立这一领域的基本框架史。

③充分发挥碳汇潜力，建立中国的碳排放交易制度。对全国的碳平衡状况进行统计，

从而使生态受益区在享受生态效益的同时，拿出享用"外部效益"溢出的经济效益，对生态保护区进行补偿。这实际上是将碳源排放空间作为一种稀缺资源，碳汇吸收能力作为一种收益手段，利用中国区域间碳源和碳汇拥有量的差异，通过有效的交换形式，形成合理的交易价格，使生态服务从无偿走向有偿。

④对可再生资源进行直接补贴，使之具有竞争力。

⑤推广中国的碳排放标志认证。实行低碳标志认证制度有助于促进企业努力生产低排放型产品，也有助于诱导消费者积极选购"低碳商品"，从而把温室气体减排同商品销售的竞争挂起钩来，既能激发企业参与的积极性，也能提高消费者的环保意识。

⑥制定和完善主要工业能耗设备、家用电器、照明家电、机动车等能效标准，强制淘汰耗能产品等。

（4）加强国际合作与交流

伴随《京都议定书》的执行，相应的减排技术产业及其市场已经逐步形成。我们在政策、体制、立法和技术等很多方面还需要借鉴发达国家的经验。只有在理解、平等的原则下对话和协商，才能达成共识，实现优势互补。我们在积极参与国际谈判的同时，也应努力做好对外宣传，共同发展。要尽快缩小先进低碳技术方面的差距，积极开展国际合作，通过共同研发和合理转让等方式提高国内的科技水平和创新能力，促进低碳经济发展。

①积极参与全球气候变化国际合作与交流，积极推动双边和多边国际合作，增强中国应对气候变化的能力。

②及时了解国内外的科学技术信息，掌握国际的最新成果。认真抓好引进先进技术的消化、吸收和创新工作。

③积极开展与发达国家之间的 CDM 项目合作，鼓励和扶持优先领域内的项目合作。

（5）加强宣传教育及公众参与

发展低碳经济不仅仅需要政府和企业的参加，更需要全民参与，才能从根本上实现向低碳经济的转变。民众的行为方式和消费选择，是企业生产的方向盘，也是政府决策的指南针。因此，只有通过宣传教育，让民众了解和认可，才能从根本上转变他们的行为意识，逐步达成关注低碳消费行为和模式的共同意识，从根本上和长期上实现低碳经济。同时，我们也要加强在国家上的宣传，树立良好的国家形象，为国际合作打好良好的基础。

①加强宣传教育与培训，提高公众自觉保护气候的意识。利用各种宣传媒体，提高公众对气候变化问题的科学认识；加强青少年的教育，培养气候变化的意识；引导公众可持续的消费方式，为保护全球气候做出贡献。

②充分宣传中国在适应和减缓气候变化方面的各项努力和工作成效。中国完全能够

成为在可持续发展框架下走低碳发展之路，对全球负责任的发展中国家的典范。

25.3.2　企业层面

（1）企业应努力抓住低碳经济发展的战略机遇

企业要善于抓住机遇，通过战略性地将气候变化和发展低碳经济问题纳入运营管理的决策之中，降低相关的气候风险、法规风险和市场风险，降低能源强度和碳强度，提高企业的资源环境利用效率，得到消费者和市场的认可，最终获取更高的经济效益和国际国内市场竞争力，实现企业的低碳经济转型。要加快构建和形成企业发展低碳经济的战略规划。应对气候变化与低碳经济转型，企业需要对当前形势和未来趋势进行战略思考和长远布局，在恰当的时机采取恰当的行动。在制定和实施战略规划时，通过分析气候变化和低碳经济转型对于企业自身和企业所处行业产生的影响，尤其是应对气候变化的国内政策法规的变动对企业经营环境产生的变革，以及国外游戏规则对企业海外资产运作和进出口贸易的影响，充分考虑现实条件约束，循序渐进，分步实施，避免低碳经济发展带来的冲击。更为重要的是，在发展低碳经济的全球背景下，企业需要思考行业的未来发展趋势和企业的未来发展战略，提升自身核心竞争力。

（2）深入梳理低碳经济战略投资机会的线路图

从长远来看，现今工业化所依赖的产业均使用传统的化石能源，而化石能源特别是石油的稀缺性决定了能源价格的长期上涨趋势，一次能源的稀缺性是不争的事实[130]。

因此，发展低能耗的经济增长方式，推进低碳经济发展的意义不仅在于生态环境，也在于国家安全的考虑。企业要站在战略的高度，深入梳理低碳经济战略投资机会，依据低碳经济包括的低碳能源、低碳技术和低碳产业体系等方面，根据中国能源科技发展中长期目标[131]。

在低碳经济转型中，要深入梳理好清洁能源领域中的风能、太阳能和核能投资机会路线。三者除了政府支持力度较大外，核能具有成本优势、国产化率较高、技术成熟度较好、行业竞争较为垄断的特点；太阳能和风能具有较好的竞争优势特征；生物能具有处于初创阶段、政府补贴的影响大的特点。因此，企业要通过梳理其发展特征和发展趋势，找准其产业链的生产经营切入点。要深入梳理好新能源汽车产业链中的电池等核心零部件的投资机会路线。鉴于该产业技术和成本上的瓶颈是电池，而且该产业链与上游资源类企业加工生产的锂、镍等矿物资源的稀缺性相关，以及目前整车厂商没有确定的垄断领先优势等，因此，企业要善于把握其核心技术开发或者核心技术商业化，以及其产业链上游资源端的获利机会。再者，即使不包括建材生产过程中消耗的能源，鉴于中国建筑能耗（包括建造能耗、生活能耗、采暖空调等）约占全社会总能耗的30%[132]。

建筑能耗由此成为节能降耗的焦点领域之一，因此，企业在转型低碳经济中，要善于梳理建筑能源提供的新能源化、建筑材料的节能化和环保化、建筑节能系统的设计和智能建筑工程设计等方面的投资机会线路图。

另外，要善于梳理其他节能减排和环保如 CDM 项目、传统节能锅炉和其他环保设备、节能电机等方面的低碳机会。

（3）研发低碳技术和低碳产品

高度重视能效提高技术和低碳技术的战略意义，建立科技创新机制，支持技术开发、产业化示范及成果转化。在系统评估优先技术需求的基础上，集中力量研究开发一批对减缓和适应气候变化有重大影响的关键技术；积极争取发达国家减缓和适应气候变化先进技术的转让，同时根据依靠科技进步和科技创新应对气候变化的原则，结合国家科技创新体系的发展和科技体制改革进程，大力扶持和鼓励开发减缓和适应气候变化的先进适用技术[133]。这些都是发展低碳技术和产品的有效手段，也是低碳经济发展的必要前提和物质与技术储备。中国不仅需要大力发展先进低碳技术，更要注重科技创新和低碳技术在其他行业中的应用，以实现整个国民经济的低碳化。中国可以进行研究的减缓温室气体排放技术包括：

①节能和提高能效技术，包括淘汰高耗能的产业和生产工艺，在家用电器、照明设备、工业电动机和工业锅炉等领域进行技术改造，提高热的有效利用和提高能源转换效率。

②碳替代技术，发展可再生能源和新能源技术，加速发展天然气、适当发展核电，积极发展水电，开发风能、太阳能、水能、地热能和生物质能等可再生能源，减少煤炭在能源结构中的比重。

③碳转化技术、碳固定技术、碳减排技术及碳中和技术。主要行业 CO_2 和甲烷等温室气体的排放控制与处置利用技术，生物与工程固碳技术，CO_2 捕集、利用与封存技术，农业和土地利用方式控制温室气体排放技术等。

（4）努力解决低碳经济发展的信息不对称问题

低碳经济发展的信息是指为减少碳排放，防治环境污染、改善生态环境、保护自然资源、发展生态经济等提供废弃物来源及其回收利用、环境节能技术开发、清洁工艺及绿色产品的开发等各种低碳经济信息服务。鉴于低碳经济的发展还属于新生事物，目前我国围绕企业低碳经济信息的服务还是一片空白，企业要努力解决低碳经济发展的信息不对称问题，既可以构建一个专门服务于企业自身发展的低碳信息平台，也可以致力于为其他企业低碳经济转型提供信息服务。

要加强企业的内部宣传与引导，利用网络及其他各种传媒，宣传低碳经济的内涵及其对转变经济发展方式和经济持续发展的重大意义，提高企业内部对发展低碳经济的认知能力。教育和引导企业不同层面的成员自觉地投入相关低碳信息的收集、传输等过程中去，极大地丰富低碳经济发展的相关信息源，为企业获得各种发展低碳经济的潜在价值机会，以及了解有关碳排放减少、环境保护措施的信息提供素材，从而提高企业发展低碳经济的危机感、责任感和机会度。要敦促政府规范低碳信息的收集、合成、传输、反馈等机制，建立低碳信息交换平台，通过梳理相关企业废弃物排放、碳排放等信息，促进企业低碳信息的沟通交流，同时尝试把低碳信息当做一种稀缺资源，进行市场化运作，并利用网络等现代化的传媒工具，定期进行低碳信息发布，把信息承载的价值迅速转变为市场信号，引导企业实现低碳转型。

第八篇　低碳发展前景与展望

26　发展前景展望

发展低碳经济，是中国"世界公民"的责任担当，也是中国可持续发展，转变经济发展模式的难得机遇。因此，倡导低碳经济、改善生活方式，是我们的责任和使命。

（1）以造林绿化为主要内容，加快国内生态屏障

积极推进绿化带建设工程，继续实施天然林资源保护工程，在全面落实天然林资源管护任务的同时，对新增生态林地要采取措施进行管护，并对荒山荒坡采取人工造林等方式进行绿化。积极争取国家启动西部地区防护林建设工程，以周边绿化带工程范围为核心区域，采取林分改造、封山育林、荒山造林等措施，在其外围建设防护林带。配套实施能源林建设工程，在绿化带、退耕还林、天然林保护以及防护林工程区，结合乡村生态环境整治，建设一定规模的薪柴林，缓解农村能源短缺矛盾，保证生态建设工程的实施效果。

（2）确立国家碳交易机制

在我国的不同功能区，一些区域是生态屏障区，一些地区是生态受益区，依照国际通用的"碳源—碳汇"平衡规则，生态受益区应当在享受生态效益的同时，拿出享用"外部效益"溢出的合理份额，对于生态保护区实施补偿。补偿原则是碳源大于碳汇的省份按照一定的价格（双方协商或国家定价）向碳源小于碳汇的省份购买碳排放额，以此保证各省经济利益和生态利益总和的相对平衡。应该尽快对中国 31 个省（自治区、直辖市）的碳平衡状况，即碳源量与碳汇量进行统计分析，从而使生态受益区在享受生态效益的同时，拿出享用"外部效益"溢出的经济效益，对生态保护区进行补偿。这实际上是将碳源排放空间作为一种稀缺资源，碳汇吸收能力作为一种收益手段，利用我国区域间碳源和碳汇拥有量的差异，通过有效的交换形式，形成合理的交易价格，使生态服务从无偿走向有偿。

（3）积极采取强有力的经济政策手段

目前，我国低碳经济的发展缺少强有力的经济政策手段，如我国至今还没有像一些发达国家那样对能源企业制定强制性的绿色能源比例，也没有鼓励消费者使用低碳产品的补贴。因此，要借鉴发达国家的已有做法，加强政策扶持，提供有利于低碳经济发展

的税收优惠、财政补贴等措施。开征碳税和推行碳交易是富有成效的政策手段，我国应考虑开征碳税，开征碳税的结果可以极大地降低 CO_2 的排放，而且也增加了工业的能效以及竞争力。碳排放交易机制有利于各地区、各单位之间实现利益均衡，提高减排效率。我国要建立碳交易市场，加强对碳交易的管理。一方面，要规范交易规则，发展碳交易的中介机构，确保合理的交易价格；另一方面，要建立绿色能源交易机制，把碳交易与激励发展清洁能源政策结合起来，调动全社会发展和利用清洁能源的积极性。

按照联合国相关规定，需要义务减排的发达国家，可以与发展中国家采取节能项目合作的方式，获得更多温室气体减排指标，以抵消其减排义务。对中国来说，一些生态环境良好但是经济发展滞后的地区，可以利用自身环境优势参与新的低碳经济领域的国际分工，或者与发达地区实现碳排放指标的交易，从而获得生态补偿。

（4）税收优惠与财政补贴

对低碳经济发展实施税收优惠政策是发达国家普遍采用的措施。美国政府规定可再生能源相关设备费用的 20%～30% 可以用来抵税，可再生能源相关企业和个人还可享受 10%～40% 额度不等的减税额度。欧盟及英国、丹麦等成员国规定对可再生能源不征收任何能源税，对个人投资的风电项目则免征所得税等。政府对有利于低碳经济发展的生产者或经济行为给予补贴，是促进低碳经济发展的一项重要经济手段。英国对可再生能源的使用采取了一系列财政补贴措施。如英国的电力供应者被强制要求提供一定比例的可再生能源（由 2005—2006 年的 5.5% 提高到 2015—2016 年的 15.4%）。与此相应，英国政府对电力供应者提供了一定补贴。丹麦在能源领域采取了一系列措施推动可再生能源进入市场，包括对绿色用电和近海风电的定价优惠，对生物质能发电采取财政补贴激励。加拿大自 2007 年起对环保汽车购买者提供 1 000～2 000 加元的用户补贴，鼓励本国消费者购买节能型汽车，减少 CO_2 的排放。这些发达国家所采取的低碳措施都值得我们借鉴和效仿。

27　潜在问题与解决方案

随着低碳技术日益成为经济发展的核心产业，美国早已将控制低碳技术作为头号战略利益。美国众议院 2009 年 6 月 26 日通过的《美国清洁能源安全法案》，授权美国政府今后对因拒绝减排而获得竞争优势的国家的出口产品征收"碳关税"。随后对中国等发展中国家的高端产品征收惩罚性关税，以期实现其战略利益。可以想象，最近美国和欧盟的一系列动作表明：以美国主导的西方发达国家在逐步实现其"完美计划"，即西方发达国家想利用发展中国家刚刚发展起来的工业财富来帮助其实现后现代化的发展，并抑制发展中国家的发展，从而继续主导世界。

中国等发展中国家除非不想向美国出口产品，否则就一定要符合美国的标准。中国等国家为了不让美国征收关税，就必须在 2020 年之前，调整自己的产业结构，制造出符合标准的低碳产品。问题是美国的标准之高，只有美国的设备和技术能够达到。言下之意就是：中国想出口产品到美国，就必须购买美国的设备和技术，按照美国的要求去制造产品。由于太阳能、风能、核能、生物质能等新兴能源技术是高额附加值的产品，美国因此可以在新能源技术的开发、交易中获得超额利润，以此来赚回流转出去的美元。

这可解释为何西方发达国家在减排公约上承诺要出资金和技术，到现在为止，资金和技术一直没有落实。也可以解释为何美国为主的发达国家一再设置高"碳关税"门槛，企图通过提高资金成本来迫使发展中国家为他们的新能源技术买单。从而使"低碳"概念到资金的转换，顺利渡过目前的经济危机，进一步过渡到后现代化阶段。面对发达国家对我国在碳税问题上的重重限制，中国应对碳关税的战略如下：

（1）争取国际碳排放秩序的话语权

后京都时代即将到来，面对复杂多变的国际经济政治格局，我国必须积极争取国际碳排放权秩序建立的话语权，使我国在国际气候谈判中处于优势地位。国际碳排放权秩序的话语权，一直以来主要由发达国家掌握。我国必须以更主动的策略和姿态，参与到全球气候变化谈判和全球碳预算体系确立过程中。只有成为国际体系的参与制定者，才能应对美国等发达国家的碳关税政策。

（2）促进贸易协调机制与多边谈判机制

国际贸易协调机制尚不健全，不能很好解决环保与贸易自由的争端。作为世贸组织成员国，我国应当积极促进世贸组织和其他国际组织不断完善国际贸易与环保争端的解决、协调机制。国际碳关税政策，还需要用多边谈判机制进行协调。我国应当同其他发展中国家一道，不断争取国际舆论支持，继续坚持共同但有区别责任的原则，共同应对国际碳关税政策。

作为中国政府，选择如此高标准减排计划，本身来说是对国际社会主动传达积极和负责任的信号，但数据的增长不应该以牺牲老百姓的利益为代价，未来中国的减排实施方式不应该把追求交易机制作为终极目标，而应该主动融入主要新能源技术解决方案，与国际社会其他发达国家共同研究开发新技术，形成国际社会新能源技术共享机制，避免少数发达国家垄断新能源技术。中国政府要采取的解决方案为：

（1）发展低碳经济，要进一步加大政府的补贴作用

从经济学角度来讲，低碳技术大都具有的强烈外部经济性，即自身盈利性小，而公共利益大，因而需要政府的强力支持。包括从低碳技术的开发所需的大量资金，到技术投入生产进行市场化都离不开政府的资金支持。

（2）大力发展第三产业，同时对旧的高能耗产业采取改造、升级或淘汰的手段，来降低能耗与碳排放

我国第三产业近几年来虽然发展很快，但在国民经济中的比例仍然只有 1/3 左右，且增长速度低于第二产业，这远远低于发达国家 60%的比例。大力发展第三产业不仅可以转移高能耗企业倒闭时劳动力就业的压力，而且由于第三产业自身碳排放也远低于第二产业，属于清洁产业，这也大大降低了碳排放。对于旧的高能耗产业采取改造与淘汰两手政策，大型的企业如鞍钢等采取技术改造，充分利用钢铁余热取暖、发电等。一些小型的高能耗企业如小型发电厂可采取直接淘汰的政策。

（3）大力发展低碳技术

大力发展低碳技术，包括低碳产业的中介平台，服务网络，孵化器等，为低碳产业、低碳经济的发展壮大提供有效的服务。低碳经济属于新兴经济，风险性很大，因而必备的中介信息服务等机构是必不可少的。

（4）实行产—学—研相结合方式发展低碳经济，构建低碳产业的研发、生产基地

我国高校与研究所有着世界最大的科技群体，是低碳技术的很好来源，但是目前企业与高校、研究所之间缺乏有效的沟通与联系。只有加大它们之间的相互联系，技术才能真正转化为生产力。

（5）我国政府应联合发展中国家进一步加大与发达国家之间的谈判，以争取其低价或无偿转让低碳技术。获得低价或无偿转让的低碳技术，可为最终实现低碳经济争取更多的发展机会；同时，加强与发达国家进行低碳技术的共同研发。发达国家的低碳技术远远领先于我国，也是气候变暖的主要排放"元凶"，理应承担更多的排放配额，无偿转让低碳技术。我国应警惕发达国家建立技术霸权标准，推脱碳排放责任，为我国低碳经济发展争取宝贵的时间。

（6）加大低碳生活宣传力度，让每一位公民认识到低碳生活的魅力

作为消费者，我们每一个消费者决定了企业产品在市场上的走向。也就是说，我们是低碳经济发展壮大的最终决定力量。养成健康、绿色、低碳的消费方式应从自我做起，多植树，尽量骑车或乘公交车、地铁上班，少用一次性筷子等，都是低碳生活方式。

（7）构建低碳产业集群，最终形成具有竞争力的低碳经济

企业都存在着规模经济，低碳企业也不例外，政府应构建相关低碳产业集群，扩大低碳产业规模，降低低碳产品成本，最终才能建立真正的低碳经济。

（8）完善低碳经济相关法律、法规，实行有效奖惩制度

首先是要制定强制性的法律法规，这是最基本和最有效的低碳经济发展措施。政府应该通过立法，确立低碳能源在能源系统中的重要地位，这样既激励了低碳能源的合理开发和利用，又在法律上保证了其健康发展。其次，建立合理官员考评制度，去除旧的只追"GDP"的考评制度，建立合理的"绿色GDP"的考评制度。最后，对于效果杰出的低碳企业，国家应在税收、信贷等政策上予以优惠奖励。

附件1　中国节能法律、法规和政策列表

序号	名称	类别	生效时间	颁布时间
1	中华人民共和国节约能源法	国家法律、法规	2008-04-01	2007-10-18
2	中华人民共和国可再生能源法	国家法律、法规	2006-01-01	2005-02-28
3	中华人民共和国清洁生产促进法	国家法律、法规	2003-01-01	2002-06-29
4	民用建筑节能条例	国家法律、法规	2008-10-01	2008-08-01
5	公共机构节能条例	国家法律、法规	2008-10-01	2008-08-01
6	促进产业结构调整暂行规定	国家法律、法规	2005-12-02	2005-12-2
7	国务院关于加强节能工作的决定	国家法律、法规	2006-08-06	2006-08-06
8	节能发电调度办法（试行）	国家法律、法规	2007-08-02	2007-08-02
9	固定资产投资项目节能评估和审查暂行办法	国家法律、法规	2010-11-01	2010-09-17
10	高耗能特种设备节能监督管理办法	国家法律、法规	2009-09-01	2009-07-03
11	国家发展改革委关于印发节能中长期专项规划的通知	基础通用类国家政策	2004-11-25	2004-11-25
12	汽车产业发展政策	基础通用类国家政策	2004-05-21	2004-05-21
13	钢铁产业发展政策	基础通用类国家政策	2005-07-08	2005-07-08
14	关于印发"十一五"十大重点节能工程实施意见的通知	基础通用类国家政策	2006-07-25	2006-07-25
15	水泥工业产业发展政策	基础通用类国家政策	2006-01-01	2005-02-28
16	中国节能技术政策大纲	基础通用类国家政策	2007-01-25	2007-01-25
17	国务院办公厅关于严格执行公共建筑空调温度控制标准的通知	基础通用类国家政策	2007-06-01	2007-06-01
18	关于印发节能减排全民行动实施方案的通知	基础通用类国家政策	2007-08-28	2007-08-28
19	国家发展改革委关于印发重点耗能企业能效水平对标活动实施通知	基础通用类国家政策	2007-10-18	2007-10-18
20	国务院批转节能减排统计监测及考核实施方案和办法的通知	基础通用类国家政策	2007-11-17	2007-11-17
21	国务院关于进一步加强节油节电工作的通知	基础通用类国家政策	2008-08-01	2008-08-01
22	国务院办公厅关于深入开展全民节能行动的通知	基础通用类国家政策	2008-08-01	2008-08-01
23	财政部、国家发展改革委关于开展"节能产品惠民工程"的通知	基础通用类国家政策	2009-05-18	2009-05-18

序号	名称	类别	生效时间	颁布时间
24	工业和信息化部关于进一步加强工业节水工作的意见	基础通用类国家政策	2010-05-04	2010-05-04
25	国务院关于进一步加大工作力度确保实现"十一五"节能减排目标的通知	基础通用类国家政策	2010-05-04	2010-05-04
26	国务院关于印发"十二五"节能减排综合性工作方案的通知	基础通用类国家政策	2011-08-31	2011-08-31
27	国家发改委关于加强固定资产投资项目节能评估和审查工作的通知	国家法规	2006-12-12	2006-12-12
28	国家发展改革委关于印发固定资产投资项目节能评估和审查指南（2006）的通知	国家法规	2007-01-05	2007-01-05
29	国家发展改革委办公厅关于印发企业能源审计报告和节能规划审核指南的通知	能源审计	2006-12-06	2006-12-06
30	国家发展改革委、财政部关于印发《节能项目节能量审核指南》的通知	合同能源管理	2008-03-14	2008-03-14
31	国务院办公厅转发发展改革委等部门关于加快推行合同能源管理促进节能服务产业发展意见的通知	合同能源管理	2010-04-02	2010-04-02
32	财政部、国家发展改革委关于印发合同能源管理项目财政奖励资金管理暂行办法的通知	合同能源管理	2010-06-03	2010-06-03
33	国家发展改革委办公厅、财政部办公厅关于财政奖励合同能源管理项目有关事项的补充通知	合同能源管理	2010-10-19	2010-10-19
34	国家发展改革委办公厅、财政部办公厅关于进一步加强合同能源管理项目监督检查工作的通知	合同能源管理	2011-07-20	2011-07-20
35	关于加快推行清洁生产意见的通知	清洁生产审核	2003-12-17	2003-10-20
36	关于印发重点企业清洁生产审核程序的规定的通知	清洁生产审核	2005-12-13	2005-12-13
37	关于进一步加强重点企业清洁生产审核工作的通知	清洁生产审核	2008-07-01	2008-07-01
38	财政部、国家发展改革委关于印发《节能技术改造财政奖励资金管理办法》的通知	节约能源奖励	2011-06-21	2011-06-21
39	财政部、国家税务总局、国家发展改革委关于发布节能节水专用设备企业所得税优惠目录（2008年版）和环境保护专用设备企业所得税优惠目录（2008年版）的通知	节约能源奖励	2008-08-20	2008-08-20

附件 2　国际节能政策和法规

A　美国节能政策法律法规

综合平均燃油经济性（1975 年）

　　1975 年美国国会首次颁布综合平均燃油经济性计划（CAFE），旨在通过增加轿车和轻型卡车的燃油经济性来减少能源消耗。美国国家高速公路交通安全管理局（NHTSA）为在美国出售的轿车和轻型卡车设置燃油经济性标准，并由环境保护局（EPA）计算每个汽车制造商需要达到的平均燃油经济性。根据 EPA 进行的测试和评估协议规定，把测量得到的每类机动车消耗每加仑汽油（或者等量的其他燃料）的平均里程叫做燃油经济性。1978 年首次引进了针对客运汽车的燃油经济性法规，1979 年制定了针对轻型卡车的燃油经济性类别。此标准根据轿车和轻型客车分类而制，互不干扰。2006年 3 月，能源政策保护法授权了一条新法则，完善轻型卡车的 CAFÉ 计划体系，并建立了 2008—2012 年标准年期间轻型卡车应该达到的 CAFÉ 标准。2008—2010 年过渡期，制造商可以选择执行完善后的标准或者原先的标准，但是到 2011 年，所有制造商必须执行新标准。根据新的 CAFÉ，重组的燃油经济性标准基于一项称为车辆"足迹"的测量方法，即车辆乘以轨道宽度的结果。小足迹高标准，大足迹低标准。2007 年签署通过的能源独立和安全法案（EISA）在监管 CAFÉ 计划方面相较 1975 年的法律做了大量的重要改变。要求到 2020 年制造商（客车和轻型卡车）提高机动车的燃油经济性至每加仑燃油里程至 35 英里（1 英里=1 609.344 m）。与现在的平均将近 25 英里相比将提高 40%。为使 2020 标准年实现这一目标，NHTSA 需要继续提高 CAFÉ 标准。

公共事业管制政策法（1978 年制定，2005 年、2007 年修订）

　　公共事业管制政策法（PURPA）为非公用事业的电力生产商创造了市场。在 PURPA之前，只有公共事业拥有并经营发电设备，PURPA 要求相较于公共事业成产额外电力的成本，称为"可避免成本"，如果非公用事业的发电成本更小，则公共事业则需要向非公用事业购买该部分电力。因为避免（边际）成本比公共事业平均发电成本高，使用可再生能源或者高效的化石燃料发电的项目可能更具有成本竞争力。2005 年能源政策法案和 2007 年 EISA 标准，公司实施"必须考虑"是否逐条符合以下标准：发电机发电效率；网络和基于时间的测量；促进能源效率投资的税收设计；以及智能电网的推广。

国家及地方气候和能源计划（1990 年）

美国 EPA 制定的国家及地方气候和能源计划旨在通过提供技术支持，分析工具和扩展支持来促进国家及地方政府在清洁能源方面做出的努力。专业支持包括：制定并落实促进可再生能源效率和相关清洁技术的成本效益政策和创新；测量并评估清洁能源创新在环境、经济和公众建设方面的影响；提供一套国家自愿项目，为合作伙伴的清洁能源行动提供援助和意见；为国家及地方官员提供平等的交流机会，分享最佳实践和创新政策信息。

车辆技术计划（1992 年）

车辆技术计划旨在开发并加速清洁高效车辆技术和可再生能源的发展，与企业、大学和国家及地方政府进行合作。计划活动包括探索、发展、证明、测试及培养。它为重点在可替换燃料车辆应用的技术集成子项目提供资金并促进其示范和扩展。并将逐步扩展延伸到混合动力电动汽车和其他先进技术。该方案还支持并通过两个主要的政府与业界的伙伴关系：车辆和燃料自由伙伴关系和 21 世纪卡车合作。

能源之星计划是美国国家环保局（EPA）和美国能源部（DOE）的联合计划。为克服市场障碍，该计划应用以市场为基础的合作关系，采用客观的测量工具以及利用消费者宣传等策略。能源之星的核心是志愿标签计划（或者叫做能源之星合格产品计划），它定义了高能效的产品（办公设备，住宅供热/制冷，主要家电，照明），建筑产品，建筑物以及设备，使消费者可以选择最节能的产品。能源之星计划提供信息和工具以便企业和住户做出明智的能源决策。它是住户希望自己的住宅更高效节能的信息来源，还提供了新建住宅能源之星标签以向准备购房的人们提供符合能源之星细则的新房。它需要企业共同协作并且与所有类别和大小的组织建立伙伴关系，为合作伙伴提供能源管理策略，帮助其设定目标，跟踪其节能情况，以及为其提出改善意见。

建筑物能源效益守则计划（1993 年）

美国能源部的建筑物能源效益守则计划隶属于建筑技术项目，是国家示范性能源效益守则的信息资源。建筑物能源效益守则与其他政府机构、州和地方的司法管辖区、国际立法机构以及企业合作，强化建筑物能效守则并帮助各州采用、实施和执行这些守则，提供直接的财政和技术援助；帮助修订国家示范性能效守则以满足国家需求和发展，开发适合各州的法规一致性软件；同时还在州内提供法则合规培训，并分析国家及地方建筑法则对能源和经济的影响。

建筑技术项目（1997 年）

　　建筑技术项目与国家及地方政府、行业和制造商合作，旨在提高新建和已建建筑及其内置设备、组件和系统的能源效率。该项目开展的活动包括提供工具、准则、标准、培训、技术和财政资源，开发新的技术和解决方案，然后与合作伙伴共同整合和优化现有最佳技术的实施。

替代燃料和能效舰队计划（1999 年）

　　替代燃料和能效舰队计划旨在增加替代燃料的使用，替代燃料车辆的销售和租赁以及能效舰队。

高效节能可持续发展伙伴关系（2002 年）

　　高效节能可持续发展伙伴关系（EESD）旨在通过更高效节能的工艺、技术以及生产现代化来提高能源系统的生产力和效率，同时减少浪费和污染，节约资金，提高可靠性。美国能源部主导的公共和私营部门的伙伴关系，旨在协助发展中和转型经济体减少贫困并超过他们预定的发展曲线。合作伙伴致力于提高能源效率和减少贫困，开发新业务和可持续发展的融资模式，通过优化经济增长，社会发展和环境进步的全球化力量（技术、信息和资本）促进一体化发展，并形成新的联盟以促进项目和市场开发。已经有超过 80 个组织承诺了 EESD 伙伴关系的目标：关系成员中，工业企业占 30%，非政府组织和学术界占 21%，金融机构占 20%，双边和国家政府占 20%，其他 8% 为多边组织。

节能建筑计划（2002 年）

　　美国 EPA 的节能建筑计划提供了一个提高能源效率的自愿的免费的途径。节能建筑计划帮助建筑物的业主，管理者和居民改善其建筑物的能源效率。节能建筑计划与许多组织合作，例如跨国公司、本地企业和非政府组织以及政府机构，为提高能源利用效率节约能源和资金共同努力。为合作伙伴提供提高能源利用率的资源，包括能源节约的计算工具和基准测试工具。

可再生能源和能源效率伙伴关系（2002 年）

　　可再生能源和能源效率伙伴关系（REEEP）是一个积极的全球性的合作伙伴关系，旨在减少阻碍和限制可再生能源和能源效率技术及项目开展的政策、法规和融资结构障碍。它由美国联邦政府，11 个其他国家政府，以及欧盟的政府提供资金支持。

国家清洁柴油运动（2004 年）

国家清洁柴油运动（NCDC）促进柴油减排战略，旨在通过多样的控制策略的实施和积极参与国家、州和地方的合作伙伴关系，来减少全国的柴油发动机的污染排放。NCDC 活动包括：制定新的机车和船用柴油机排放标准；通过成本效益和创新策略，包括使用清洁燃料，改造和维修现有船只，促进减少现有柴油发动机的排放，其中包括减少空转。NCDC 为柴油减排技术制定了要求。

工业流程效率的联邦支持：立即节能运动（2005 年）

美国能源部的立即节能运动是美国能源部工业技术项目的一部分，其目的是减少美国工业设施过度使用能源。作为这项运动的一部分，美国能源部已经向全国 3 500 家大型工业厂房经理发放了包含节能信息和软件的光盘。它将提示板纲要，案例研究，技术手册和软件工具汇聚在一起，帮助工厂评估节能机会。通过这项运动，能源部还完成了无成本评估，审计了 200 个大型工业设施的能源系统。根据已经完成的第一批 61 个工业设施的能源评估，每年潜在的节能成本总额将近 200 万美元，天然气排放量每年可减少超过 22 万亿 Btu，相当于 300 000 个家庭天然气的消耗量。在美国，将近有 3 500 家工厂被认为是能源密集型工厂，节能小组参观选定的大型工业设施，以评估其蒸汽或者过程加热系统。对 300 多家工业能源进行了评估，确定了超过 6.45 亿美元的节能潜力。美国能源部将立即节能运动上升为国家级运动，为 19 个州的国家能源办公室提供部分资金。其目的是使这些办事处支付分包商执行工业设施 96 项能源审计的费用。

2005 年的能源政策法案

2005 年能源政策法案（公共法 109-58）是美国国会于 2005 年 7 月 29 日通过，并于 2005 年 8 月 8 日签署称为法律法规。该法规定了各类能源生产的税收优惠和贷款担保。减缓气候变化的主要项目包括：向混合动力汽车的所有者提供高达 3 400 美元的税收抵免，要求联邦设备标明可再生能源的确切比例，授权避免温室气体的"创新技术"的贷款担保，其中可能包括先进的核反应堆设计以及清洁煤和可再生能源，提高在美国销售的汽油中生物燃料（通常为乙醇）的量为现有的 3 倍（到 2012 年达到 7.5 亿加仑），每年为清洁煤创新提供 2 亿美元资金，增加能减少空气污染的煤炭量，给风能和其他替代能源生产者补贴，首次确定了波发电和潮汐发电为可再生能源技术，每年为生物质发电计划补助 5 000 万美元，包含若干使地热能源比化石燃料更有竞争力的规定，要求能源部研究报告现有的自然能源，包括风能、太阳能、波浪和潮汐，减少对所有住宅做出节能改进的住户的税收，延长日光节约时间约 4 个星期，要求能够利用替代燃料的联合舰队单一使用这些燃料，设置联邦调节电网的可靠性标准，延伸和扩展风能、闭环生物质能、开环生物质能、地热、太阳能、小型水利、城市固体废物以及精煤发电的税收抵免范围。

客运车辆和轻型卡车的燃油经济性标签（2006 年）

在美国销售的新轿车和轻型卡车都要有一个燃油经济性的窗贴标签，列出城市和高速公路每加仑里程的估计，帮助消费者比较和购买车辆。虽然从来没有专门的测试可以分析每个驾驶员所经历的各种各样的驾驶情况，使用新方法确定的估计仍能更准确地反映如今的驾驶条件。2005 年能源政策法案要求环保局评估和/或调整燃油经济性测试程序，以反映现实世界的驾驶场景（更快的速度，更大的加速度，温度变化，使用空调等）。为了更清楚地向消费者传达燃油经济性信息，环保局修订了燃油经济性的窗贴，从 2007 年 9 月 1 日以后生产的 2008 款新车开始实施。

全国家电节能法（2006 年）

2006 年 1 月 23 日，美国能源部根据全国家电节能法（NAECA）对特定加热和冷却系统建立了新的能效标准。受新规定影响最大的是住宅中央空调和热泵，其中现有的最低能效等级为制冷 SEER13，热泵 HSPF7.7。NAECA 是一个基本制造标准，规定生产或者进口到美国的新设备的初始效率至少达到其最低标准。虽然 NAECA 不禁止设备效率符合国家建筑规范要求的旧设备的出售和安装，为了协助新标准的实施，美国能源部要求各州制定关于国家建筑规范相关变化的指导。此外，建筑规范援助项目还包含了各州家用空调和热泵实施新标准。

转型能源管理倡议行动（2008 年）

转型能源管理倡议行动（TEAM）是美国能源部提出的旨在大规模改变美国能源部的能源、环境和运输管理的行动。TEAM 旨在结束能量增量改进实践，并创立能源部机构变革管理实践。TEAM 确保在 2015 财年年底，能源部的所有国家设施的能源强度减少 30%，水强度减少 16%。

节能数据中心（2008 年）

工业技术项目正在与数据中心的所有者和经营者合作：为基准数据中心寻找减少能源使用和采用高效节能实践的机会，节省数据中心的能源（2011 年节省 10 亿 kW·h 电），1 500 个数据中心的能源强度到 2011 年相较于 2008 年减少 25%；引导数据中心共同采取集中发电系统，实现 50%以上的大型企业级数据中心的基础设施的性能评级系数

（总数据中心的能源使用信息技术）至少达到 0.70。活动包含一套数据中心开发的能源工具，用来识别和评估数据中心的能源效率的机会；开发一个费用均摊的招揽研发项目，提高国家数据中心建立的以服务为基础的信息和交流技术（ICT）系统的能源效率；用最新的能源管理最佳实践和工具培训数据中心的专家。

公共及辅助型住房的节能法则（2008 年）

美国能源部将进行智能电网的研发和示范，以制定评估能源节约和实施等方面的测量策略。示范行动将开展 5 个示范项目，专注于电力电网传感应用，通信，分析和功率流控制的先进技术。美国国家标准与技术研究所（NIST）将努力建立协议和标准来提高互操作性的智能电网设备和系统，进一步调整匹配政策、业务和技术方法的方式，使包括需求端资源的所有电力资源都能为高效可靠的电力网络做出努力。

运输和气候变化交换中心（2008 年）

运输和气候变化交换中心是关于运输和气候变化问题的全面的信息源。它包括关于温室气体清单，分析方法和工具，温室气体减排战略，气候变化对交通基础设施的潜在影响，以及将气候变化因素纳入运输决策的方法。

卓越节能性能（SEP）（2008 年）

卓越节能性能计划是工业技术项目和美国议会关于节能制造的合作计划，侧重于制定和实施系统评估标准，以及制定一个透明的制度来验证能源强度的改进和管理办法（与 ISO 50001 保持一致），并创建一个节能减排验证档案，参与这样的计划要求对碳税和津贴方式有灵活的认知能力。该方案还开展了能源管理示范项目。这种自愿的专业的认证给企业提供了一个框架，以集中管理和提高能源性能。该计划通过提供一个测量和验证工业企业能源效率改进的方法，使企业管理成为企业标准作业程序的重要组成部分。于 2011 年推出国家自愿性计划。

电器能效标准（2008 年）

能源独立和安全法案设立了新的电器能效标准，电器包括：外部电源，白炽灯，灯装置，家用洗衣机，洗碗机，除湿机，冰箱，冷藏冷冻箱，冷冻箱，电视，空调，热泵，家用热水器等。美国能源部定向发行已设置电池充电器的能效标准的最终规则，在 2013 年完成炉风机的规则制定过程。美国能源部也有权力规定供暖和空调设备的区域性标准。而后联邦机构将购买限制待机使用功率的设备。

联邦建筑物新条例（2008 年）

2007 年修订的能源独立和安全法案扩大了现有的联邦节能减排目标；要求联邦机构购买能源之星和联邦能源管理计划（FEMP）指定产品，并要求计划新建的联邦大厦至少低于 ASHRAE 或者国际节能法的 30%。具体地，根据第 431 条，相较于 2005 年的联邦大厦的节能减排目标，EISA 要求的联邦大厦能源使用总量从 2007 年到 2015 年减少30%。其提高能效的条文要求联邦机构减少每平方尺建筑的能耗，设置节能和节水功能，跟踪能源和水的消耗，并制定提高能效投资的系统。2005 年的能源政策法案第 104 条要求联邦机构购买能源之星和 FEMP 指定合格产品，当能源之星计划涵盖该购买项目时。但当项目不符合成本效益或者不符合该机构的性能要求时则无须购买。行政命令 13514条对联邦大厦建设新设施和重大整修提出要求。例如，2020 年及以后设计建设的所有新建联邦建筑物在 2030 年要实现净零能源，到 2015 年至少有 15%的现有机构建筑物和租赁符合指导原则，该机构要根据自身的建筑清单每年保质保量完成。2007 年 1 月 24 日由总统签署的行政命令 13423 条，要求加强联邦环境，能源和交通运输管理，强化联邦政府的重点目标。它要求联邦机构确保新的建设和重大整修符合 2006 年联邦领导协议的高性能和可持续建筑备忘录。

国家数据中心能源效率信息计划（2008 年）

美国环保局和美国能源部发起一个国家数据中心能源效率信息联合计划。该计划协调美国能源署工业技术项目，立即节能运动，美国能源部联邦能源管理计划（FEMP）和 EPA 的能源之星计划等大量活动。众多行业利益相关者应用各种工具和信息资源促进数据中心运营商的工作，较少其设备能耗。该计划制定指标、测量、最佳方法和基准使数据中心运营商在数据中心的能效和成本上做出更明智的决策。这些信息通过画册、贸易出版物、互联网或者其他机制传播到私营和公共部门的数据中心运营商，以协助传播最佳实践和购买决策，减少数据中心的能耗。该计划的具体内容包括：

开发相匹配的测量方法和指标来定义数据中心设施的能效。

为数据中心运营商开发工具和组织培训，通过一个专门的认证计划认证数据中心的能源效率专家，立即节能合格专家。

开发设备性能指标和标签。

认证最佳数据中心，为其提供美国能源部和环保局颁发的能源之星标签，也可以指定一个组织进行磋商并协助自愿的国家数据中心能效信息计划。

2007 年能源独立和安全法案

2007 年 12 月，2007 年能源独立和安全法案签署称为法律。该法案旨在扩大生产可再生燃料，减少美国对石油的依赖性，提高能源安全并应对气候变化。主要规定包括：

> 增加替代燃料的供应，通过设置强制性可再生燃料标准和进一步鼓励可再生能源技术的发展，要求燃料生产者在 2022 年，至少使用 36 亿 gal 的生物燃料，支持可再生能源的措施包括：费用分摊的可再生能源创新合作伙伴关系，其将设置奖励以支持可再生资源技术基础设施的扩展以及先进制造工艺和材料的研发示范。合格的技术包括：太阳能，风能，生物质能，地热能，能源储备，燃料电池系统。为使用可再生能源项目发电的发电量小于 15MW 的小型商业发电厂提供 50% 的补助金。

> 通过设置 2020 年的国家燃油经济性为每加仑 35 里程，减少美国对石油的需求。

> 提高照明能效的规定：到 2014 年逐渐停止使用白炽灯泡，并提高照明效率超过 70%；要求到 2013 年，联邦建筑物的所有照明均使用能源之星产品；设定一般服务白炽灯、白炽反应灯、荧光灯、金属卤化物灯具的能效标准；建立消费者认知程序，启动"美好明天"照明奖，为 LED 替代项目投资 1 000 万美元；为卤素灯的 LED 替代投资 500 万美元；为"21 世纪灯"计划投资 500 万美元。

> 提高家电能源效率的规定：为供热和制冷产品、消费类电子产品、住宅热水器、电动机以及其他家电产品设置了新能效标准；消费者产品安全委员会（CPSC）为电子消费产品制定能效标签；落实几个程序上的变化，加快美国能源部的规则制定过程。美国能源部定向发行已设置电池充电器的能效标准的最终规则，在 2013 年完成炉风机的规则制定过程。美国能源部也有权力规定供暖和空调设备的区域性标准。而后联邦机构将购买限制待机使用功率的设备。

> 提高建筑物能源利用效率的规定：设立高性能绿色建筑（OHPGB）办事处，以推动联邦建筑物绿色建筑技术的实施；能源部将建立符合房屋建造的能源效益守则的能效标准；要求 2015 年，联邦政府设备能耗减少 30%，到 2030 年所有新建联邦大厦都是碳中性的并设立新标准。

废弃物能源回收注册表（2009 年）

废弃物能源回收注册表（WERR）直接由 2007 年的能源独立和安全法案创建和填充。它作为能源独立和安全法案评定废弃物能源回收项目是否满足资金和监管激励的基础，是一个自愿项目。它只调查欲加入注册表的已监测超过某一阈值水平的数据点。利用软件计算可回收废弃物中潜在能量的数量和质量。EPA 规定制定注册表来源和过程的规则，收集数据填写注册表。它将主要应用于工业和大型商业。其结果将用来了解现有的废弃物能源回收的机会和潜力，以制定废弃物能源收集和使用可实现的污染物和温室气体排放标准。

能源效率实施细则（2009 年）

美国能源部的能源效率实施细则要求制造商向能源部提交符合指标和认证的报告，因认证不当或违规而执行的合规的整改记录，并建立执法队。另外，能源部将随机调查先前提交合规认证报告的制造商，并制裁抽查未达标的制造商。这是整个驱动器的一部分，为家电制造商提供了能更好符合节能法规和公平竞争的环境。

强制性温室气体报告规则（2010 年）

美国 EPA 的强制性温室气体报告规则需要美国温室气体的主要来源和制造商每年报告温室气体（GHG）排放情况。2010 年 3 月 22 日 EPA 部长签署了该规则。根据该规则，5 种类型的化石燃料使用者和工业温室气体的排放者，车辆和发动机制造商（除轻型部门），以及每年温室气体的排放量超过 25 000 t 的 25 种设备需要监测和报告排放量（二氧化碳、甲烷、氧化亚氮、氢氟碳化物、全氟化碳、六氟化硫以及其他含氟气体）。新规则将覆盖美国 85% 的温室气体排放，适用于约 10 000 种设施。该规则允许收集准确的全面的排放数据以制定未来的政策决定。新的报告系统将使人们更好地了解温室气体的来源，引导发展最好的政策方案，以减少温室气体排放。这些数据允许企业跟踪自己的排放量，与相似设施比较，确定成本效益方法，减少未来温室气体的排放。第一个历时最长的设施报告横跨 2010 年（始于 2010 年 1 月 1 日），将于 2011 年 3 月 31 日向 EPA 提交。轻型部门以外的车辆和发动机制造商将于 2011 年开始逐步报告温室气体的排放，并由环保局负责核查所报告数据。

B 欧盟

欧盟能源效率标准（1992 年）

家用燃气或燃油热水锅炉（92/42/EC）标准于 1992 年通过并在 1998 年 1 月生效。冰箱标准（96/57/EC）被批准在 1996 年 9 月 3 日被批准，1999 年 9 月 3 日生效。除市场中销售的大多数 D、E、F 和 G 类冰箱之外，这些标准和能源效率标识联系到了一起。于 2000 年 9 月批准了荧光灯镇流器的标准（2000/55/EC）。2003 年，一套初步的效率标得到了应用。2005 年，更为严格的第二套标准被引进。不同于能效标识的是，没有任何法律框架可供欧盟委员会或其他权威的主管机构参考，在不断变化的基础上去引进或修订效率标准。相反，要想通过最低能源效率的强制性标准，很有必要在现有的家电能效标准基础上，分别寻求欧盟理事会和议会的批准。

能源效率标识（能源之星）（1999 年）

根据欧盟与美国政府 1999 年达成的协议，欧盟批准了在办公设备上可自愿使用"能源之星"的能效标签，并计划与美国共享未来的能效标准。"能源之星"这种标签适用于多种类型的家电，然而欧盟最初却只将其用于办公设备上，例如：个人电脑、传真机、电脑扫描仪、复印机和打印机。尽管欧盟通过了"能源之星"的使用，但生态标签制度将继续与之共存。

关于汽车的燃油经济性和二氧化碳排放的标签指令（1999 年）

1999 年 12 月，欧洲议会和欧洲理事会批准了一项新指令（1999/94/EC），要求在欧盟销售的轿车要张贴标有燃油经济性和二氧化碳排放量的标签。除了这个要求外，指令还要求各成员国与制造商，须开发并免费发放有关燃油经济性和二氧化碳排放量的消费者指南。欧盟发出该指令的目的在于能同时对制造商和消费者有所影响。截至 2001 年 1 月，指令规定会员国须将其纳入国家法律。此外，该指令还要求各成员国在 2003 年 12 月前向欧盟委员会提交一份报告，以说明该指令规定在 2001 年 1 月至 2002 年 12 月所执行的有效性。

监测新乘用车的二氧化碳排放量（2000 年）

2000 年 6 月 22 日，欧洲议会 1753/2000/EC 号决议通过了一项计划，以监测新乘用车的二氧化碳排放量平均比。这是一项减少二氧化碳的排放的社会政策。该计划能够监测成员国领土内新乘用车产生的二氧化碳排放量平均比，且适用于所有第一次在欧盟注册的汽车。

对建筑的能源性能指令（2002 年）

2002 年 12 月，欧洲议会和欧洲理事会通过了对建筑物的节能性能的指令（2002/91/EC）。基于整个欧洲社会在建筑物提高能源效率的目标，该指令包括以下内容：
综合建筑节能性能计算方法的总体框架；
新建筑物节能性能最低要求的应用；
大型及翻新建筑物的能源性能最低要求的应用；
建筑物节能认证；
定期检查建筑物的锅炉和空调系统，另外还要对安装运行达到 15 年的供热锅炉进行评估。

欧盟会员国在 2006 年 4 月 1 日之前，须执行建筑能源性能指令前三条中的任意一条指令。最后两项关于培训和由专家开展认证和检查的规定，允许缓期 3 年（即至 2009 年 1 月 4 日）执行。

计算建筑物的能源性能的方法。至少应包括以下几个方面：①建筑物（外部围护结构和内部隔断，气密性等）的热力学特性；②供热和供热水设备安装，包括保温特性；③空调安装；④通风；⑤内置通风照明装置（主要指非住宅建筑）；⑥建筑物的位置和朝向，包括室外气候；⑦被动式太阳能系统，太阳能保护；⑧自然通风；⑨室内气候条件，包括设计的室内气候。

在这个计算中，应考虑以下几方面相关因素造成的影响：①基于可再生能源电力系统的基础上主动式太阳能系统及其他加热系统；②热电联产（CHP）发电；③区域供热和供冷系统；④自然采光。

为实现这种计算目的，应对建筑物进行充分分类，如：①不同类型的单身家庭的房屋；②公寓大楼；③办事处；④教育建筑；⑤医院；⑥酒店和餐厅；⑦体育设施；⑧批发和零售贸易服务大楼；⑨其他类型的耗能建筑。

促进热电联产的指令（2004 年）

2004 年 2 月 11 日，在内部能源市场需求有用热的基础上，促进了热电联产指令 92/42/EEC 的修订和 2004/8/EC 指令的通过。该指令鼓励欧盟成员国通过系统认知和逐步实现全国高效率热电联产的潜力，来促进对热电联产的认识。各成员国必须对为满足这种潜力所取得的进展和采取的措施做出相应的报告。要扫清当前热电联产的障碍，各成员国必须做到以下几点：

保证热电联产，在电力传输和分配的基础上，客观，透明和非歧视的标准；

为使用可再生能源和单位容量小于 1MW（电）的热电联产机，入网提供便利；

确保热电联产发的电是由一个或多个当地的主管机构按要求担保下生产。为了消除任何由含糊而产生的现有定义，以及增添内部能源市场的透明性和连贯性，该指令建立了一个热电联产的公共定义和一种灵活的方法用于辨别高效率的热电联产。该指令定义高效率的热电联产是指：与独立生产相比，至少能节约 10%的能源的热电联产为高效率的热电联产。指令并没有包括相关目标，而是敦促成员国开展高效热电联产的潜力分析。

能源终端使用效率和能源服务指令（2006 年）

终端使用效率和能源服务指令（2006/32/EC）用于促进各成员国能源的成本效益和高率终端的利用。该指令一经采纳，便提供了必要的目标和机制，激励政策，以及制度、金融和法律框架，以消除现有的市场壁垒和能源终端效率的缺陷。除了 2006 年 5 月 17 日纳入的 3 个子条款之外，各成员国必须在 2008 年 5 月 17 日之前将该指令其他内容纳入国家法律。这 3 条条款声明了现有的做法，各国国家提交的行动计划，以及委员会对这些计划的评估。委员会将在其递交的 6 个月内，对每个计划进行评估并作出相应的报告。之后，这些条款便将生效。并最好能在 2006 年 11 月 16 日之内，尽早提供现有能源节约措施的相关信息。在 2008 年 6 月底召开的发展欧洲统一的能源效率指标和基准会上，欧委会就使用了这份报告的有关内容。根据该指令，在指令实行的九年时间里，各成员国应采取相应的措施，制定全国内实现 9% 的节能指标的目标，并依靠能源服务和其他能源效率的改进措施来付诸实现。当前，各成员国必须马上开始制定能源效率行动计划。第一个行动计划务必在 2007 年 6 月 30 日之前递交到欧委会，而剩下的两个计划提交的截止日期分别为 2011 年 6 月 30 日和 2014 年 6 月 30 日。在所有 3 个计划中，成员国都必须描述其提高能源效率的措施。与此同时，该指令要求公共部门以身作则，为能源服务市场的发展创造了条件。

欧盟委员会能源效率行动计划（2006 年）

2006 年 10 月 19 日，欧盟委员会在"到 2020 年节能 20%"的标题下公布了其能源效率行动计划。该行动计划概述了 2020 年之前连贯的政策和措施，旨在减少每年一次能源的消耗量。同时还为在 2012 年之前实现能效的改善，提出了一种合算的选择方案。该行动计划还说明了改造内部能源市场所有部门能源效率的可能性。该计划包括 10 个节能重点和超过 70 个行动计划，其涵盖了新家电能效标准下的 2005 年能源使用产品指令，能效标识规则和更严格的建筑（包括新欧盟最低标准下更多的建筑物）能耗性能修订标准。其中有 20 项将在 2007 年实施。该计划阐述了未来建筑物涉及的低于 20MW 的新电力，供热和制冷装置的能效要求，并加大强化税收政策的力度，鼓励提高能源效率。同时，该计划还包含了对 2008 年欧盟最低能源税水平的回顾。如果汽车制造商不能符合自愿性目标的要求，委员会将计划重新提出立法建议，以减少新车尾气的平均排放量。

欧洲能源政策（2007 年）

2007 年 1 月 10 日，欧盟委员会向欧洲理事会和欧洲议会提出了"欧洲能源政策"的提议。该提议是对欧洲的能源形势进行了战略性评估，介绍了一套完整的欧洲能源政策措施，并提出了具体的目标。欧委会还呼吁缔结一项国际性协议，以迫使发达国家到 2020 年温室气体排放量减少 30%。在这个协议的框架下，欧盟将为自己设定新的目标，即在 1990 年的水平上减少 30% 的排放量。实现这一目标的主要手段便是提高能源效率和利用可再生能源。该提议还提出了欧盟到 2020 年能耗降低 20% 的目标，并将致力于以下内容：

在交通运输部门节约能源；

发展低能耗的用能设备；

提高消费者合理、节约使用能源的意识；

提高供热和电力的生产、运输和配送的效率；

发展能源技术，提高建筑物的节能性能。

通过制定提高能源效率，增加可再生能源的承诺书，欧委会还呼吁能有效地运行欧盟内部的能源市场，以确保市场的竞争力，一体化和互联性，并建立起能源方面的公共服务。此外，还概述了由欧盟委员会提出的能源技术战略计划的关键点。

战略性能源技术计划：迈向低碳未来（2007 年）

继在欧洲理事会在 2007 年 3 月确立能源政策目标之后，欧盟委员会提出了战略性能源技术计划（SET-Plan）：其确立的目标为减少温室气体排放，减少一次能源使用，提高的能源利用效率和增加可再生能源。加快欧洲尖端低碳技术的创新，将有利于实现 2020 年目标和 2050 年欧洲能源政策的愿景。技术或将促成 2020 年目标的如期实现。然而，市场渗透障碍仍然存在，为此该计划提出了一套双轨的方法：

加强研究，以实现降低成本的同时提高性能；

采取积极主动的支持措施，创造更多的商业机会，刺激市场的发展并解决非技术性贸易壁垒。

SET 计划建议能够实现以下 4 种成果：

联合战略性规划：成立能源技术战略指导小组，建立开放性的信息和知识管理系统。

更有效地执行、利用公共干预，以及该产业和研究人员的潜力；在风能、太阳能、生物能、碳封存技术（CCS），智能电网和可持续核裂变等行业开展新的工业举措；建立新的产业的举措，在风力、太阳能、CCS、生物能源、智能电网和可持续核裂变；创建的欧洲能源研究联盟启动欧洲能源基础设施网络和系统转型规划；创建欧洲能源研究联盟，启动欧洲能源基础设施网络和系统转型规划。

增加资源投入：调动额外的财政资源，增加研究和建设相关基础设施的投资，为能提供所需的人力资源而改善教育和培训。

新增或加强的国际合作方式，增进国际合作，并确保欧盟的整体性。

欧盟气候与能源包装：汽车二氧化碳排放限值（2009 年）

2009 年 4 月 6 日，欧盟部长理事会通过了 2008 年 12 月洽谈的能源和气候变化方案最后文本。该方案旨在达成欧盟的目标，即在 1990 年的基础上，到 2020 年温室气体排放水平降低 20%。该文本包括 6 个立法文本，内容包括：

修订的欧盟排放交易计划（ETS）；

框架外的 ETS 减排目标；

碳捕获和储存（CCS）框架；

燃料质量标准；

限制新乘用车二氧化碳排放量；

促进可再生能源使用。

欧盟理事会通过了第一项具有法律约束力的二氧化碳排放标准，其适用于 2012 年的新乘用车。从而，欧盟新车 120 g CO_2/km 的平均排放标准将被赋予法律效力。这可以通过以下两种方式实现：通过引擎技术减少额外的 10 g CO_2/km，如利用空调系统等更有效的整车特性，使得尾气排放量减少至 130 g CO_2/km。新法规将在连续的阶段内对给定的汽车制造商的每款车都具有约束力，如：在 2012 年，其 65% 的商用车型必须达到这个标准，在 2013 年和 2014 年将分别达到 75% 和 80%。从 2015 年开始，所有车型都需遵守该二氧化碳排放量目标。指令中也提出了 2020 年实现 95 g CO_2/km 的排放目标，并在 2013 年前交由欧委会审查目标的完成情况。对不符合规定的汽车制造商将被处以罚款，罚款的多少将取决于他们生产的汽车超出标准的程度，以及新乘用车生产的数量。2012—2018 年，每一辆新注册汽车将必须为超出标准的第一克碳排量支付 5 欧元。对于多出标准的第二克应支付 15 欧元，超出的第三个克数则会上升至 25 欧元。对于超过限额排放量 3 g 的，每个新注册的车辆将被收取 95 欧元。汽车制造商可以通过包括生态创新在内的一些技术，即那些无法利用欧盟二氧化碳排放量测试标准去衡量的新技术，去提高他们所生产汽车的排放性能。这些能降低某家制造商特定排放指标技术的总贡献可能会高达 7 g CO_2/km。制造商也可以生产排放量低于 50 g CO_2/km 的超低排放型汽车。一辆超低排放量的汽车在 2012 年和 2013 年将被计算为 3.5 辆，2014 年被算作 2.5 辆，2015 年和 2016 年分别算作 1.5 辆和 1 辆。2010 年 1 月 1 日开始，各个成员国需启动具体二氧化碳排放量数据的监测和报告。

C　日本

工业企业能源管理准则（1979 年，2005 年最新修订）

《能源使用合理化法案》（《能源节约法案》）于 1979 年通过，并于 1993 年、1998 年、2002 年、2005 年和 2008 年多次修订，为工业能源效率和能源管理法规奠定了基础。

1979 年版法案针对防止热损失及工业生产过程废热的回收和利用设立了标准，并为个别工厂的能源效率改进建立了量化目标，这些工厂年燃料消耗折合原油 3 000 kL 以上或耗电 1 200 万 kW·h 以上，涉及大约 3 500 家日本工业企业。该法案还要求指定能源管理工厂聘用一个注册能源管理人，并且报告本单位每年的能源消耗状况。

1998 年 3 月修订了该法案，为新类别的"指定能源管理工厂"，一般称为二类能源管理工厂，制定了能源效率规定，这些工厂年能源消耗折合原油 1 500 kL 以上或耗电 600 万 kW·h 以上。共涉及约 9 000 家中型工业企业。此外，对二类工厂规定了选任能源管理员及记录工厂或工作地的能源使用状况的义务。同时对一类工厂规定中长期计划的提交义务。

2000 年，日本政府为耗能合计占工业部门耗能总量的 70% 的一类指定工厂制定了新的检查准则。新准则规定了能源管理手册中工厂设备检查的原则。此外，根据《能源节约法案》的核心要求为评估这些项目工厂应测量并记录结果，进行维护和检查。为确保评估的准确性，经济贸易产业部和节能中心收到工厂完成的调查表后，对每一个工厂进行了实地调查并且复核评估。如果评估结果低于规定水平，将进行现场勘察，如果情况不理想，将勒令工厂根据法律的第 12 条规定拟定整改计划。所有能源管理指定工厂 5 年内都要接受审查。

2002 年 6 月，进一步提高了要求。一类能源管理指定工厂增扩至全体用能行业，包括制造业、住宅和商业设施。对二类指定工厂规定了能源使用状况的定期报告提交义务。

基于《能源节约法案》（1979 年，2005 年最新修订）的工业企业能源节约和管理政策与措施

针对工业部门的主要耗能设施制定了多种能源节约和管理方法，比如进行能源管理、设置一名能源管理经理，向政府提交能源计划和能源使用数据，这些措施都要根据 1979 年《能源节约法案》实施。根据能耗量的多少划分指定工厂的类别，一类工厂（年耗能折合不少于 3 000 kL 原油）和二类工厂（年耗能折合不少于 1 500 kL 原油）。2009 年，该法案共涉及将近 9 000 家工业企业。该法案的一般要求如下：

一类工厂：任命一名有资格的一类能源管理者；

二类工厂：任命一名有资格的一类能源管理者，或者参加过指定的能源管理研讨/培训课程（3 年一次）的二类能源管理员；

任命一名能源管理控制人员和一名能源管理计划发起人；

以年平均能源强度减少至少 1% 为目标，制订并提交中长期能源管理计划；

向政府报告年度能源消费和投资计划。

2008 年修订的法案涵盖了能源管理企业（或公司）层面，而非工厂和设施层面。若企业的总能耗超标，整个企业都要整改。该法案旨在中期内企业年均能耗度减少不少于 1%。

住宅/建筑物能源效率标准（1992 年）

1992 年 2 月，参照欧洲和北美严寒地区的住宅性能标准，日本强化了建立于 1980 年的住宅性能标准水平。2001 年 4 月起强制执行更为严格的建筑隔热标准。新标准可使空调能耗减少 20%，并且预计每个家庭可节约大约 100 万日元的费用。2003 年修正了部分建筑标准。标准的规定包括：要求指定建筑物的业主报告以下节能措施：

阻止建筑外墙和窗户热损失的措施；

建筑内安装的空调和政府指定建筑设备的高效用能措施；

节能效率标签宣传推广；

符合住宅和建筑物标准的辅助实施措施。

该标准的目标是 2008 财年后符合节能标准的新建住宅增至 50%以上，2006 财年后符合节能标准的新建建筑物增至 80%以上。2012 年 2 月，政府委员会编制了中期报告，提出了节能政策的方向。主要的讨论包括使住宅和建筑物节能标准具有强制性的政策性指导。

1999 年领跑者计划（2006 年更新）

领跑者计划是日本提高耗能产品能源效率的主要计划。该计划根据《能源节约法案》制定并制定了其专属的、产品制造商需要遵守的标准值。

领跑者计划的概念。要求制造商包括出口产品到日本（"进口商"）的海外制造商超过同一类别所有产品的计划加权平均值。采用平均值这个概念使制造商可根据自身情况选择同时生产高能效产品和低能效产品。这意味着，它正确引导产品市场方向，并保持产品的多样化，提高所有产品总体的能源效率。对比其他国家的要求，日本的标准不排除市场中未达标的设备，在这一点上，这个计划是独一无二的。

领跑者计划的目标产品。该计划在 2005 年和 2009 年做了几次修正，现在目标产品分为如下 23 个产品项目：客运车辆、货运车辆、空调、电冰箱、电冰柜、电饭煲、微波炉、照明设备、电动马桶座圈、电视机、录像机、DVD 录像机、计算机、磁盘机、复印机、取暖器、燃气灶、燃气热水器、燃油热水器、变压器、路由器、开关。

领跑者计划近期发展。2011 年 1 月 24 日自然资源和能源咨询委员会能源效率标准小组委员会召开了第 16 次会议。小组委员会决定将三相异步电动机添加到领导者计划目标产品中。

可再生能源及能源效率伙伴关系（2002 年）

日本是 2002 年可持续发展世界首脑会议构想的可再生能源及能源效率伙伴关系

（REEEP）计划的成员。这是一个全球性的公私伙伴关系，制定清洁能源政策和监管措施，促进能源项目融资。REEEP 计划依赖于各国政府、企业、开发银行和非政府组织，是一个被奥地利法律承认国际非营利组织。其国际秘书处设立于维也纳联合国工业发展计划办公室内。该合作关系由多国政府建立，包括澳大利亚、奥地利、加拿大、德国、爱尔兰、意大利、西班牙、荷兰、新西兰、挪威、英国、美国和欧盟。

REEEP 采用规律的项目融资周期，重点支持那些可以被复制和推广，并对可再生、高效能源和创新市场的发展有一定影响力的项目。该伙伴关系已涉及 100 多个项目，旨在帮助超过 40 个国家，主要是发展中国家，清除清洁能源的市场障碍。

能源政策基本法（2002 年）

《能源政策基本法》制定于 2002 年，旨在树立国家根本的、整体的能源政策方向。该法规定了能源需求和供给政策的原则，包括：①能源安全；②环境适应能力；③基于对以上两点详细考虑的市场机制的应用。同时明确了每一利益关系人的角色，比如中央政府、地方政府、企业和工厂。该法指示政府根据以上原则起草一个基本能源计划，制定长期的、综合能源需求政策。

工厂审计、部门基准和咨询计划（2004 年）

日本新能源产业技术综合开发机构（NEDO）要求能源节约法案指定工厂实施能源审计、调查和其他咨询项目来提高工业能源效率。在此基础上政府兼顾区域特点通过 NEDO 促进节能技术的宣传。该计划从 2004 财年开始到 2009 财年结束，其中 2007 财年的预算为 6 000 万日元。企业和当地政府在工业领域密切合作，提供针对个别工厂的节能审计和指导。这些目标工厂指的是《能源节约法案》指定的"一类能源管理指定工厂"。为尽可能把能源消耗降低到最低水平提供节能指导和建议，例如快速引进节能技术。

领跑者计划：重型车辆燃油效率标准（2006 年）

2006 年，日本为重型车辆规定了燃油效率目标标准值，作为减少燃料消耗和解决全球变暖措施的一部分内容。

早在 2004 年 9 月，根据《能源节约法案》在经济贸易产业部和国土基础设施和交通部的联合会议上就开始讨论为重型车辆设置新的领导者标准。制定了总重超过 3.5 t 的货车和客车（11 人以上），以轻油为燃料的重型车辆的新燃油效率标准。

根据"领跑者计划"（要求把当前最佳性能作为指定日期的平均性能水平），要求制造商提高重型车辆的燃油经济，直到 2015 年。这意味着卡车的燃油效率将从 2002 年的

6.32 km/L 平均提高到 2015 年的 7.09 km/L。对公共汽车来说，目标标准值从基准年的 5.62 km/L 改为 2015 年的 6.30 km/L。这意味着平均燃油效率提高 12%以上。以车辆的总重量为类别设置目标值，对某些类别根据其有效负载划分子类别。为达到燃油经济和降低排放标准，日本还引进了车辆税收优惠政策。若符合这些标准，新车购置税可降低 1%～2%。

早期的结果显示，13%的不同类型的卡车和超过 25%的不同类型的公共汽车已经达到新的燃油标准。如果全部达到这些标准，相较于 2002 财年总重量超过 3.5 t 的重型车辆的燃油经济性能水平，2015 财年重型车辆的平均燃油效率值将提高将近 12.2%。

《能源节约法案》（2005 年修订）

《能源使用合理化法案》（俗称《能源节约法案》）1979 年通过，并于 1993 年、1998 年、2002 年和 2005 年多次进行修订，是日本诸多能源效率政策的基础。第五次修改后的《能源使用合理化法案》在 4 个不同的行业建立了新措施，强化了原来的节能措施。主要修订如下：

①为扩大能源管理项目的工厂数量，废除以前工厂和办公室以热能和电力进行分类管理的方式，提出了热能和电力一体化的管理要求。因此目标工厂是热能和电力的总消耗超过一定量的工厂。一类能源管理指定工厂是那些能耗量大（每年燃料和电力的总消耗折合原油超过 3 000 kL）并属于五大制造业的工厂。修订后的法律要求一类工厂和稍小的二类工厂需任命一名能源运行经理。这类工厂必须提交年度报告，并制定能源效率和节约中长期计划。还必须任命通晓热电问题的能源经理，监督其能源管理。在 5 年过渡期内，由原来的管理者完成这些工作。降低指定工厂的能耗限，因此指定的工业企业从 10 000 家增至 13 000 家，该法案在工业领域的覆盖率从接近 70%增至 80%。此外，对一类工厂，按照法律规定的每个工厂和工作地的标准，进行工厂或工作地实地调查确认能源管理的状态。根据调查结果和制造商提供的报告，规定合格水平，如果认为这些行动不理想可进行现场调查。

②新的法律加强了住宅和建筑物的节能措施。建筑面积超过 2 000 m² 的建筑物业主在申请装修许可证时或者承建商计划建筑全新的建筑时必须向政府申报建筑节能措施计划，强制其向辖区或者其他建筑授权官员通报节能实施措施报告。

③在运输领域，向委托人和运输方（货运和客运运输企业、货主）赋予新的义务。其他任务中，从 2007 年 4 月开始，指定委托人必须准备高效运输措施的阶段性报告，推动生态驾驶和引进低油耗车辆。货主必须任命运输节能经理。

④规定能源供应商和设备零售商有提倡和宣传节能信息的义务。标记和公开产品年耗电量或燃油经济性。将新产品加入了领跑者标准中。

《新国家能源战略》（2006 年）

2006 年发行的《新国家能源战略》指定了 5 个特色领域作为未来能源安全的重点，规定了能源效率和节约政策的具体措施。争取到 2030 年能源效率比现在提高 30%。包括：

建立最先进的能源供需结构，争取到 2030 年，对石油的依赖度从现在的接近 50% 降低到小于 40%。为达到这一目标可采取如下措施：①节能领跑者计划；②新一代运输能源计划；③新能源创新计划；④核能立国计划。

全面加强资源外交和能源环境合作，包括：①综合资源保障战略；②亚洲能源环境合作战略。

强化紧急应对措施，比如调整和提高石油储备体系，制定天然气紧急应对机制。

其他措施包括促进公共部门和私人部门的合作，2030 年为止解决能源技术战略中总结的技术难题。

亚洲节能计划（2006 年）

2006 年 5 月 31 日，在《新国家能源战略》的基础上制定了《亚洲节能计划》。该计划希望通过推广和运用日本的节能技术、体系和经验在亚洲范围内提高能源效率。该计划把中国、印度、泰国、印度尼西亚和越南作为主要潜在合作伙伴，尤其注重中国和印度的节能潜力。

降低运输碳排放战略（2006 年）

2006 年 1 月，日本国土基础设施和交通部宣布通过大量的增效措施，使 2010 年运输领域 CO_2 年排放量减少 21 万 t 的计划。预计通过改善日本的路况疏导交通可以减少 3 万 t CO_2 的排放。剩下的 18 万 t 通过提高燃油效率，使用新能源和说服司机在汽车不动时关掉发动机来解决。

节能领先者计划（2006 年）

在日本《国家能源战略》（2006）中，节能领先者计划强化了国家减少石油消耗的有关战略。日本政府承诺在中长期内都可能持续的高价市场中建立一套最先进的能源供需结构，2030 年的能源效率相较于 2006 年提高 30%。日本政府还承诺不断提高能源效率，提高高耗油运输部门能源强度，降低对石油的依赖性，以优化能源使用。为实现能源效率目标，节能领先者计划做出了中期和长期战略规划，制定了发展节能技术及开发和传播部门基准方法的计划，以实现定量验证节能效果。据此制定了节能技术战略，欲将认可节能技术作为日本在世界上工业竞争力的来源，并且通过克服资源和环境制约在2030年取得"世界第一节能国家"的重要地位。

国家节能推广——2007 年提高能源效率运动

为进一步推动节能成果，2007 年 11 月 29 日召开了由副部级官员组成的"能源和资源保护办法推广部级联络委员会"。在商业和住宅能源消耗逐渐增加，能源费用上升，能源安全担忧及 2008 年《京都议定书》一期承诺开始的背景下，政府认为新措施是必要的。启用适用于政府、企业和公众的节能措施。政府要求相关组织和其他参与者相互合作，以下为指定的行动和措施：

通过进行家庭"节能竞赛"和在"节能家电推广论坛"选出高效能家电等家庭个人活动强化国家节能推广。

强化商业领域的国家节能推广。对商业领域的主要行业政府要起草节能管理程序和行政指导，包括商品零售商如食品和饮料零售商、餐厅、医院、旅店、社会福利行业、学校。

推广生态驾驶。

使用绿色电力执照。

8 项促进和传播的基本原则包括：运用所有形式的媒体积极传播信息，以公司 CSR 活动形式实现国家向公众传播，通过合作传播推广等。

国家节能政策方向（2007 年）

自然资源和能源资讯委员会下的能源效益和保护小组阐述了未来日本将要实施的节能措施的方向，这将成为未来政策和措施的基础。新战略点亮了 3 个行动领域：加强监管，增加支持政策以及强化信息传播。这些领域中的各种构想如下：

加强监管。引进以公司为基础的能源管理，修订法律结构，除了《能源节约方案法》下现行的工厂能源管理，加入公司能源管理。它将规定节能为企业管理的一个重要特征。此外，通过将连锁店看作一个整体，能源管理也适用于特许经营连锁店（如便利店）。这将显著增加《能源节约法案》在工业/商业领域所涵盖的设备数量，目前涵盖率为 10%。

引进部门基准制度。提供客观评价，使主要工业部门的能源节省值简单直观。例如钢铁业（高炉）中每吨粗钢的耗能量和办公建筑每层的能耗量。

提高住宅和建筑能效。现行法规将用于面积小于 2 000 m² 的住宅和建筑，而更大规模住宅和建筑（面积大于 2 000 m²）标准则将进一步提高。完善能源效率评估和标识，使消费者更易理解。

扩展领跑者计划。将诸如复杂设备、工业冰柜和展示柜等 21 中工业设备添加到目前指定的计划目标产品中。

完善支持。由多家企业建立"联合节能业务";大小企业协同节能,工业园区合作"联合节能业务"。已据此建立效果评估机制。

强化小型企业、工业和住宅领域节能措施的支持:①通过能源审计和能源管理公司提高小型企业的节能成果;②采取措施推广节能建筑,如完善能源供需结构改革中促进投资的税收计划;③通过一系列措施,诸如众议院能源节能改造的税收制度,全面推广高效家用热水器的使用和节能创新。

促进创新技术,尤其是节能创新技术的发展,比如使用氢还原炼铁。

强化传播、加强信息和提高公众参与。①成立"节能家电推广论坛";②推广低碳住宅概念,提高人们的节能意识和知识。

执行生态驾驶。

节能技术战略(2007年)

2006年5月的《新国家能源战略》和2007年3月的《基本能源计划》都明确将制定节能技术战略,该战略将确定有待解决的技术问题并为这些技术的发展规划路线图。当遇到能源领域的技术开发和长期的公私合作关系时,节能技术战略需要以长期计划为前提。它定义了未来有商业价值的能源技术并将其分为如下5类:

总能源效率改善;

运输领域燃料多样化;

新能源的开发、推广和传播;

核能推广和安全;

石化燃料的供应安全和清洁高效利用。

根据这些类别做出2030年为止的技术路线图和简介方案。他们设想各参与者之间广泛合作,不受研究行业和领域的限制。政府宣布最新的第六版战略制定了根据"绿色创新"理念选出的18种主要技术的路线图。2009年12月内阁通过的以"阳光日本"为目的的《日本新发展战略(基本方向)》收录了这一路线图。它就技术本身和近期研究和发展趋势做了详细解释。

新客运车辆燃油效率标准——领跑者计划(2007年)

经济贸易产业部和国土基础设施和交通部以2015年为目标年起草了客运车辆燃油效率新标准。根据领跑者计划,制造商和进口商需要达到根据运输车辆数量的统一加权平均燃油效率水平计算出的平均燃油效率水平。这条法律作为经济贸易产业部和国土基础设施和交通部联合讨论的结果,于2005年7月实施。根据会议结果的最终报告,新的客运车辆、小型公共汽车和小型货车的燃油效率标准（领导者标准）得以确定。相较于 2004 年，预计这些标准将使 2015 年客运车辆的燃油效率提高 23.5%。

日本能源政策的全面回顾 2007 年（2010 年修订）

为实现经济增长和能源节约，2010 年 6 月日本政府修订了其长期计划。修改后的观点强调以下几个方面：

进一步推广能源效率和节约政策；

引进可再生能源；

燃料转换。

自然资源和能源资讯委员会能源效率和节约小组总结了未来日本将要实施的节能措施的方向。如下所述：

加强监管。

引进公司能源管理。①根据现行的《能源节约法案》，调整法律结构，以企业和公司整体为单位进行能源管理，比如提定期报告。它指定节能成果为企业管理的一个重要部分。②引进特定连锁店如便利店能源管理，将所有连锁商店作为一个整体。工业领域的法规覆盖率将显著提高。

引进部门基准制度。在主要的工业部门推广客观测量评价和节能结果可视化工具。例如钢铁业（高炉）中每吨粗钢的能耗量，每层办公建筑的能耗量。

提高住宅和建筑物能效，并强制实施面积小于 2 000 m² 的住宅和建筑物规定。加强大规模住宅和建筑物（面积大于 2 000 m²）的标准，完善能源效率评估和标识，使消费者更易理解。

扩展领跑者计划。将工业设备添加到计划目标产品中，如复杂设备、工业冰柜和展示柜。

完善支持措施：①多家企业建立"联合节能业务"。大小企业协同节能；工业园区合作"联合节能业务"；建立节能效果评估机制。②重点支援可以大幅度提高中小企业节能效果的设备引进。③通过能源审计和能源管理公司提高小型企业的节能成果。推广节能建筑（完善能源供需结构改革中促进投资的税收计划）。通过一系列措施，诸如众议院能源节能改造的税收制度，全面推广高效家用热水器的使用和节能创新。

促进创新技术，尤其是节能创新技术的发展，比如使用氢还原炼铁。

强化信息传播和影响行为。①成立"节能家电推广论坛"；②国家其他增强公众意识的运动；③推广低碳住宅概念，提高人们的节能意识和知识；④实行生态驾驶。

《能源节约法案》（2008 年修订）

因为石油危机于 1979 年制定的《能源利用合理化法案》（《能源节约法案》），是日本节能政策的核心。2008 年修订该法，旨在强化提高能源效率的措施，包括商业部门措施。同样在此次修订中，引入了国内法规中应用的行业方法。

（1）扩大商业部门的监管。修订前，只有大规模的工厂和工作地需要执行能源管理。该修订将指定场所要求扩大到整个企业范围，能源消耗超过一定量的企业的所有工厂和工作地都必须实施节能措施。这将覆盖除生产基地外的办公室和经营便利店的特定企业。同时添加一条新法规，要求任命一名董事会成员负责整个企业的能源管理。

（2）部门方法作为国内法规（部门基准）。行业方法第一次作为国内监管措施被引入。部门基准的最初建立只针对高能耗产业的特定子部门。规定了企业相同子部门节能状况的比较指标，并设置了中长期（2015—2020 年）目标。目前，要求每个工厂和工作地的能耗年均降低不低于 1%。该修订对于重点用能的产业如钢铁行业、水泥生产行业和供电行业设置了对标指标，并把中长期争取达到的水平作为目标加以设定。力争达到的水平是指各行业中最优秀的企事业单位（10%～20%）所达到的水平（平均—标准偏差）。据此规定企事业单位每年除了报告能源单位能耗下降率情况和能源管理的实施情况外，还要报告对比基准指标的情况。政府接到企事业单位的报告后，把该企事业单位的情况与数值目标加以对照，明显未达标时，对该企事业单位采取发出指示、公布公司名称或发出指令（违反命令时处以罚款）的措施。

日本参与国际能源效率合作伙伴关系（2009 年）

2009 年 5 月在罗马召开的八国能源部长会议上正式启动了国际能源效率合作伙伴关系（IPEEC），其旨在分享最优秀的节能措施和技术实践经验。这八个国家，包括日本和其他主要经济国（中国、韩国、巴西和墨西哥），都签署了自己的组织要求。该合作伙伴关系旨在促进成员国自愿完善能源节约，有意提供一个讨论和分享信息的论坛。IPEEC 声明并非国际条约。该关系预期活动如下：

制定能效指标，收集最佳方案和加强数据收集；

部门内和跨部门交换信息以强化能源节约；

发展主要能耗部门的公—私合作关系；

联合研究和开发高效节能技术；

促进节能产品和服务的宣传；

每个成员国确定自己的工作。

D 英国

降低节能材料的增值税（2000 年）

通过 2000 年宣布的一项好政策，减少 5% 的增值税——欧盟协议允许的最低增值税率——（这项政策）将应用于某些节能材料，它们专业性地安装在住宅或慈善性质的建筑中（如非商业性的或村公所）。降低税率的项目涵盖了：①所有绝缘，挡风条，热水和中央供暖系统控制；②太阳能电池板设施，风力涡轮机和水力涡轮机；③地源和空气源热泵和微型热电联产；④木材/秸秆/相似的植物燃料锅炉。此外，资金补助的中央供暖系统和加热电器的承包商安装和资金补助的工厂安装的热水箱，国内热电联产单位，使用可再生能源的供热系统，当安装在 60 岁以上的人所居住的或者接受某种福利的单个或主要住宅时，其也会从降低税率中获益。

英国应对气候变化方案（2000 年）

英国应对气候变化方案由环境部，与地方政府（苏格兰行政院和威尔士国民议会）相联合的运输和地区（DETR）于 2000 年 11 月 17 日公布，是英国努力以实现其环境目标的基石。英国应对气候变化方案的最终版本可以在 www.defra.gov.uk/environment/climatechange/cm4913/index.htm 网站上找到。该计划包含了一系列跨越所有从运输业到农业的经济部门的政策和措施。该方案预计，到 2010 年，英国的温室气体排放量相比 1990 年可减少 23%。这意味着单靠二氧化碳排放量就可以比 1990 年降低 19%。包含的政策，如气候变化征收款方案，包括气候变化协议，一个使成本效益所得增加，使低碳科技增速的新英国碳基金会，3 000 万英镑的国内排放交易计划支持；10% 的英国可再生能源的电力供应的目标，并热电联产装机容量至少增加一倍的目标；欧盟与汽车制造商达成的提高燃油效率至少 25% 的自愿协议，这通过更改车辆消费税和公司汽车征税得到支持；10 年运输计划和 2002—2005 年新的能源效率承诺，这就要求电力和天然气供应商，以帮助其国内的客户，以节省能源和减少燃料费。

气候变化税（2001 年）

气候变化税（CCL），2001 年 4 月 1 日起生效，被引入到非住宅部门能源利用。其目的是鼓励提高能源效率，并帮助实现英国的目标，以减少温室气体排放。它适用于天然气、电力、液化石油气（LPG）和煤炭。征收率是基于不同能源产品的能量含量。从征所产生的收入通过抽取雇主国民保险供款主要利率的 0.3 个百分点和支持能源效率的措施反馈到企业。政府计算这项改革公共财政没有净收益。这个税作为一个整体将对于制造业和经济服务业呈中立性。这项税收也提供资金用来提高企业能源效率。

2004 年能源法令

2004 年能源法 2004 年 7 月 22 日获得御准。关于减缓气候变化，在为海上风和领海以外的其他海洋可再生能源的发展提供了一个框架方面，该法令是很重要的。这些措施将有助于该国到 2010 年实现可再生能源目标的 10%。在 2003 年的能源白皮书中，该法令颁布了一系列的承诺，包括与能源效率有关的，如提高建筑和产品标准，并为英国建立一个能源效率行动计划。

欧盟建筑物能源绩效指令的实施（EPBD）（2005 年）

英国政府已出台了多项节约能源和成本的措施，使所有的建筑物更加有效。这些措施正在实施于所有欧盟国家，并且符合欧盟建筑物能源绩效指令（EPBD）。建筑物构造，绝缘，加热，通风和使用的燃料类型的方式，都促成其能源消耗和碳排放。能源业绩证书是 EPBD 中的已经出台的一项措施。

其他变动要求大型的公共建筑出示建筑物的能源效率的证书，并要求检查空调系统。自 2008 年 10 月起，所有销售的，建造或租用的建筑物需要一个能效证书（EPC）。该证书提供 A～G 等级能源效率和改善建议。该等级类似于冰箱，是一个建筑物能够容易地与其相类似建筑相比的能源效率标准。关于 EPC 的法令，对于减少能源消耗是很重要的，节省资金，并有助于保护环境。EPCS 首次是被引入国内住房市场销售，作为作为信息的一部分，于 2007 年 12 月。EPCS 是由能源效益评估者所认可的。

大型公共建筑需要出示能源证书（DECS），让大家了解公共建筑多么高效节能。DEC 应摆在任何时候都在公众清晰可见的显眼处，他们都伴随着一个咨询报告，其中列出了有成本效益的措施，提高建筑物的能源评级。英国政府也将被咨询是否要扩展到私人楼宇。一个 DEC 有效期为 1 年，咨询报告有效期为 7 年。

有空调系统的建筑物越来越多。为此需要强制性的检查，以确保空调系统经过精心的管理和维护，以便他们不会消耗过多的能量。检查将包括建议改进或更换的系统运行效率的评估，以及作为解决方案。

楼宇的能源消费总量和二氧化碳排放量的 50% 以上来自供暖和热水的使用。为了帮助降低供暖和热水的使用，新能源供暖和热水系统方案建议由政府以及供暖和热水行业合作推出。该计划鼓励供热和锅炉安装，提供给用户关于供暖和热水系统的能源效率的基本的能源咨询。

建筑法规 L 部分（2006 年）

从建筑物的碳排放占英国总排放量的一个很大比例。家庭的能源效率的改善将对英国的碳减排目标有很大的影响。在英格兰和威尔士的新的住房的最低能效标准都包含在建筑法规的 L 部分。在 2002 年，2005 年（包括新的锅炉和窗户）和 2006 年的修订"条例"显着提高了新建筑的能源效率标准。这样建于 2007 年的房子将比在 2002 年之前建成的房子效率高 40%。

在咨询文件中，建设一个绿色的未来：发布于 2006 年 12 月的向着碳排放发展，政府提出，到 2016 年，所有在英国建造的新房，实现零排放。这意味着，一年以上，来自住宅的所有能源的净碳排放量将为零。政府提出通过提高住宅的节能性能和增加使用可再生能源和低碳能源来实现这一目标，无论是安装在个人住宅，或提供给整个住宅小区。拟派中期目标如下：到 2010 年，所有新住宅节能性能比现行建筑法规中的提高 25%，到 2013 年提高了 44%。

政府最初的估计是，到 2020 年，实现零碳排放这项政策将可以每年减少 1.1 亿～1.2 亿 t 碳废气排放，到 2050 年，每年在 6.5 亿～7 亿 t 碳。在逐步改变未来建筑物规例中会有这些阶段性的变化，政府提议下一阶段的变化参考 2008 年法规的 L 部分。

此外，在这些建筑物规例的修订，英国政府包括全面的一揽子措施，以改善家庭住宅符合建筑法规。这包括：①强制压力测试和新建筑物的试运行；②简化达标认证包括扩展自我认证计划的方法途径，以减少地方政府的负担；③开办的培训计划；④2006 年在气候变化和可持续能源法案（CCSEA）中为地方当局起诉违反能效标准延长时间的权力；⑤利用 CCSEA2006 年向议会授权一个符合 L 部分标准的报告；⑥与工业合作发展 7 个建筑控制性能指标。这些会给楼宇控制机构提供一个框架去监测和改善在关键领域的性能，例如确保合规。

能源效率承诺（2005—2008 年）

EEC 的能源效率承诺鼓励消费者去提高产品的国内能源效率，例如保温产品，高效节能锅炉，微型热电联产，电器和灯泡。天然气和电力供应商有义务来促进能源效率的提高，通过提供给国内的消费者特别是低收入消费者的措施。2005—2008 年欧洲经济共同体的总体提高能源效率的目标是标准燃料 130 亿 kW·h。该政策预计到 2010 年每年节省 0.5Mt 煤。

能源评审（2006）

由英国贸工部于 2006 年 1 月推出，能源评审审查了英国为达到 2003 年的英国能源白皮书中的目标，在中期和长期的目标中应该如何生产和利用能源。

在 2006 年夏天能源审查小组把报告提交给总理之前，2006 年 7 月 11 日英国贸工部发表了公众和利益相关者的咨询。主要建议包括：

淘汰市场中效率最低的家用电器和消费类电子产品。

在将能源供应公司转变成减排的主力的计划上做进一步工作。

加强 2012 年后欧盟排放交易计划。

为大型机构如超市和连锁酒店和大型地方政府制定措施以鼓励碳减排。

使用政府购买力来驱动效率标准的提高。

重塑可再生能源义务以促进可再生能源的投资，给新兴技术例如海上风能、波浪和潮汐能项目更多的支持和利益，需要一个新的必要的声明。

积极实施微型发电战略，以消除家庭住宅可再生能源的障碍。

发展更本地化的分布式发电方式的一系列措施和审查。

为所有类型的能源项目，根本性改变规划体系，其中包括时间表查询和针对复杂且有争议项目的高效检查员。

促进新的核电站的措施，简化许可认证过程，阐明关于停运站和废弃站的应对战略。

消除碳捕获和存储监管障碍，加强与合作伙伴国际合作。

最大化开采北海储备，重新集中管理主动权和一个设得兰群岛以西基础设施产业的专责小组。

一个新的煤炭论坛，汇集燃煤发电机组，煤炭生产商，电厂供应商，工会和其他的一些寻求确保长远的未来燃煤发电和英国煤炭生产解决方案的组织团体。

施压于欧盟委员会，使其认真考虑把地面运输加入到欧盟排放交易计划。

可持续住宅法案（2007 年）

建筑物规例阐述新住宅的最低性能标准。但英国政府一直力图鼓励房子的建设者和开发者能够超越常规。基于可持续建筑工作组推荐的建筑，已经形成了可持续住宅的法规来支持可持续住宅建设方面的阶段性变化。该法规提供了单独的国家标准在可持续住宅设计和建造方面引导产业，考虑到的不只是能源，还有水，材料，废物和生态。

开发者将能够为展示环保性能的任何新建筑获得星级评级。它会给购房者提供有价值的信息和给建设者提供一个工具，能够在可持续发展方面与其他建筑区分出来。

法案使用 1～6 星级评级系统，并设置在每个级别的能源和水的使用的最低标准。例如，等级 1 代表能源效率提高了 10%比 2006 年的建筑法规。6 等级将是一个完全零碳排放住宅（取暖，照明，热水和所有电器）。

新住宅的能源效率相比 2006 年法规提高 25%以上（法案的第 3 等级），可能会需要的低碳或零碳能源发电方式，无论是个别建筑物（如专用太阳能热水器）或共享低碳发电的整个建设（如风力涡轮机）。超过 3 级的不仅需要提高能源利用效率，而且还需要鼓励低碳技术的开发，并鼓励更大的分布式能源发电。

自 2007 年 4 月任何新家庭住宅的开发商都可以违规地来进行等级评估。2007 年 11 月 16 日政府确定，将推进对违规的所有新住宅实施强制性的评级。2008 年 5 月 1 日强制性地要求所有违规的住宅建筑进行评级，包括家庭信息内一个法规或无证书的。英国政府也将确保为注册社会房东的房屋建造提供资金支持的所有新政府和其他开发商都遵从法案的第 3 等级。

2008 年能源法案

能源法案于 2008 年 1 月推出，于 2008 年 11 月 26 日能源法案成为法律。条例草案中包含要求执行英国能源政策的立法政策，这些政策是在 2006 年能源回顾和 2007 年能源白皮书公布后的。条例草案的内容如下：

碳捕获和储存（CCS）：创建一个监管制度促使私营部门投资 CCS 项目。CCS 有可能减少化石燃料的发电厂高达 90% 的碳排放。

可再生能源：加强可再生能源义务来驱动英国的可再生能源的更大和更快速地部署。条例草案亦使政府引进上网电价，以支持高达 5MW 的可再生能源和低碳能源的开发。它还允许让国务卿引进金融机制来支持可再生热生产，从工业到住宅。

海上可再生能源和石油和天然气设施的淘汰：加强淘汰设备的法定法规，把政府的负债的风险降到最低。

海上输电：修改制度使海上运输许可制度更加的有效。

智能电表：允许国务卿修改电力和天然气分销和供应许可证，要求有许可证的进行安装或者是协助智能电表安装到不同的客户群，包括国内部门。

2008 年规划和能源法案

制定于 2008 年 11 月 27 日，规划和能源法案使英格兰和威尔士的地方规划局，在局部计划中设置能源利用和能源效率的要求。它允许地方政府在开发计划中建立自己的能源比例需求，这个能源是开发计划使用的可再生能源，低碳能源或者是符合超过现有建筑法规要求的能效标准的能源。为了加快决策，这也让政府建立基础设施计划委员会，委员会在大型基础设施项目上做决议，如能源、航空和运输。

气候变化法案（2008 年）

于 2008 年 11 月 26 日，"气候变化法案"成为法律。该法案旨在提高碳管理，有利于向低碳经济过渡，并表现出强劲的英国国际领导力。法案的主要规定包括设置具有法律约束力的目标，碳预算制度的建立，以及创立一个气候变化委员会。该法案创造了气候变化委员会（CCC），一个推荐目标的独立机构，在碳预算水平提出建议，以及监测和报告目标的进展。

该法规定了具有法律约束力的中期和长期的英国温室气体（GHG）减排目标。长期目标是到 2050 年相比 1990 年的水平减少 80%。为了增强全球性的气候变化协议，CCC 已提出到 2020 年减少 34% 的目标的建议。

碳预算系统建立了 5 年期的温室气体排放量，每次设置 3 个预算，绘制到 2050 年的进度图。这 3 个碳预算将从 2008—2012 年，2013—2017 年，2018—2022 年开始运作，并将于 2009 年 6 月 1 日确立。

该法案还规定，要求政府到 2012 年 12 月 31 日把航运和航空的排放列入排放量内，或向议会解释为什么它不包括的原因。关于如何汇报碳排放量的指导必须在 2009 年提供给公司，以及到 2012 年 4 月，必须强制性的做此汇报。

政府还修订法案，要求设置每个预算期间购买学分的限制制度。

此外，制定进一步的措施减少温室气体的排放，包括通过二次立法有权更快速，轻松地引入国内排放交易计划，以及生物燃料。

碳减排目标（能源效率承诺 3）（2008 年）

碳减排目标（CERT）2008 年 4 月 1 日起生效，有效期至 2011 年对能源供应商是一项义务，为了实现促进住宅的碳排放量减少的目标。它是已有住宅的能源效率改善的主要动力。这标志着对减少住宅碳排放量做的重大的努力，它的减排量是其前身能源效率承诺（EEC）组织存在期间 154 万 t 二氧化碳减排量的一倍。

除了目前欧共体的能源效率措施，供应商将能够促进微型发电措施；生物能供热和热电联产和其他减少供给能量消耗的措施。

CERT 将聚焦于弱势的消费者，包括创新性和灵活性的新方法。供应商必须把至少 40% 碳节约优先给低收入群体和老年消费者。优先权拓展到 70 岁以上的人群，为了确保大量的不满足现行标准的燃料贫困户，得到支持帮助。

2008 年 9 月政府提出要提高 20%，这是预期促进供应商的家庭能源效率的投资，到 2011 年约 5.6 亿英镑，并计划增加终身碳节约量到 185 万 t 二氧化碳（比原来 ERT 的 154 万 t 二氧化碳的目标多 31 万 t），从而对环境和社会作出重大贡献。最初的目标是预计到 2010 年，每年提供 4.2 万 t 二氧化碳的净储蓄，相当于 700 000 户家庭每年的排放量。

CERT 于 2012 年 12 月，被能源义务公司取而代之。

能源法（2010 年）

"能源法"的主要内容是：

引进"绿色新政"保存消费计划的条例。

➢ CCS 奖励。

➢ 提供金融支持机制，提出 4 个商业规模的燃煤发电站的示范项目，对于这些项目的改造将允许额外 CCS 装机容量。

➢ 支持强制性社会关税。降低贫困能源用户的能量消费，通过提高能源公司对社会支持的花费水平高于当前水平（2010—2011 年度的 150 000 英镑上升到 2013—2014 年的 300 万英镑），给出一些指导关于未来有资格得到补助的用户类型。

➢ 明确天然气电力市场办公室的职权范围，明确表示 OFGEM 必须考虑减少碳排放量，并把它作为消费者的利益提供安全的能源供应，积极主动地保护消费者的利益，并考虑促进竞争的长期行动。

➢ 解决市场权利利用。通过引入市场权利许可条例给予 OFGEM 更多的权力，以防止利用市场权利的企业造成输电系统容量限制进而引起消费者成本提高。

➢ 其他措施有：①规定政府编制的定期报告（每 3 年）关于脱碳发电的开发的进程和 CCS 的应用和发展；②允许政府设定一定的时间段，在此期间能源公司必须通知客户其天然气及电价的变化；③把 OFGEM 对能源供应商违反条例进行处罚的时间从 12 个月扩展至 5 年；④采取措施应对天然气和电力之间的交叉补贴。

能源效率计划的碳减排承诺（2010 年）

能源效率计划的碳减排承诺（CRC）针对大型私营和公共组织，旨在提高能源效率和节约能源，减少温室气体排放，并通过减少能源消耗帮助大型组织节约成本。该计划对成员的排放量设置了一个上限。参与者必须购买等同于他们每年排放量的津贴，以二氧化碳作为当量，在这个上限范围内，该机构必须能够找出最佳的方式去减排；或者是给一些减少必须购买的津贴数量的方案措施进行投资，或者买额外的津贴。有 CRC 资格的组织，如果他们（或其子公司）半小时的市场上以至少 1.5 小时电表（HHM）结算。在 2008 年以半小时计量电能，每年消耗 6 000MW·h 以上的机构有资格成为成员，并且需要向环保局注册。国务卿管理的所有英国政府部门也须注册成为该计划的参与者。不符合 6 000MW·h 的组织将必须做出 2008 年以半小时计量电力消耗的信息公告。

据估计，最初约 5 000 个机构，包括超市、自来水公司、银行、地方政府和中央政府部门将有资格获得参与。有资格的机构将必须合法地遵守方案，否则将面临经济及其他处罚。15 000 个机构将不得不作出信息公开。

一年一度的联合性能排行榜将以能源效率性能为基础，依据 3 个标准对参与者进行排名：早期行动（良好的能源管理），绝对排放量（与前 5 年的平均值相比），增长（每一次周转或税收支出时排放量的变化）。拍卖津贴收入也将被回馈给参与者依据他们在排行榜上的表现。

第一年的排行榜主要是依据早期的行动标准。该计划的第一年，将只需要报告。尽管详细的 2010—2011 年度的排放量详细报告需要在 2011 年 7 月提交，但是将从 2011 年 4 月开始购买津贴到 2012 年 3 月。

能源公司的义务（2013 年）

能源公司义务（ECO）是在 2013 年 1 月推出，为了减少英国能源消耗和供养生活在燃料资源缺乏环境下的人们。它每年为能源效率的提高提供价值约 13 亿英镑的资金支持。

2012 年 12 月 4 日，议会通过了 2012 年电力和天然气（能源公司的义务）法令。CEO 运作到 2015 年 3 月，同时支持在低收入家庭和地区实施能源高效使用的措施，且在更难解决的性能方面进行实施。它同绿色新政一起给予消费者支持和用来提高消费者自己住宅能效的资助补助。

绿色新政和生态将有助于减少来自英国的国内建筑的二氧化碳排放量，这是英国实现其到 2050 年法定的国内碳减排目标计划的一个重要组成部分。

E　德国

能源认证（1995 年）

从 1995 年开始，每一座新楼的业主在原则上都有义务出具能源证书。此外，分别从 2009 年 1 月 1 日和 7 月 1 日起，卖方、业主或出租人有义务进行能效证书评估，然后提供给有兴趣的人士出租或租赁。除其他事项外，性能证书包含的信息包括建筑年代、建筑用途、可用建筑面积，还有供热、供应热水的方式和可再生能源类型与所占比例。此外，该能源证书包含对那些在经济上可行的有节能潜力的建筑提出现代化建设的建议。有两种能源认证是可用的：在计算能源需求基础上颁发的需求导向型性能证书和根据记录能源消耗消费型的性能证书。原则上这两种类型的能源证书都是允许的，但只是对有要求证书的新建筑。能源证书的法律依据问题和利用问题，依据的是 1977 年的保温条例，其 2002 年后变为《节约能源条例》。各项性能证书的有效期是 10 年。

工业二氧化碳排放削减协议（2000 年）

2000 年 11 月 9 日，德国工业和联邦政府对其气候保护自愿承诺进行了第二次更新（原在 1995 年达成了协议，第一次更新于 1996 年进行）。在第二次修改中，二氧化碳排放量到 2005 年将降低 28%，在《京都议定书》中提到的温室气体排放到 2012 年与 1990 年的水平相比将降低 35%。作为回报，政府将会延缓达到减排目标的一些措施并且还会将工厂企业的贡献考虑到生态税收之中。另一个补充协议是二氧化碳排放量将在 2010 年进一步降低 4 500 万 t。一个特别的焦点是更多地使用废热发电，可使 2010 年减少 2 300 万 t 的二氧化碳排放。为了支持这项措施，德国政府提出了一项新的立法来维持和扩大热电联产的现代化。该计划进一步补充了低息贷款给想投资节省能源的企业。KfW 和德意志银行为这些运行污染控制项目的企业提供资金，给中型私营企业热电联产项目提供低息贷款。

热电联产法 2002（2008 年/2011 年/2012 年修改）

热电联产法律在 2002 年 4 月生效，它激励了现有热电联产厂的持续经营和现代化改造。它的目的是帮助那些在 20 世纪 90 年代后期由于电价下降（作为自由化的后果）和天然气价格增加而失去了竞争力的城市热电联产厂。该法律允许热电联产运营商向公共电网输送电能，并且按高于市场的价格获得奖金支付。但奖金支付的金额会根据安装热电联产的类型而有所不同。支付的保费均匀分摊给所有的电网运营商。奖励资金的税收为家庭 0.1~0.15 欧分/kW·h，工业 0.5 欧分/kW·h。

可再生能源和能源效率伙伴关系（2002 年）

再生能源和能源效率伙伴关系（REEEP）在 2002 年 8 月召开的可持续发展世界峰会上被认可。它是一个构造了清洁能源及能源工程财政帮扶的政策和初始调控的全球关系。REEEP 由各国政府、企业、开发银行和非政府组织所支持，是奥地利的一个具有国际非政府组织地位的法律实体。国际秘书处设在维也纳，联合国工业发展计划的办公室就在里面。REEEP 的区域秘书处提供最佳实践政策和资金，促进可再生能源和能源效率。其国际秘书处从事政治、财务及业务支持，以减少在实施新的政策和融资活动的固有风险。该伙伴关系推动投资机会，支持商业和体制模式，捆绑小项目到银行能接受的规模，与碳融资相关联，并可复制成功的融资机制。它旨在确保政策和监管结构，鼓励清洁能源的整合，促进电力使用效率，并吸引到该行业的投资。REEEP 有规律的计划资金周期，以那些可以复制和推广的项目为重点，对可再生能源和高效能源和创新市场的发展有一定影响。该伙伴关系已投资了 100 多个项目，旨在帮助超过 40 个国家和地区消除清洁能源市场壁垒，主要是在发展中国家。

节能条例（住宅建筑物）（2002 年）

在建设新建筑物和对既存建筑物的重大重建工作中，节能条例规定了覆盖层和系统工程的能源质量最低需求。计划建筑物不得超过相应参考建筑物年度初级能源需求，而且还必须履行覆盖层和系统工程所符合的最低标准。在更改现有建筑时受影响的组件必须满足最低能源需求。在 2009 年的修正案中，最低能源需求被收紧为平均 30%。已经决定由联邦政府在 2013 年进行进一步的修改，预计将在 2014 年生效。批准该条例的基础是 1976 年出台的能源储蓄法（最后一次修改是在 2009 年）。

对轿车的强制性燃油效率标识（2004 年）

强制性燃料效率标签向消费者提供关于 2004 年市场上营销的新轿车的燃料消耗和二氧化碳排放量。在汽车销售地点显示燃油消耗和相关二氧化碳排放的标识必须固定在每一辆新车上或在其附近。

联邦政府的燃料战略（2004 年）

2004 年，在国家可持续发展战略框架中，根据国际的发展，联邦政府宣布了到 2020 年的战略构想。从长远来看，这个概念支持在德国市场推出替代或可再生燃料以及创新的驱动技术，将对经济和环境产生效益。此外，客运车辆能耗标签条例修正案也是该策略的一部分。

节约能源条例（非住宅建筑）

对于电镀的能源质量、在计划中的系统工程和现有的非住宅建筑重大改造的最低要求在节约能源条例（住宅建筑）中进行了规定，具有法律约束力。

联盟协议：能源生产力到 2020 年翻倍的目标（2006 年）

在 2006 年的联合协议中，联邦政府强调需要提高能源效率和制定以下目标：

稳步增加国民经济的能源效率和与 1990 年相比到 2020 年能源效率翻倍的目标。

每年至少增加 CO_2 建设现代化计划的资金为 1.5 亿欧元，显著提高其效率和吸引力，还推出了建筑物"能源护照"。政府的目标是每年提高 1978 年以前建造的现有建筑物能源效率的 5%。

促进现有电厂和分散电厂的扩张和高效的热电联产厂的现代化。

根据及时提交的监测报告审查热电联产法的筹资标准。

支持欧洲的举措，提高能源利用效率，并努力成为一个欧洲顶级方案。

继续并加强德纳（德国能源署）的建筑物、用电量和交通领域的节能举措。

耗能产品的生态设计要求（2008 年）

2008 年 3 月 7 日，联邦法"用能产品"生效，开始实施欧盟用能产品生态设计指令。该法案要求所有用能指令所涵盖的产品必须在投放市场前符合相关规定，同时必须贴有 CE 合格标志。而制造商需验证其是否符合生态设计要求，各州应指定负责部门。有关土地机关将进行市场监督，不遵守的话可能被处以罚款。市场监管措施应当报联邦材料研究与测试研究所（联邦经济和技术部的一个机构），欧盟委员会应发送通知。将协助小型和中小型企业和微型企业满足生态设计的要求。

可再生能源热法（2009 年，2011 年修订）

可再生能源热法（EEWärmeG）旨在到 2020 年将供热行业的可再生能源的份额提高至 14%。该法案强制要求新建筑在供暖和热水加热方面利用可再生能源。该法还规定了对市场刺激计划的预算要求。虽然该法只适用于新建筑，但它留下余地给各州制定政策解决现有建筑。EEWärmeG 规定新建建筑的业主必须使用一定比例的可再生能源来达到供热（水和空间加热）的目的。最低百分比取决于所使用的可再生能源技术。各种被允许的替代措施包括：①建筑的节能法规的要求必须提高 15%；②必须至少有 50%用于取暖的能源由热电联产提供；③如果主要通过可再生能源技术、余热或由热电联产供热，则需通过集中供热管网。

供暖计费条例（2009 年）

基于能源节约法令的供暖计费条例施行的目的是通过按计量收费，建立激励措施鼓励节约使用能源。2009 年 1 月 1 日，随着修订版的供暖计费条例的实施，某些建筑的按计量收费的部分占总供暖费用的比例增加到了 70%。这能为建筑行业节约能源和减少 CO_2 排放量创建额外的激励机制。另外，对于入网供暖系统，最迟在 2014 年 1 月 1 日之前业主均有义务使用热计量记录热水供暖系统所造成的能源消耗比例。此外，在建设和重建公寓大楼中供暖计费条例的规定创建了一套符合低能耗建筑标准（热量需求少于 $15kW·h/m^2$）的激励措施。

供热部门可再生能源促进法（2009 年）

可再生能源供热法案（EEWarmeG）的目的是增加可再生能源向建筑供热和制冷的能源供应。其要求在新建建筑时利用可再生能源，包括太阳能或热泵。补偿措施例如利用废热或改善保温也都可以实施。目标是提高能源效率。

能源和气候基金法（2011 年）

能源和气候基金法创立了一个特殊用途的能源和气候基金。此基金致力于促进环保、可靠和廉价的能源供应，例如在提高能效方面。最初的基金收益主要来自于德国各州核电厂运营商的合约。但由于从 2012 年起核电开始出口，因此只有来自于欧洲碳排放交易的收入才能进入能源和气候基金。

F 澳大利亚

设备能源效率项目（1992 年）

设备能源效率（E3）项目旨在提高澳大利亚和新西兰地区在住宅、商业和工业部门中照明、家电和设备的能源效率。该项目由一个提供性能标准（低能效标准和高能效标准[HEPS]）和比较能源效率标识的能效标准和标识项目发展而来，采用从 1～10 的星级制度。遵照州和地方政府法规制定能效标准和等级标识，以及相应的违规处罚。E3 项目是澳大利亚国家能源效率战略的一部分，由气候变化委员会常务委员会以部级标准监管，澳大利亚国家、州级和地方政府机构和新西兰政府官员组成的 E3 委员会进行业务监督。

国家平均油耗标准（2003 年）

2003 年，政府和汽车行业就 2010 年完成新型燃汽油型客车的自愿指标达成了一致意见，这意味着 2002—2010 年车辆的燃油效率将提高 18%。随后，汽车行业联邦商会（FCAI）和澳大利亚温室气体办公室（AGO）为实现全国平均碳排放（NACE）目标开展了前期工作，还将包含较大的四轮驱动和轻型商务用车，以及柴油、液化石油气等其他燃料。2004 年 6 月完成的报告为全国平均碳排放指标的发展设定了基准。与此同时，按照欧盟的先进做法修改了该标准的测试程序。关于 NACE 目标并未达成一致意见。FACI 已采纳 2010 年碳排放为 222 g CO_2/km 的自愿目标。2007 年新型客车的 NACE 评级标准为 226 g CO_2/km。

国家能源效率框架（2004）

国家能源效率框架项目和活动（NFEE）是国家能源效率战略的一部分。澳大利亚能源部级理事会（由澳大利亚各级政府代表组成）意识到通过提高能源效率可以取得重大利益，2004 年 8 月其通过了 NFEE 并同意实施大量的能源效率一揽子计划。能源部级理事会希望 NFEE 可以至少分为两个阶段。第一阶段包括建立 NFEE 框架的"基础"措施，包括 9 个综合的和相互关联的一揽子经济刺激政策，这些政策将目前全国范围或地区正在实施的具有成本效益的能源效率措施进行了延伸或进一步发展。第 1 阶段建立各辖区现有的能力上，但逐步注重全国范围内的协调。2008 年 6 月 30 日 NFEE 第 1 阶段结束，许多项目完成或接近完成。第 2 阶段从 2008 年 7 月 1 日开始，增加了下列新的能源利用效率措施：

扩展和强化最低能效标准计划；

以供暖、通风和空调（HVAC）高效系统战略解决非技术性障碍，同时确定和推广高效的技术解决方案和系统优化；

结合最低能效标准和补偿性活动（信息提供、教育活动、示范项目、产品开发和研究），在住宅业逐步淘汰白炽灯照明；

在政府的领导下，通过绿色租赁来刺激商业楼宇的能源效率；

开发国家热水战略的方法，以便从 2009 年 7 月 1 日着手提高热水器的能源效率；

数据收集和分析项目以确定和填补工业、商业和住宅部门能源效率数据收集上的空白。

澳大利亚绿色照明计划（2005 年）

设备能源效率项目目前包含 3 项长期战略，清楚阐述了政府的政策，并为减少该方面的能耗提供了路线图，其中包括 2002—2012 年的照明战略。在 2005 年，澳大利亚政府和澳大利亚照明部门承诺到 2015 年照明能源消耗减少 20%。澳大利亚绿色照明计划构建了一个为期 10 年的澳大利亚照明能耗削减框架，覆盖了除了低压钠灯和感应照明以外的大部分照明技术。鉴于澳大利亚灯具市场的规模，该计划未考虑依赖灯技术推动新发展，集中控制设备和灯具的灯代替和技术发展以及改善照明技术的情况。计划涵盖了住宅、商业、工业和公共照明部门的照明，但不包括车辆、指示器和特殊用途的照明。

能源效率机会项目（2006 年）

2004 年 6 月澳大利亚联邦政府在其能源白皮书《澳大利亚未来能源安全》中首次提到能源效率机会（EEO）计划。该计划的要求收录在 2006 年的能源效率机会法案中，并于 2006 年 7 月 1 日开始生效。其要求年能耗超过 500 万亿 J 的所有企事业单位每五年进行一次严格的能源效率机会评估，并且公开报告该评估的结果。EEO 包含了所有行业将近 300 家企业（截至 2012 年 5 月 1 日），占全部能源最终消耗的 65%。每个企业所使用的能源至少是澳大利亚家庭平均能耗的 10 000 倍。EEO 通过解决阻碍企业确定和发展能源效率方面成本效益提高的信息失灵和组织障碍来刺激商业部门采用更加严格的用能和节能方法。能源效率机会计划提供指导，制作指导材料，案例研究和举办年度研讨会。将通过以下措施提高能源效率：

提高企业的生产力和竞争力；

减少不必要的用能设备；

减少温室气体的排放——提高能效是成本最低的减排战略。

该计划旨在通过强化鉴定、评估，公司提高能效评估标准增加成本效益能源效率机会，以及要求企业公开报告评估结果和回应来达到以上目标。然而，能源效率机会的实施是自愿的，公司通过正常的业务流程自主决定能源效率投资。该项目采用的方法基于企业和政府在能源效率计划上的经验，比如由州和地方政府运营的方案和 1998—2003 年跨多个行业实施的联邦能源效率最佳实践项目。该框架评估需要采用"全行业"用能和能效评估方法，涉及企业评判影响能源使用的许多因素：领导力；管理和政策；数据的准确性、质量和分析；广泛人群的技能和观念；决策和沟通结果。希望参与企业达到自己领域的最低要求。该项目周期是 5 年，企业必须遵循以下步骤：

决定是否必须参与能源效率机会项目；

在资源能源和旅游局登记（项目启动 9 个月后）；

准备和提交一个评估报告表（项目启动 18 个月后）；

进行评估（第一次评估必须在项目启动 24 个月后完成）；

公开报告评估结果以及企业对能源节约机会的回应（项目启动 30 个月后，每年更新）。

在 2011 年 6 月的企业报告中提到，这些企业已经集中评估了 90% 的总能耗，确定总计提高能源生产力的能耗节约可达到 164 200 万亿 J。企业承担 54% 的节能，估计每年节能量为 88 800 万亿 J，这相当于澳大利亚总用能的 1.5%。2011 年 7 月 1 日该项目扩展到电力企业。

逐步淘汰低效灯泡（2007 年）

2007 年 2 月 20 日，澳大利亚环境部长宣布将逐步淘汰低效白炽灯泡作为初步遏制温室气体排放的一部分。该政策促进高效照明的转换，包括用紧凑型荧光灯代替白炽灯泡。根据照明产品的最低能效标准，澳大利亚政府联合州和地方政府共同实施逐步淘汰计划。最低能效标准是可在澳大利亚市场上销售的产品必须符合的效率标准。作为 2009—2015 年的阶段性方法，最低能效标准被应用到照明产品上。转换到高效照明后，预计将节省大约 30TW·h 的电力，2008—2020 年减少温室气体排放 2 800 万 t，这相当于永久关闭一个小型的燃煤电站或者长期禁开超过 500 000 辆车。预计到 2020 年，澳大利亚每年节约能耗约 3.8 亿澳元，如果将所有的白炽灯泡替换成紧凑型荧光，每个家庭每年净节省超过 50 澳元。首先要淘汰的低效灯泡是用于普通照明服务的传统梨形白炽灯泡。性能较好的卤素灯仍可继续使用，但其中能效最低的产品会被逐步淘汰。2009 年 2 月 1 日起，随着公布限制普通照明用的低效白炽灯泡进口，开始实施逐步淘汰计划。随后 2009 年 11 月 1 日，销售点对紧凑型荧光、普通白炽灯、特低电压卤素非反射灯应用最低能效标准。商业部门的主要照明光源，线性荧光灯和线性荧光灯镇流器的最低能效标准已分别在 2004 年 10 月和 2003 年 3 月生效。

国家能源效率战略（2009 年）

根据国家能源效率战略包含了国家能源效率框架中的措施。它是一项为期 10 年的面向住户和企业的协调的、综合的能源效率改善战略。其目的是理顺各级政府间的角色和责任，确保企业和家庭能在能源效率投资方便做出明智选择以促进更高效创新的措施的采用。国家能源效率战略解决了阻止高效能源机会有效摄取的障碍，比如取消激励和信息失效。它包含了所有存在大量具备成本效益的能源效率改善机会的经济领域：商业楼、居民楼、家电和设备、工业和企业、政府、交通、技术、创新、咨询和教育。战略措施包括：逐步淘汰高能耗热水系统（电动）；修订家电能源效率标准和标识立法；实施新的强制性民宅和商业建筑能源效率标准；加速先前逐步淘汰低效灯泡的计划。该战略向政府承诺找出能源效率技术和试验的差距，并制定相应的试验项目。由个别司法管辖区提供活动经费，某些措施如果取得双方的一致认同也可由双方联合提供经费。国家能源效率战略目前正在审查中。

逐步淘汰高能耗热水器项目（2010 年）

逐步淘汰高能耗热水作为国家热水战略框架的一项内容，在 2008 年 12 月得到了能源部级理事会的认同。高能耗热水器的逐步淘汰项目承诺减少来自澳大利亚住宅区的温室气体排放，同时协助住户降低能源成本。水加热消耗的能源大约占家庭总用能的 25%，澳大利亚 800 万家庭中大约 50% 的家庭都安装了高能耗电阻热水器。该淘汰项目将禁止安装电阻热水器，推进水加热市场中的低排放/低能耗技术，比如空气热源泵、太阳能和天然气。淘汰已存在于家庭中的电阻热水器，预计在未来 10 年当中，将减少接近 5 110 万 t 温室气体的排放。全国范围内实施任何一个提高家电能效计划都将促成在 2020 年温室气体达到最大减排——澳大利亚预计温室气体将减少 4%。该计划在 2010—2012 年分阶段进行，重点为新建和现有独栋、联排别墅和新建平房和公寓提供管道燃气。这些将会按照新房屋建筑及国家和地方现房管道法规的规定来完成。

工业能源效率数据分析项目（2012 年）

工业能源效率数据分析项目（IEEDA）根据一系列的关键技术、工艺和燃料类型，量化未开发的能源效率潜在规模和价值来估计不同工业部门的能源效率提高潜力。IEEDA 项目整合和分析能源效率机会项目、国家温室和能源报告系统以及一系列州级项目收集的企业数据。该项目还涉及了详细的障碍分析，以便更好地理解哪些因素可能阻碍工业节能项目的效益。这将会告知人们如何解除这些障碍，以及哪些政策最可能实现这一目标。

根据真实数据，该项目已促成一个国家工业能源利用和能源节约的综合数据库的建设，该数据库可用来告知企业能源效率的成本效益投资以及促进更谨慎和明智的政府决策。联邦政府将继续用最新年度数据和 IEEDA 整合工具来更新 IEEDA 数据库。IEEDA 项目的下一阶段将添加地理空间能力，对工业能源使用和能源供应数据进行详细的地理分析，支持未来网络需求和网络发展更好的管理。

G 意大利

国家能源计划（1991 年）

意大利的基础节能法是"关于合理利用能源，节约能源和可再生能源发展的国家能源计划的实施条例"（10/1991 号法律）。这是一个法律框架订立规例，目的是在所有终端使用行业做到能源的有效利用，例如生产过程中，包括建筑物和加热设备的具体能源减排。该法律设置了一系列的有效利用能源的措施，具体如下：

建筑标准，包括建筑物的众多节能法规；建筑物热系统的设计，安装和操作规则；新建公共、私人建筑以及修复建筑的技术和建造的标准。此法规根据欧盟建筑能源性能指令的实施进行了修订。

检查锅炉，包括法规以特殊参照限制能源消耗进行对加热装置的设计、安装、操作以及维护。该方案于 1994 年开始，要求工厂依据锅炉的大小每年或两年进行检查。

对于每年需要消耗 10 000 t 以上的工业公司和每年消耗 1 000 t 以上的商业，公共行业以及运输业等领域的公司，或他们的分支机构能源服务公司（ESCO）需要设置能源管理经理。这些公司如未能遵守本条例则不符合能源有效利用的投资补助甚至可能被罚款。

设计单独计费的采暖，空调和热水费用。对于新建筑和现有建筑进行大型翻新工程使之变为单独计量，它是强制性的并会给以津贴。通过要求在设计阶段，这将更容易引入单独计量。

需求侧管理。根据 1991 年的工业部和 ENEL 之间的协议以及由 9/91 号法律和涵盖 1991—1995 年谈判所达成的，ENEL 承诺通过技术援助，咨询和信息传播促进在电力最终用途的节约。方案的重点在热水和空调系统的高效热泵；紧凑型荧光灯泡；安装在住宅和商业部门的太阳能电池板；用以改善客户端的功率因数的电容器；以及热电联产的小型和中小型企业。

税收的减免和由地方政府支付的激励政策，以支持采取最有效的技术解决方案。根据该法，财政捐款将会投资所有能源部门用以支持能源效率和可再生能源。

地方能源计划。第 10/91 法案提出需要一个拥有 50 000 人口的社区，以建立当地的强调可再生能源和热电联产（CHP）的能源计划。

减少温室气体排放的需求侧管理——ENEL 自愿协定（2000 年）

2000 年 7 月，ENEL，生产活动部以及环境部共同针对需求侧的管理签署自愿协议，通过下列行动进行合作用以对温室气体的减排：

依据测量表所提供数据提供能源服务；

提高电力使用终端的能源利用效率；

公共照明的优化；

电力设备和技术的发展和传播；

定义与供应商的协议，以生产和使用温室气体低排放的产品和设备；

该协议规定在 2006 年前投资 38 亿～48 亿美元。根据该协议，二氧化碳的排放量将从 1990 年的水平降低 20%，以此作为一个计划的一部分，该计划将使所有 ENEL 涉及的工厂提高生产效率，且投资于可再生资源。

温室气体减排，能源效率和可持续能源专项基金（2001 年）

在 2000 年底批准的一项金融法案，提出设立一个基金，用以减少大气排放，促进能源效率和可持续能源。该基金是由碳税法的 3%累计收入资助的。在其他活动中，该基金预计高达 80%将用于安装太阳能集热器（大多 PV），特别是在意大利南部和再造林计划，以增加吸收二氧化碳。最近期的干预措施，是旨在促进减少温室气体排放，提高能源效率和可再生能源使用的"循环京都基金" 作为措施。该基金已根据 2009 年 11 月及 2008 年 11 月 25 日和 17 日的部长级法令执行，旨在对于可再生能源，能源效率，研究和森林管理领域的干预发放贷款。

提高能源效率的实用目标（2001 年，2004 年，2007 年，2008 年，2009 年，2011 年，2012 年修订）

立法局 79/1 999 号和 164/2 000 号法令，执行欧洲对电力和天然气市场的开放的指令，需要政府特许经营的电力和天然气分销公司（包括有义务实施旨在提高在用户终端的能源利用效率的措施和干预手段）根据定量目标计量。这些目标和所有其他元素由

2001 年 4 月 24 日发出的两个部级法令进行了定义，如设计和实施方案，以及监测和评估的程序。根据 2001 年 12 月 31 日提出的法令经销商有义务向超过 10 万个终端用户提供电力或天然气。通过"证书"建立一个交易计划是一个创新的元素。EE 项目符合法令的要求，实现方式有 3 种：

直接由分销商开展行动；

通过公司自主控制或由分销公司本身控制；

通过能源服务公司。

分销商项目的实施中所产生的费用，由每年来自碳税的收益以及所有最终用户支付的关税支付。

热电联产条例——热电联产（2002 年）

据 1999 年 3 月 16 日（第 79/99 号）题为"落实电力单一市场的共同规则的欧盟指令 96/92/EC"法令的规定：

GRTN（公共输电系统运营商）必须确保热电联产工厂优先级调度（由可再生能源提供后立即执行）有一项针对任何处理超过 100 亿 kW·h/a 的生产商或进口商的义务，至少需要提供 2% 的由工厂所产生的 CHP 或可再生能源，这些均于 1999 年 4 月 1 日后签订生产。

从 2002 年 1 月，引入电力网（或收购）数量等于 2% 常规能源所产生电力的由可再生能源产生的电力，从而热电厂输出将予以免除。2002 年初，电力及燃气监管局界定在何种条件下可以考虑热电厂改建为热电联产厂。该标准考虑到发电效率和相关储存相比于一个单独的生产相同数量的电能和热能。此外，热量和厂所生产的总能量之间的比率已设置一个最低值（15%）。

国家能源效率行动计划（2007 年）

按照欧盟 32/CE/2006 号指令，意大利于 2007 年 7 月提交了其国家能源效率行动计划。该计划酌量了诸如能效标准在建筑物的应用，推广高效率的热电联产电厂等措施。所建议的措施，旨在到 2016 年实现 9.6% 的节能目标。工业，住宅，大专院校和运输部门等都在计划中。

在住宅方面，措施包括：对 1980 年以前的住宅楼宇的不透明表面进行保温隔热处理；以双层玻璃更换单层玻璃；以荧光灯更换白炽灯；以 A 类家电替换洗碗机；以 A⁺ 和 A⁺⁺电器更换冰箱和冰柜类；用最高级的 A 类家电替换洗衣机；更换高效的电热水器；高效能空调的使用；以及使用高效的加热装置。

在第三产业中，措施包括：使用高效的加热装置，针对使用高效空调，高效灯具和控制系统而采用的激励机制，以及使用高效节能灯的光通量调节系统（公共照明）。

在工业领域，措施包括：高效节能灯及控制系统的应用，以更高效的马达替代 1～90 kW 的电动马达，0.75～90 kW·h 电动电机上安装逆变器，高效率的热电联产，以及利用机械蒸汽压缩。

在交通部门的措施包括引进 140 g CO_2/km 的排放限值（平均售出的车辆）。

意大利第 99/2009 号法律中公布的节能和能效的特别计划。该计划想达到改善提高中央和地方行政之间的协调关系，推广可持续建筑和翻新建筑，制定了刺激能源服务供应的条文，鼓励微型和小型热电联产系统，提出的机制容易提高对白色和绿色证书的需求，鼓励中小企业能源的自主生产。

欧盟建筑能源性能指令的实施（EPBD）（2007 年）

所有新建筑物必须由太阳能发电满足至少 50%的热水需求。2009 年 3 月 6 日，总统令批准了为满足建筑物热水需求的加热系统和导热系统的最低要求以及计算的方法。112/2008 号法令"关于经济发展，简化，竞争力，稳定的公共财政和税收均衡的紧急条文"，修改第 192/05 号法令，废除对于可转让或出租的建筑物强制性能效证书的要求。这项措施于 2009 年 5 月进行审查。在 2009 年 6 月，一项新的法规要求，2009 年 7 月 25 日后所有购买，出售或租赁住宅或商业楼宇，将需要一个能效证书。该措施适用于新的和翻新的建筑物。能源性能证书的方针将于 2009 年 7 月颁布。

欧盟排放交易计划 2006 年在意大利的实施（2010 年修订）

4/4/2006 No. 216 号法令，在 2006 年 4 月生效，把欧盟 Directive 2003/87/CE（建立成欧盟 ETS）调换成国家法律。该法令取代部颁法令 DEC/RAS/074/2006。2006 年 4 月的这条法令还建立了针对包括在欧盟排放交易指令，连同他们由国家主管机关认证的温室气体排放量的国内程序，工业装置的年义务。在意大利，当局负责的是一个与地区环境和保护部（MATT）相关的板块。此板块应按照意大利的国家分配来控制和发放排放许可。2010 年 12 月 30 日，第 257 号法令提出，修改 2006 年 4 月 4 日的法令，意大利已实施的欧洲议会和欧盟理事会 2008/101/CE 号法令，其中将航空活动包含在全社会温室气体排放的配额交易计划之中。2010 年 12 月 30 日的法令，于 2011 年 2 月 4 日发布在意大利的官方杂志，2011 年 2 月 19 日起生效。

公共建筑的能源审计（2007 年）

该法令规定，在公共建筑的能源审计和成本效益的干预措施的实施。该计划提供了 850 万欧元用于各区域和自治省审计。符合资格最终用户包括：公立学校，水电系统，公共照明，公共建筑或供公众使用的建筑物，住宅楼和医院。

2007 年预算法——能源效率规定

2007 年预算法提供了各种财政刺激和财政措施，以提高能源效率和减排。这些措施包括：

针对提高能源效率和可再生能源在建筑中使用的财政奖励；

对于客运和货运车辆中更换为污染程度较低以及那些使用天然气或液化石油气的车型给予的财政补助；

义务减少用于运输的生物燃料。每年有预算为 200 万欧元成立拨付为周转资金用于下面的温室气体减排措施（2007—2009 年）：

①一个高性能的微热电厂；

②小规模的可再生能源电力，热力的生产；

③高效率电动马达（超过 45kW）；

④在民用处提高终端能源利用效率；

⑤研发新技术，低排放或零排放的能源。

关于促进热电联产的欧盟指令的实施（2007 年）

2007 年 2 月 8 日的第 20 号立法令通过了实施关于促进热电联产的 2004/8/EC 号欧盟指令。法令规定，到 2010 年 12 月 31 日，高效率的热电联产系统必须符合标准如下：

相对于与单独的生产热能和电能，首先要节能至少 10%；

最小的有用的产热量为 15%。

针对实施欧盟能源服务指令的法令（2008 年）

2008 年 5 月 30 日的第 115 号意大利立法令提出实施欧盟能源服务指令或简称为 ESD（2006/32/EC），为提高能源利用效率以及解决能源领域活动的范围作出的巨大努力建立了一个法律框架。该法令已经根据经济发展部和欧洲政策部的建议由部长理事会颁布。法令的主要规定包括：

拨备指定意大利能源机构 ENEA 的整体控制和负责监督框架，设立 ESD 中提到的有关节能目标；

ESCO 的定义，作为一个提供担保的合同节能管理服务公司；

2 500 万欧元的担保基金，用于支持节能服务公司；

定义了能源服务合同和服务合同加 412/93 号总统法令对能量的介绍；

将国家和地方性部门之间在有关能源效率的和谐功能纳入具体措施；

白色证书计划的发展；

能源效率程序的一系列行政简化；

公共部门扮演了重要的角色，旨在更好地利用技术，经济和财政资源，促进节能行动；

制定建筑节能认证计划的合格专家的标准。

企业和能源的发展和国际化（2009 年）

作为 2009 年 7 月提出的公司的发展与国际化和能源法案的一部分，一些影响意大利的国家能源效率战略的具体措施均获通过。法例影响下电力部门作为一个整体。第 30 条提出电力部门的提高效率措施，2007 年 2 月后确保高效率的热电联产安装，支持计划至少需要收益 10 年。基于一次能源节约开发了一个类似的系统支持，包括能源生产和消费的现场。2007 年热电联产法规定延伸一年。特别是，为了加快和保证能源效率和节能方案的成就，经济发展部，国家能源局的合作，将利用"能源效率和节能的特别计划"。该计划的主要内容将包括：

中央和地方政府的角色和任务的协调和统一的措施；

建筑行业提高能源效率的措施；

对能源服务的公共/私营机构的发展的鼓励；

热电联产系统的措施和激励机制；

白色证书和绿色证书计划的推广和发展；

促进能源效率设备的购置及安装的传播活动；

提高能源效率和私人公司的节能行动措施和激励机制。

附件 3 提高能效的技术

A 清洁能效项目分析软件

RETScreen 清洁能源项目分析软件是世界上领先的清洁能源决策软件。此决策软件由大量的各行业专家和工程师在加拿大政府的支持下开发而成，是对防止气候变化，改进能源效率以及减少污染等项目进行决策的有效工具。

RETScreen 清洁能源项目分析软件可以应用在世界任何地方来评估所提出的各种类型能源效率和可再生能源技术的能源生产，生命周期花费和温室气体减排。它提供一种明确的方法来比较常规技术和清洁能源技术，并且结合内置的气候和产品数据，获得快速、精确的结果。RETScreen 可以显著地降低鉴定以及评估潜在能源项目的费用（金钱与时间上）。这些发生于预可行性、可行性、开发以及工程阶段的费用，是发展可再生能源与节能技术的重大障碍。借由帮助消除这些障碍，RETScreen 减低清洁能源项目展开之前，以及从事清洁能源项目商业的费用，使得这些项目得以实施。RETScreen 可以同时扫描多个潜在的项目，确定并执行最有潜力的项目。它可以让决策人员和专家决定所提议之可再生能源、节能或热电联产项目在财务上是否合理。帮助决策人员快速、明确地以一种容易使用的方式且相对最小成本的形式了解项目是否是可行的。

RETScreen 已在许多国家的能源专家和管理者中使用。RETScreen 带给全球用户的直接节省超过 80 亿美元。保守的估计，经由实行清洁能源，RETScreen 对能源效率改进和大量减少温室气体排放的间接贡献为每年大约 2 000 万 t。RETScreen 帮助带动全世界至少 24 GW 的清洁能源设备的安装，其价值大约为 410 亿美元。附图 3-1 表示软件在世界各地的使用情况。

RETScreen 是由来自政府、工业和学术界的众多专家共同努力开发而成的独特决策支持工具。RETScreen 的发展过程是成功的国际合作的范例。RETScreen 由加拿大政府经加拿大自然资源部（Natural Resources Canada）位于魁北克省瓦伦内斯的能源中心开发与维持，由来自世界各地的工业界、政府部门和学术界的专家网络提供支持。主要合作伙伴包括美国宇航局（NASA）、可再生能源和能源效率合作伙伴计划（REEEP）、联合国环境规划署（UNEP）以及全球环境基金（GEF）。

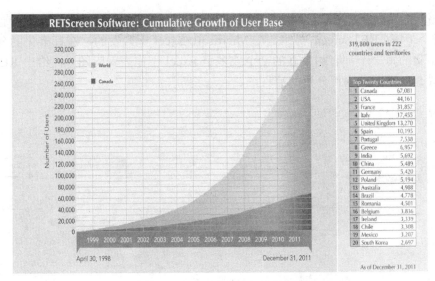

附图 3-1　软件在世界各地的使用情况

软件功能和使用方法

RETScreen 成套软件有两个独立程序：RETScreen 4 和 RETScreen Plus。RETScreen 4 是一种基于 Excel 的清洁能源项目分析软件工具，可帮助决策者们快速而轻松地确定潜在可再生能源、节能和热电联产项目的技术和财务可行性。RETScreen Plus 是一种基于 Window 的能源管理软件工具，可让项目业主很容易验证其设施的持续能源效益。

RETScreen 是其同种类产品中最为全面的。让工程师、建筑师以及财务规划师模仿与分析任何清洁能源项目。决策人员可实施五步骤标准分析，包括能源生产和节约分析、成本分析、排放量分析、财务分析以及风险分析。软件包括产品、项目、基准、水文和气候数据库，详尽的用户手册以及基于案例研究的学院或大学级培训课程，包含工程方面的电子教科书。

RETScreen 的项目模块所包含的技术极为广泛，清洁能源包括传统和非传统资源以及常见的能源资源与技术。这些项目模块的试验样品包含了：节能效益（从大型工业设施到个人住房），加热和冷却技术（例如，生物质系统、热泵，以及太阳能空气加热器/热水器），电力（包括可再生能源如太阳能热电、风力发电机、波浪发电、水力发电机、地热等，但也有常见的技术例如燃气/蒸汽轮机和往复式发动机），以及热与电力结合系统（或热电联产）。

虽然对于每一种清洁能源技术 RETScreen 使用不同的模块，使用的 5 步骤标准分析方法是相同的。因此，用户已经学会如何使用 RETScreen 的一种技术，应该没有问题使用另一个。因为 RETScreen 软件是在 Microsoft Excel 中开发的，在标准化的分析程序的 5 个步骤的每一个都有相关联的一个或多个 Excel 工作表。附图 3-2 给出 RETScreen 软件模型 5 步骤标准项目分析的流程图。

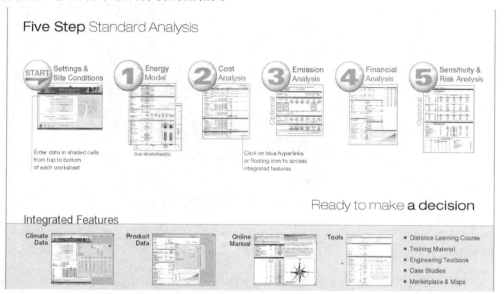

附图 3-2　RETScreen 软件模型五步骤标准项目分析的流程

第 1 步　能源模块（和子工作表）：在本工作表中，用户指定参数描述能源项目的位置，基准，使用的系统类型，提议的技术，负载（如适用），以及可再生能源资源的来源（附图 3-3）。作为反馈，RETScreen 软件计算年发电量或能源节约。通常，资源工作表（如"太阳能资源"或"水文和负载"表）或"设备数据"工作表或两者，作为能源模块工作表的子工作表。

第 2 步　成本分析：在这个工作表中，用户输入准备选择的系统的初始，年度和定期的费用，以及任何基准比较系统的信用。用户可以选择进行预可行性或可行性研究。"预可行性分析"不像"可行性分析"那样，要求更详细、更准确的信息。

第 3 步　温室气体（GHG）的分析（可选）：这个可选的工作表帮助确定用提议的技术替代原有技术后每年减少温室气体的排放量。用户可以选择进行简单，标准或自定义的分析，也可以指出该项目是否作为一种潜在的清洁发展机制（CDM）项目进行评估。RETScreen 会自动评估项目是否可以考虑作为一个小规模 CDM 项目应用简单基准线方法和其他的小规模 CDM 项目规则和程序。

附图 3-3　输入项目信息

　　第 4 步　财务摘要：在这个工作表中，用户指定能源成本，生产信贷，温室气体减排信用额度，激励，通胀率，折现率，债务，税收成本相关的金融参数。利用这些参数，RETScreen 计算各种财务指标（如净现值等），以评估该项目的可行性。财务概要工作表中还包括累积现金流量图（附图 3-4）。

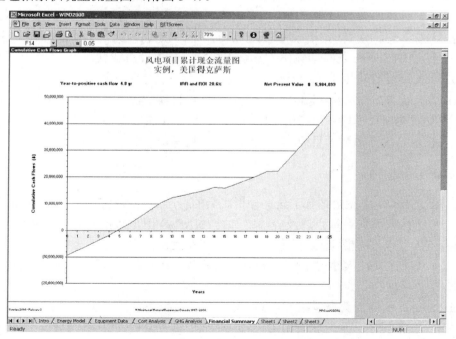

附图 3-4　累积现金流量

	Cash	Short term 70% debt 10% for 5 yrs	Long term 70% debt 6% for 15 yrs	Leasing 12% for 5 yrs	Energy Performance Contract* 8% for 7 yrs	Savings account, bonds, stocks
Equity	$300,000	$90,000	$90,000	$0	$0	$300,000
Pre-tax IRR - equity	35.90%	61.20%	91.80%			
Pre-tax IRR - assets	35.90%	24.10%	29.10%	19.80%	12.40%	3% - 15%
Simple payback	3	3	3	3	4.5	
Equity payback	2.9	1.9	1.1	Immediate	Immediate	
Cumulative dividend 3 yrs	$312,200	$146,000	$247,300	$62,500	$52,900	$27,000 to $135,000
Cumulative dividend 20 yrs	$2,478,000	$2,201,000	$2,154,000	$2,062,000	$1,873,000	$180,000 to $900,000

* + 20% cost for verification + 30% cost for risk management

附图 3-5　成本分析数据

第 5 步　敏感度及风险分析（可选）：这个可选的工作表帮助用户决定各种关键参数的不确定性会怎样影响项目的财务可行性。用户可以执行一个敏感性分析或风险分析，或两者兼而有之。

RETScreen 软件的报告允许人们看到准备一项研究的所有关键信息，从而有利于决策的作出。这使得所有参与能源项目的各方更容易进行项目的尽职调查和比较不同的选项或提出议案。它特别有助于通过降低通常专用于写项目评估报告的努力而降低研究成本。事实上，RETScreen 的打印输出本身就构成足以在项目实施过程的早期阶段的报告。

RETScreen 软件可用于工业，商业，机构，社区，住宅和公用事业的应用进行评估。一些 RETScreen 的清洁能源技术模式如下：风能项目模块，小水电项目模块，光伏项目模块，生物质热项目模块，光能空气加热项目模块，光能水加热项目模块，被动式光能加热项目模块，地源热泵项目模块，热电联产项目模块。

软件数据库

在 RETScreen 中完全结合于这些分析工具的有产品、项目、水文及气候数据库[后者有 6 700 个地面站所在地点以及美国宇航局（NASA）卫星数据涵盖了整个地球表面]，并且连接至全世界的能源资源地图。此外，为了帮助用户立即着手分析，RETScreen 已嵌入了一个广泛的通用清洁能源项目模板的数据库。尽管如此，用户可以在任何时间输入其他来源的数据。

RETScreen 的气象数据包括有 2 套，地面气象数据和美国宇航局的卫星获得的气象数据，每一套都提供整个地球表面的天气（气候）数据。RETScreen 软件已直接纳入全球地面气象数据。一个显示 RETScreen 的所有地面气象观测站的地图如附图 3-6 所示，一个太阳能热水项目模块的全套气象数据库的例子如附图 3-7 所示。

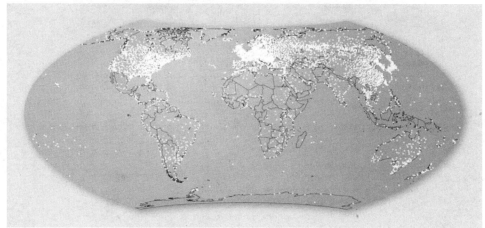

附图 3-6　RETScreen 中的世界地面气象站位置

Weather Database			Monthly Solar Radiation [kWh/m²/d]	Monthly Avg Temperature [°C]	Monthly Avg Rel Humidity [%]	Monthly Avg Wind Speed [m/s]
Region	N. & Central America	Jan	1.72	-10.2	72.5	5.0
Country	Canada	Feb	2.80	-8.9	72.0	5.0
Province / State	QC	Mar	4.05	-2.3	69.0	5.0
Weather Station	St Hubert A	Apr	4.64	5.6	66.0	4.7
Latitude [°]	45.52	May	5.73	12.7	64.0	4.4
Longitude [°]	-73.42	Jun	6.11	17.9	67.0	4.2
		Jul	6.14	20.6	69.0	3.6
		Aug	5.18	19.0	73.5	3.6
Visit NASA Satellite Data Site		Sep	3.85	14.2	75.0	3.9
		Oct	2.52	8.0	74.0	4.4
Help	Paste Data	Close	Nov	1.49	1.4	77.0	4.7
		Dec	1.34	-7.0	77.0	4.7

Date modified: 2004/11/01

附图 3-7　RETScreen 太阳能水加热项目模块全套气象数据

美国航空航天局为地球上的任何位置提供的卫星气象数据通过 NASA 表面气象和太阳能能源（SSE）数据集提供给 RETScreen 软件使用。这套数据由美国宇航局与 RETScreen 合作开发，当没有地面数据或详细的来源地图时是一个有用的替代。

在 RETScreen 的小水电项目模块中，水文数据由持续流量曲线定义，它假定所研究的河流中的水流条件是一年中的平均值。对于水库蓄水项目，数据必须由用户手动输入，输入的数据应该代表一个水库一般正常流量。河道工程所需的流量历时曲线数据可以手动输入或通过使用特定的运行方法和 RETScreen 的在线气象数据库中包含的数据。

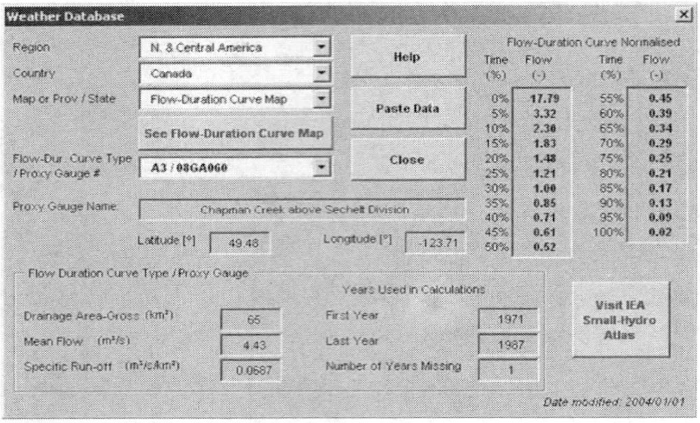

附图 3-8　RETScreen 的全套小水电项目模块水文数据

　　直接结合到 RETScreen 软件的产品数据提供 6 000 相关的产品的性能和规格数据。这些数据用于描述在 RETScreen 分析的第一步骤中建议的清洁能源系统的性能。这些产品的数据可以被直接粘贴到清洁能源技术的模块胞中，如在附图 3-9 所示。该图中表示在 RETScreen 的光伏项目模块中全部产品数据的一个例子。RETScreen 产品数据库提供电，热和冷系统数据。

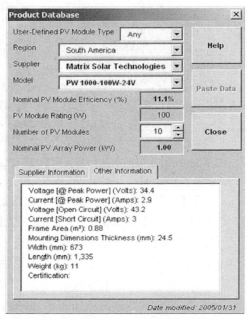

附图 3-9　在 RETScreen 的光伏项目模块中全部产品数据的一个例子

每个 RETScreen 的清洁能源技术模型包含许多标准项目分析过程中的成本分析工作表中列出的项目典型的数量和成本的数据。内置的成本数据显示在最右边的列“单位成本范围”，如附图 3-10 所示。用户也可以通过选择不同的选项“成本参考”输入自定义的成本和数量的列。这个选项用于更新原始数据，或添加自定义的数据。

RETScreen Cost Analysis - Combined heating & power project

Settings - Apartment building - Toronto, Canada

Pre-feasibility analysis　　Cost reference

Feasibility analysis　　Second currency　　Cost reference: Canada - 2005　　Canada - 2005

Initial costs (credits)	Unit	Quantity	Unit cost	Amount	Relative costs	Quantity range	Unit cost range
Feasibility study							
Site investigation	p-d	1	$ 400	$ 400		1 - 5	$300 - $1,000
Resource assessment	p-d	2	$ 400	$ 800		1 - 5	$300 - $1,000
Environmental assessment	p-d	2	$ 400	$ 800		1 - 8	$300 - $1,000
Preliminary design	p-d	2	$ 400	$ 800		2 - 20	$300 - $1,000
Detailed cost estimate	p-d	2	$ 400	$ 800		3 - 100	$300 - $1,000
GHG baseline study & MP	project	2	$ 400	$ 800			$40,000 - $60,000
Report preparation	p-d	2	$ 400	$ 800		2 - 15	$300 - $1,000
Project management	p-d	2	$ 400	$ 800		2 - 8	$300 - $1,000
Travel & accommodation	p-trip	1	$ 2,000	$ 2,000			
Custom	cost	1	$ 5,000	$ 5,000			
				$ -			
Sub-total				$ **13,000**	3.0%		

附图 3-10　RETScreen 软件的全套成本数据

软件使用方法培训

RETScreen 培训学院提供利用软件怎样评估清洁能源项目可行性和效益的强化培训。培训课程由来自 RETScreen 开发团队的专家授课。每门课程成功结束后将给学员颁发结业证书。

设有入门、中级和高级课程，每门课程历时 3 天，课程包括：清洁能源项目分析介绍；能效项目分析；冷热联产项目分析；能源项目分析；热电联产项目分析；能效分析。每一培训模型可以独立的讨论或研讨会的形式提供，也可以作为专科或大学课程的一部分。它们也可以连在一起而成为为期 2 周的强化课程，或者是为期一期的课程。除了幻灯片、教课录音和笔记以外，培训资料还包括案例研究和工程教材。

培训的技术包括：

能源利用效率供热系统、供冷系统、建筑围护结构的特征，通风、照明设备、电设备、热水泵、风扇、电动机、生产用电力、生产用热量、生产用蒸汽、蒸汽损失、余热回收、压缩空气、供冷，其他包括供热/供冷吸收、生物质系统、锅炉、压缩机、干燥剂、免费供冷、熔炉、热泵等。

太阳能空气加热器、太阳能热水器、热流体加热器。

电力/燃料电池、燃气轮机、燃气轮机—联合循环、地热、水力发电机、海流能、光电、往复式发动机、太阳能热电、蒸汽轮机、潮汐能源、波浪发电、风力发电机、热电联产、冷电联产、热电冷联产。

B　超声增强型染色

介绍

轻纺行业耗能最高工序包括染色和精加工。纺织工业中织物的染色涉及 2 个物理过程：将染料运输到纤维中，以及染料被纤维吸收或与之发生反应，导致快速上色。这些操作一般是由应用程序的时间、温度和压力来完成的。加快处理速度的化学物质的添加，如盐和尿素，通常也是必要的。传统的染色过程是资本和能源密集型的，废物流中的盐和尿素的存在也为削减污染造成了挑战。超声在染色过程中的应用可以显著地加快染料在织物里的运输和吸收。

技术

在工业上，超声波用于清洁和混合，以及化学工艺的加速。染色的过程，染料在织物里的运输和吸收，在超声波下大大加快。这些结果产生是因为超声能量使纤维膨胀但又同时降低表面张力。超声使染料与织物更快速的反应，因为超声波能量优先加热织物里的染料。这些加速染色的好处可以实现在较低的温度和常压下实现，无须向染料添加化学品。利用超声波可精确控制色差，从而显著减少传统染色工艺中通常产生的色彩明暗差异。此外，超声已被证明能够提高洗涤阶段织物上未反应的染料的去除率。所需的清洗时间和水量都减少了。

由于需要维持一个均匀的超声波声场，该技术只适用于网格型染色。网格型染色中一个单一厚度的织物在一个名为染色范围的机器上持续被染色。张力下的织物网在鼓上被输送到各个流程（染色、修剪、洗涤和干燥）。过程类似造纸机。它在棉织物在超声波应用下的持续染色方面已经显示出了特别的功效。

优点

超声的应用直接降低了过程中使用热能的10%。此外，废水处理量的下降也节省了额外的资金。使用的染料以及洗涤水量都减少了，废物流中的盐和尿素的浓度减少也使水处理更加容易了。染料中的盐和尿素的缺乏也使染料的回收成为了可能。

超声可以被改造到现有的染料范围或新的系统工程。因为超声波降低染色、修剪和洗涤时间，通过该设备的流量可以在相同运营成本的情况下显著的增加，从而降低了运营一个染色范围的固定成本。此外，由于大量的染色也只需要少量的染料和化学品，可变成本也降低了。ACEEE 假设一个染色范围的产量增加 50%，相应的美国年度单位固定和可变运行和维护成本减少 330 000 美元/百万码纺布。美国亚洲环境合作项目已经确定了这一技术为 6 大关键新兴纺织技术之一。

供货者

纺织行业在美国是一个成熟的行业。然而，大多数的染色设备制造商不在国内，而超声波技术的主要开发在国内。外资设备商还没发现这个缺口，新兴节能产业技术却向这个市场缺口进军。美国有很多厂商提供标准和定制的超声波设备。一些公司包括，"蓝波"（Blue Wave）超声公司，"马格努斯"（Magnus）设备，"延森"（Jensen）制造工程师事务所等，人们可以从www.thomasnet.com 获取厂家的信息。

C 近净形铸造/薄带连铸

介绍

钢铁行业是最大的工业耗能领域之一。钢铁行业由将原材料（铁矿石、焦炭）通过高炉生产生铁以及使用碱性氧气转炉（BOF）炼钢的综合性钢厂，和将钢材废料、生铁、直接还原的铁（DRI）通过电弧炉（EAF）炼钢的电弧炉钢厂组成。

铸造和轧钢工艺目前在钢铁工业中是一个多步骤的过程。钢液先被连续塑成、钢坯或板坯。钢液从钢水包流出到中间包（或容纳槽），然后被送入一个水冷铜模中。凝固过程始于模具边缘，并一直持续到内部。凝固的钢坯被拉出，火炬切割，然后送出到一个过渡性储藏。大多数钢会在加热炉重新加热，尔后在冷热轧机或精轧机下轧制成最终形状。

据劳伦斯伯克利国家实验室最近的研究估计，1994 年铸造和轧钢工艺消耗了332 TBtu（350 PJ）主要能量。在重新加热的炉里通常都由燃气和燃油供应并会消耗大约 2.8MBtu/t（3.3GJ/t）的能量。

近净形铸造

近净形铸造是一种将金属的形状和尺寸铸造成接近成品需要的新技术。这项技术减少了完成产品所需的处理过程。换言之，此技术将钢材的铸造和热轧集成到一个步骤来处理，从而避免钢在轧制前需要重新加热。薄板坯连铸（TSC）和薄带连铸（SC）是两种主要的近净形铸件工艺，且都是连续的过程。

与厚度为 120～300 mm 的板坯中铸造相比，薄带被直接铸造到 1～10 mm 的最终厚度。钢在省去重新加热的步骤下被直接铸造到最终形状。作为一项过渡技术，薄板连铸将钢铸成厚度为 30～60 mm 的薄板，然后再被重新加热（板坯入炉的温度高于目前的技术，从而节约能源）。

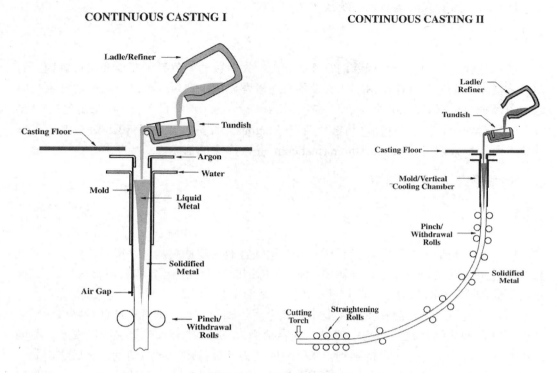

附图 3-11　制造工艺和设备

应用程序和供应商

　　薄板连铸技术已在美国和其他国家商业化应用。在美国，近终形铸造已被应用到生产近净梁。这项技术首先被 Nucor 公司位于 Arkansas 州 Blytheville 的合资 Nucor-Yamato 钢铁公司使用，后来也在 Nucor 位于 South Carolina 州 Berkeley 郡的工厂使用，也被 Chaparral 钢铁厂使用。这些都是使用电弧炉的生产者。目前两个德国的供应商 SMS 和 Mannesmann-Demag，采用薄板技术为平板产品供应近净脚轮。第一家为平板冷轧钢产品制造的商业近净脚轮于 1999 年在日本的 Nippon 钢铁公司生产线铸造。澳大利亚一个成功的平板冷轧碳钢连铸机现在被迁移至 Nucor 公司位于 Indiana 州 Crawfordsville 工厂的过程中。

优势与劣势

　　薄带连铸机的能耗较目前的连铸过程有显著的降低。薄板连铸的过渡工艺的能耗为

0.8 MBtu/t（0.9 GJ/t）燃料和 39kW·h/t 电力。近净形铸造预期能消耗更少的能量。基于 1994 年美国的普遍做法，当前工艺的能耗与近净形铸造能耗之间的差异能节省主要能源 4.0 MBtu/t 粗钢（4.7 GJ/t）。

近净形铸造设备的固定成本由于撤销了加热炉，预期将低于目前工艺的固定成本，预计会降低 30%～60%。运营和维护成本预计也将下降 20%～25%，尽管这些削减将取决于当地的情况。连铸连轧的整合也显著地减少了粉尘排放，营造了近无尘环境。

薄带连铸和近终形铸造技术在中国、印度和美国有很高适用的潜力。然而，这些技术要求对现有工厂进行大规模改造，所以在许多要求灵活性的工厂里可能会不适用。

D　汽油的生物脱硫

介绍

美国国家环境保护局二类空气法规于 2003 年的全面生效导致了对能够持续、经济地提供不超过 50 ppm 的硫燃料技术的需求。中国环境保护部建议将目前限制汽油含硫量到 150 ppm 以内的中国第三排放标准降低。2010 年在中国北方进行的一场调查显示，市场上购买的汽油质量只有低于 150 ppm 硫含量汽油的 14%～58%。法律法规要求的硫含量与加油站汽油中实际的硫含量的不相匹配导致了汽车尾气排放的高污染性。

近几年来中国的空气质量恶化和公众意识的提高，使汽油制造商不得不寻找更好和更有效的方法脱硫。目前，Merox 工艺是汽油除硫的基本技术。在这个过程中，汽油和少量的空气用高温、高压和非均相催化剂来处理。汽油尔后会与苛性碱溶液接触以除硫。然后这个苛性碱溶液与空气和催化剂接触，从而将所提取的化合物转换为二硫化物。生物脱硫是一个活微生物有选择性地去除燃料里的硫的过程，从而保证汽油的低硫量，经济性和低排放环保性。

技术与应用

一项汽油生物脱硫计划如附图 3-12 所示。生物脱硫如被应用到催化裂化汽油中，可能减少池汽油中的硫含量到小于百万分之两百分率以内。生物脱硫技术尤其适合处理高含硫原油，但缺乏残渣升级能力的炼油厂。

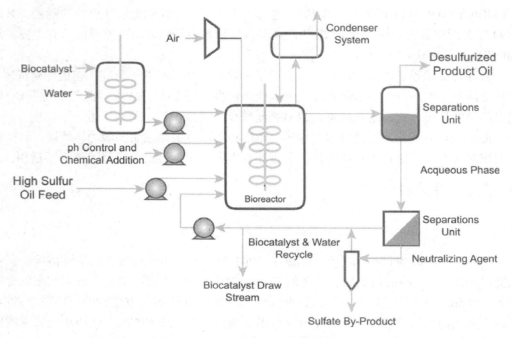

附图 3-12 汽油生物脱硫计划

提供者

NATCO 为了 XTO 能源公司的东得克萨斯州天然气业务许可并建立了两个具有相同的设计参数的壳牌—帕克生物脱硫单位。"蒂格"单位是指定的"蒂格帕克"厂（TPP），并于 2004 年 12 月投入运行，比"尤班克帕克"厂提前约 4 个月（EPP）。这两个厂都是相同的设计容量，60 MMSCFD 于 1 100 PSIG。每个都有能力每日去除高达 4 长吨（LTPD）硫气体。今天，这些厂能满足＜4 ppm H_2S 的输出规范，并同时处理所有可用气体。自上次转折以来这些厂都保持 100% 的可用性，经营成本也与预测无出入。

优点

氧化生物脱硫工艺的优点是反应条件仅需室温和常压，并产生无毒副产物，省去了并行处理硫化氢的需要。生物催化较 Merox 工艺有更多的选择性，并有能力只针对个别含硫的物种如硫醇、烷基硫醇、多硫化物。生物催化工艺亦可被设计成批量处理，该过程中的反应物和生物催化剂在一个反应容器里保持一段时间。此外，生物过程可被设计为一个反应物只在有限的一段时间内接触生物催化剂的一个连续的流动过程。

如果在 2015 年按 25 000 桶/d 的标准生产的话，生物脱硫单位初始资本投资约为 1 800 万美元。这较标准的脱硫设施超过预计 3 600 万美元的价格来说是一个显著的改善。生物脱硫单元每年的运行和维护成本会稍微高一点，每年约会多出 62 万美元。但是，该单位节省的能源不仅可以将这笔开销抵消，还可实现不到两年的投资回收期。

生物脱硫工艺大约比 Merox 工艺使用的能源少 10%～15%。能源使用量的减少是由于生物过程仅需较低的温度和压力，以及后续流体分离需求的减少。

大多数炼油厂和汽油处理单位都运行着连续反应。批量生物反应器是比较容易维护和操作的，但它需要比较长的启动时间来启动微生物的活性并让产品积累。

E　ESP 电能调节系统

简介

ESP 系统是一个综合性的节能电能调节系统，它具有以下功能：提高整体用电设备的电能质量，保护设备和延长使用寿命，减少停机和维护时间。它采用综合解决方案来提高电力质量同时节省能源。ESP 系统同时关注 5 个主要电力参数。①电压；②电流；③功率因数；④谐波；⑤浪涌和电瞬变。它通过降低浪涌和谐波，稳定电压，保护设备和机械来节省能源。该系统的设计采用了先进的微型处理器来监控设施的负载行为的各个方面，然后纠正检测到的异常。

这些问题的纠正会降低对运行相同负载的电能需求，对大多数使用三相电的设备可实际降低至少 6%～12%的电能需求。该系统针对用户专门设计，以获得能源和运营成本的最大节约，以及提供保护整个设备，有保证的投资回报率通常少于 3 年。在世界各地已经有超过 2 000 个安装。例如：雀巢、Becton Dickinson 公司、麦肯食品、莫尔森、百事装瓶集团、福特汽车公司、江森自控、霍尼韦尔等。该系统适用于任何需求超过 100kW 的工业、机构或商业设施。

技术

ESP 系统包含的组件包括：电感器、电抗器、电容器、电阻器、过滤器、接触器、熔断器等电器元件（附图 3-13）。它采用先进的能够 24/7 监测和控制的微处理器稳压器。ESP 系统的独特功能是由系统设计和它的阶梯逻辑响应来实现的，这是对磁化强度和阻抗以及他们在今天的电力企业中所发挥的作用的透彻理解的产物。

附图 3-13　ESP-系统外形图

该系统由多级的 LCR 谐振电路组成，谐振电路按照基于阶梯逻辑原理预先设定的设计参数被激活。ESP 系统的主要操作是根据调谐振荡电路-LCR（电感/无功、电容式、电阻）。这些调谐谐振电路有最小电阻元件，因此，他们不浪费，而且节约能源。ESP 系统的多级系统有三重保护，每个步骤独立监察、保护、激活，这意味着每一个步骤本身是独立的。这是一个明显的优点，在一个步骤中的任何组件有任何故障的情况下，它将隔离自己，自行关闭离线，而该系统的其余部分将继续执行其功能。该系统有三重保护，在 98%的情形下，该系统被并行连接在分布系统中，从而确保它不会干扰工厂的操作。

ESP 系统（动态）的基于微处理器的稳压器以每秒 3 840～15 000 样本取样速度对电压、电流、功率因数、电流阈值进行监视。此采样率由摩托罗拉微处理器 HC6811 和 HC6816 处理。取样后，它调用不同步骤、不同配置和不同的混合配置，以解决存在的一个特定的问题或多个问题。然后再次读取它采取的纠正问题的步骤。如果问题没有得到纠正，它将停止并再次采集样本。如果问题被确定，继续纠正问题。换句话说，它随着工厂的电气负载的变化而工作。随着负载的变化，系统的性能变化随着负载移动。存在的问题越多，系统在各个阶段将越活跃。负载越少，系统在线开关、闭合越少。

现在使用电压，95%工业和商业面临的问题，作为一个例子。在低电压条件下（在额定电压以下），负载有更高的电流和更多的热损失。在一个高电压条件下，设备/机械和绝缘容易被击穿。与上述两种情况相似，如果相位之间的电压（单相负载的问题）不平衡的话，取决于电力公司供给电压的稳定性和工厂本身的条件，电压就会不平衡。对于上述情况，ESP 可提供两种解决方案：改进电压和电压的稳定性。系统稳定来自于供给侧和来自于设施（最小化）的三相电压，同时作为在非平衡条件下的无功功率和功率电阻的效果改进电压幅度。最终的结果是一个稳态电压和基于次级变压器额定电压的额定电压。这提高了系统的效率和节省能量（附图 3-14）。

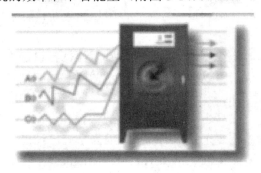

附图 3-14　改进的电压输出

该系统专门适用于电压从 208V～345 kV 的低、中、高三相电压应用以及各种国际线频率。海外最大的系统安装的是一个大小为 300MW 的系统。ESP 系统配备了一个独特的自我诊断功能（SDF），它可以确定每一个相和每个部件的状态/故障。同时它配备了一个独特的报警系统，以确定每个阶段的实时状态。

系统供应商

ESP-电能调节系统由 ESP-Systems 提供。ESP-Systems 是 Energy Solution Plus LLC 的一个分支，是总部位于美国马里兰州汉诺威的一个电力工程公司。它为商业、工业和政府提供环境友善的工程产品和服务以及培训和证书，主要强调电力分配系统和操作效率。

系统的特点

ESP 系统是通用的系统，可以基于世界各地的众多企业客户的需求，提供不同尺寸的电能质量解决方案。ESP 系统提供以下特点和优势的配电系统：

①改善和稳定提供给负载的电压，从而最大限度地减少热量的产生。

②减少相电流和平衡三相载荷，减少负电压序列和循环电流。

③屏蔽无限多的电涌，瞬间电流和尖峰，从而保护投资的工厂和设备，同时节省费用。

④过滤宽带谐波，从而增加设备的使用寿命，同时按比例减少谐波对每月的电费的影响。降低线、涡流和磁滞损耗，从而降低了功率需求和千瓦时消耗。

⑤提高功率因数，减少无用功和视在功率的阻尼响应，提高系统的效率，并消除可

能的相关费用，同时降低了线损。优化功率因数，只要求通常需要的标准电容器组的一小部分，但没有任何有害的副作用。

⑥释放分配器浪费的功率容量，从而允许附加的载荷，而无须使用超过大小的变压器或电开关。

⑦掉电保护，在临时低线压期间维护和增加变压器提供的电压。

⑧间歇性电源故障保护可以在短间歇性电源故障和线路切换期间提供连续电压。

⑨谐波抑制-减轻特定的多个谐波，例如第三，第五，第七，…，到一个非破坏性的水平，从而节约能源，提高生产和提高设备的效率和寿命。

ESP 系统消除了对多重复杂技术的需要，因为系统已经提供了如下诸多功能：纠正功率因数、平衡电压、减缓谐波、平衡电流和抑制浪涌。

F 室内即热式电热水器

介绍

热水器通常是现代建筑中仅次于空调的第二大能源消耗者。先进的水加热产品可以大幅度减少使用的能源，较传统热水系统的热水器和美国联邦最低能效标准而言，平均可以节省 37%的能源。电阻式电热水器和非冷凝燃气储水式电热水器长期各占据住宅热水市场的半壁江山。这些在每一次远程位置有需求就会调剂水的中央储水式电热水器，水龙头在有热水输出前必须保持开启状态，用水完毕后残留在管道里的热水会迅速冷却，浪费更多的能量。

新型按需供应的电热水器运行效率高，比传统效率高 95%，它基本消除了输送热水和待机维持热水温度的损耗。在远离中央电阻热水器的浴室这样的典型应用中，大约可以节省 35%~40%的电力。节省的方式包括更低的热水器水温要求，管道里热损失的减少和更低的热水在待机状态的热损失。

技术规格和安装

附图 3-15 展示了一个典型的即热式电热水器。根据对即热式热水器的定义，它应可被安装在水槽下方或其他不显眼的位置。附图 3-16 显示了该部件的内部结构。

电热水器有三个参数指标。功率——加热到给定需求所需要的能量。温升（TR）——进水温度和设定出口温度之间之差。流速——一次被加热的水量，用加仑每分钟（GPM）表示。

附图 3-15　典型的即热式电热水器　　　　　　　　附图 3-16　本机的内部结构

　　电压影响即热式电热水器产品的性能。每一个即热式电热水器表明的由每千瓦时电产生的能力是基于典型的住宅的墙上电源和电器额定电压制定的。电压越低，则加热元件的容量（kW·h）就会下降。

　　例如：如果将一个在240V电压下额定功率为9 kW的即热式热水器安装到一个208V电压的电源上，那么这个额定功率为 9 kW 的元件的输出容量将只有其额定的 75%（9×0.75 = 6.7 kW）。在这种情况下，此9kW的元件将变成一个 6.7kW 的元件，从而降低了温度上升程度和元件的输出温度。

　　为了满足即时、整幢建筑、商业等广泛应用，即热式电热水器有多种型号，功率从12～36kW 不等。高级的机型设有先进的微处理器技术，不断监测进水流量和进水温度以不断调节功率电来精确地保证由用户选择的输出温度。有些机型将温度控制带到了更高一个层面上，提供业界唯一的先进的流量控制技术。此技术在传感器检测到流量需求超过加热器的容量时可自动调整输出的水流量。此功能在寒冷的气候和当电力供应不允许安装适合处理间歇性骤增流量需求的大型号产品时愈发尤其有用。这对需要较高的输出温度但流速却变化多端的温度敏感型应用（商用洗碗机等）也是非常有利的。一个在热水器前面的简单的调节旋钮允许在 86～140F（30～60℃）之间的任何温度设置希望输出的水温。

供应商

　　业内人士估计在 2010 年，在美国销售的小于 24kW 功率型号的即热式热水器大约有 200 000 台。即热式电热水器的品牌和制造商包括：Stiebel Eltron、EcoSmart、Rheem、Eemax、Super Supreme、Rinnai、Bosch Tronic、PowerStar 等。选择适合您应用的型号主要是根据进水温度、流量要求及渴望的功能。有些制造商还提供了选择适当大小即热式热水器型号的在线软件。

一个先进的网上工具"EZ-SpecTM"软件可以用于选择合适的型号、数量和安装几乎任何即热式无缸热水器所需的附件。"EZ-specTM"不但使用简单，而且高度精确。它运用复杂的计算来确定装置/电器的使用量，以及最佳的即热式解决方案。

优点和缺点

即热式电热水器的功能包括：可以对所需的热水温度进行外部调整，所以不需要在装置中进行冷水回火；有能力作为补充加热器，这要求能将任何管道环境温度下预热的水迅速提升至用户所希望的温度；较低的能维持稳定运行的最低流量，在商业厕所里一些高效带有曝气装置的水龙头在全开时输出的总流量也只有 0.5 gal（1gal=3.785L），因此，最小的能稳定运作的流量应当要低得多；短绘制感应，如在管道连接至一个单杆水龙头并不慎激活热水器时，应当能够延缓水流和加热以使用最少的能源；高温度稳定性，不论输出温度如何变化都能保持输出温度的恒定（+/− 3 F）。

G　LED 自主能源优化建筑系统

什么是 LED 自主能源优化建筑系统

大型建筑物所用的电力占 40% 的电力市场。其中大型建筑使用的能源的 40% 专用于照明并且大部分是线性荧光灯。优陲寺体开发了最低成本的 LED 自主能源优化建筑系统方案以取代那些灯具。相比现有的灯具全功率输出时，优陲寺体的系统可以减少 40% 的照明负荷，或按照另一种方式来说，单独由于 LED 的能源效率，总建筑能源使用减少了 15%。当结合我们的低成本无闪烁且无调光功能的灯具时，总建筑可以节省接近 25% 的能源消耗。此外，我们的直流基的照明系统，具有独特的能力，可直接由使用建筑物的现有电线的现场分布式能源（DER）（太阳能、风能、燃料电池和电池）供电。当具备足够的现场分布式能源时 照明及其他建筑系统可能会从电网中彻底分离。

与节约照明电力同样重要的是，当安装这个 LED 自主能源优化建筑系统时，系统会使用建筑物的电力线建立一个网络和传感器平台，可以很容易演变成一个，同时在设备和系统级别，在未来整合不同的建筑系统的生态系统，以此增强系统的可扩展的能源效率和价值增加。最后，我们设计的系统，可用于全球几乎所有国家的现有电气标准，使其成为一个全球性的规模化的业务。

　　我们的系统还具有独特的低成本实时测量设备和系统级别的能源使用的能力。这种能力打破了市场增长的许多障碍，使得新的融资模式成为可能，能够参与公用事业市场配套服务，提供传统公共事业的替代方案，人机连接，与市场和软件政策连接，提供多方位的能源服务和分析。

LED 自主能源优化建筑系统的技术和特点

　　我们的电源动态混合直流和/或交流电源输出 325/430V 直流电，通过标准/现有建筑物的布线，供应我们的"低成本/荧光"可调光 LED 照明；以及提供许多潜在的直流和现有的交流负载。以这些电压可以驱动多个低功率 LED，无需驱动 IC，几乎没有任何热损失。一个电源可以驱动多达 400 个灯泡；这也大大降低了电源/灯的成本。由于该系统使用现有的布线可以独特的融合交流和直流，在有足够规模的可再生能源和能源储存的建筑物，村庄和军事基地的地方可以形成独立的电网。

　　每个灯具可以包含驱动器盒与电力线通讯 IC 设备，使每个夹具/设备的 IP/GPS（全球定位系统）的地址和传感器的枢纽，形成一个使用现有电线的对所有建筑系统的控制和监测网络。这些传感器可以控制灯光，以及为其他建筑系统提供固定位置的基本反馈。有能力监测和控制电源设备/夹具水平使光线、空气和作为服务销售的通信，同时减少二氧化碳排放量。以下是系统的优点：

　　①LED 照明解决方案提供了 40% 的节能，长寿命，少维修；以及自动化和预测性维护。

　　②通过我们的网络和基于传感器的调光，我们可以节省高达 80%。

　　③我们的"最低成本/流明"可调光 LED 照明架构消除了散装 LED 照明系统的平衡有关的费用（没有驱动器或散热器），可重新利用到多个应用。

　　④可从 99.9% 的功率因数 3/6kW 电源输出超过现有布线的电源 325/430VDC，电路及固定装置，降低成本和优化效率。

　　⑤混合电网交流现场可再生能源和存储"满足负载，而不是网格"，没有更高的效率和逆变器的成本；当铺设到网格的独立路径。

　　⑥固件/系统级的实时能源计量使破坏性的"小于米"的项目融资打破了大规模市场应用的障碍。

　　⑦照明建立了一个成本效益的网络平台，在现有的灯具照明级管理和传感器的枢纽上的电力线路，可用于照明，以及其他的需要颗粒反馈/控制的制度建设。

　　⑧基于网络和反馈生态系统的照明允许建造第三方的基于 IP 的直流和交流的建筑设备/系统，而且随着时间的推移，以及人可以响应和衡量的，使用 Web 服务政策的环境和市场来实现能源优化的建筑物的增加。

⑨4 个现有专利，5 个正在申请和更多要介绍。

LED 自主能源优化建筑系统节能潜力

在美国安装有超过 20 亿 T8/T12 个荧光灯，在全球范围大约有其 3～5 倍的数量。以美国加州为例，一盏灯每年可节约量，见附表 3-1。

附表 3-1　每年节约量的统计

含 2 个灯泡的灯具	T-8	Eu-Light
每盏灯功率/（kW/盏）	0.057	0.035
年小时数/（24 h × 365 d）	8 760	8 760
年耗电/（kW·h/a）	499	307
加州电费/（美元/kW·h）	$0.15	$0.15
每盏灯年电能花费/美元	$74.85	$46.05

LED 自主能源优化建筑系统提供商

美国优陲寺体公司是目前唯一一个可以采取 LED 整体解决方案进行自主能源优化建筑系统的提供商。优陲寺体公司在美国特拉华州注册。是自主能源优化建筑系统和反映人及环境和市场政策方面的领导者。

H　煤气和碱性氧气转炉的余热利用

介绍

钢铁行业是最大的工业耗能领域之一。钢铁行业由将原材料（铁矿石、焦炭）通过高炉生产生铁以及使用碱性氧气转炉（BOF）炼钢的综合性钢厂和将钢材废料、生铁、直接还原的铁（DRI）通过电弧炉（EAF）炼钢的电弧炉钢厂组成。

在炼钢业界，最耗能的是还原综合钢厂的铁矿石和重新熔化电弧炉钢厂的废钢。原钢使用碱性氧气转炉（BOF）生产。在 BOF 转炉流程中液态生铁（铁水）、陡坎和石灰石混合在一起。氧气被注入以将热金属中的碳含量从约 5% 减少到小于 2%。同时，钢中其他一些杂质也减少了。含少于 2% 的碳的产品被称作钢。根据氧气注入方式的不同存在几种不同的配置。这道工艺在 1994 年的能源强度为 0.30 百万英制热量单位/短吨燃料

（0.3GJ/t）和 27 千瓦时/短吨钢（30kW·h/t）。

BOF 气转炉过程是一氧化碳排放的一个重要来源。铁水中的碳与一氧化碳（CO）发生反应，生成排放出的 BOF 炉气。BOF 炉气热值介于 7.4～9.1 MJ/m³（平均价值 8.5 MJ/m³，低热值）。通过减少进入转换器的空气，可以避免一氧化碳转化为二氧化碳。BOF 炉气可以被回收利用，以及用作钢铁厂的气体燃料或者用于生产蒸汽和电力。热排出气体在进行净化气体前必须被冷却，热量亦可以通过生产蒸汽和热水来回收。BOF 炉气跟显热回收结合是一个最为节能的工艺，对这个工艺步骤的改进可以使 BOF 转炉工艺成为一个能源净产出者。

技术

来自高炉的生铁和含铁废料在一个称为碱性氧气转炉（BOF）的梨形容器里通过向热铁喷射高纯度氧气来炼钢，如附图 3-17 所示。在一个 BOF 中，通常碳含量为 4%～5%的生铁会降低到 1%以下，并不需要的杂质也被清除了。每生产 1 t 的液态钢需要在其他工厂生产的大约 50 m³ 的氧气。由于 BOF 中发生的反应都是强放热反应，炉中的温度通常可高达 1 600～1 650℃。为了防止温度过度上升，一些符合纯度要求的废料或废料替代品会被添加。然而，每生产 1 t 钢材的生铁输入保持在 65%～90%的水平。杂质通过添加石灰石形成残渣来溶解。

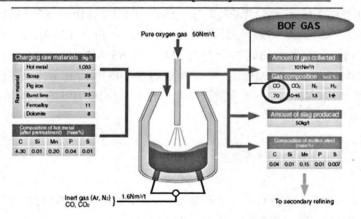

附图 3-17　碱性氧气转炉

BOF 转炉工艺会形成高一氧化碳含量的气体。BOF 中所产生的气体的温度约为 1 200℃，流速约 50～100 Nm/t 钢。该气体离开 BOF 炉时含有约 70%～80% 的一氧化碳，热值约 8.8MJ/Nm。因此 BOF 转炉的显热和潜热回收是提高 BOF 转炉能源效率的最佳机会。BOF 转炉工艺成为一个能使能源净盈余的工艺。

热回收流程分为燃烧法和非燃烧法。燃烧法可以使离开转炉的一氧化碳通过与进入排气罩的大量空气接触来燃烧。这个方法没有回收任何气体，而是在没有罩起来的转炉出口将一氧化碳通过燃烧转换为二氧化碳。尔后燃烧的余热通过气体回收锅炉来生产高压蒸汽。通过燃烧法可以回收 0.125 GJ/t 钢的热量。非燃烧法通过关闭排气罩防止了一氧化碳转化为二氧化碳。富含一氧化碳的气体的显热首先通过一个废热锅炉进行回收，产生高压蒸汽。随后气体被清洁、存储并用作燃料。非燃烧法可以节省的热量在 0.54～0.92 GJ/t 钢的范围内。在全球应用 BOG 炉气体回收的节能减排潜力预计为 250 PJ。非燃烧法能回收约 70% 的潜热和显热。

应用

在欧洲和日本综合钢铁厂，BOF 炉气和余热回收是能量回收、排放控制和粉尘回收的常见并且有效的手段。这些方法不仅降低了一氧化碳和粉尘的排放，同时还因为灰尘中的金属含量高，有大约 50% 的灰尘能在烧结厂或钢铁厂被回收利用。能回收的气体量取决于 BOF 炉气中的热金属炉料，因为那是碳的主要来源。如假设热金属炉料为 1 800lb/t 液态钢（900 kg/t 液态钢），并且考虑突然剧烈燃烧和空气漏入系统，大约可以回收 2 860 立方英尺（或 81 m³）BOF 炉气。这相当于 607 kBtu/t（706MJ/t）。蒸汽回收可高达 120Pa/t 钢（60 kg/t）。假设蒸汽回收约 100Pa/t，折合 130 kBtu/t（150MJ/t）。如功耗增加 2kW·h/t，总节省燃油则相当于 737 kBtu/t（857MJ/t）。

在比利时根特的"ArcelorMittal"工厂当地的发电机里 BOF 炉气不但被回收，还有一部分在工厂里使用，甚至还一部分被用于电力生产。BOF 炉气的使用预计减少工厂能源消耗的 3%（0.7GJ/t 钢）。

优点和缺点

节能潜力：
燃烧法可以回收 0.125GJ/t 钢。非燃烧法可以回收 0.54～0.92 GJ/t 钢。全球范围内应用 BOF 炉气回收的节能减排潜力预计为 250 PJ。

二氧化碳减排潜力：
使用这项措施大约可以减少二氧化碳排放量 50 kg/t 钢。如全球进行 BOF 炉气回收可以减排二氧化碳 25 万 t/a。BOF 炉气在比利时一家工厂的利用使该厂每年可以减少二氧化碳排放量 170 000 t。

成本

日本的一个 110 t/进料容量的工厂报告非燃烧技术的设备成本在 6 亿～11 亿日元之间。回收系统的固定成本大约为 20 美元/t 钢（或在一家平均生产率达 270 万 t 的 BOF 转炉车间约 6 600 万美元）。改造的固定成本在 34.4 美元/t 钢。安装成本根据供应的范围不同和不同安装国有很大的不同。该系统的安装只在年产能约 300 万 t（270 万 t）的大型 BOF 炉气厂可行。

| 地热技术

地热技术是利用可再生能源来发电和供热或者是制冷，同时产生非常低水平的温室气体（GHG）排放量。其在实现能源安全、经济发展、减缓气候变化的目标中起着重要的作用。

地热能储存在岩石和蒸汽或者流体中，例如水或者海水。这些地热能可以用于发电、供热、制冷。地热发电所利用的需要资源的温度通常在 100℃ 以上。对于供热，不同温度的地热资源都可以被利用，例如应用于空间和区域供热，水疗中心和游泳池采暖，温室和土壤加热，水产养殖池塘加热，工业过程用热，雪融化。用热驱动吸收式制冷剂代替电压缩式驱动式制冷剂，来实现空间制冷。甚至浅层的中等温度的地热资源都可以被地源热泵利用来供热或者制冷。

全球地热发电量估计是 45 EJ/a — 12 500 TW·he，也就是 2008 年全球发电量的 62%（Krewitt 等，2009）。研究也表明适合直接利用的资源大概是 1 040 EJ/a — 289 000 TW·ht；2008 年在世界范围内，最终用于热利用的能源是 159.8 EJ/44 392 TW·ht（Ibid）。地热发电和供热的技术中，已被评估的具有技术潜力的不包括可以开采热岩或近海水能资源，岩浆和地压型资源的先进的地热技术。地热能虽然具有巨大的开发潜力，但是它的开发被成本和能源需求中心与资源所在地的距离阻碍了。

地热通常提供基本负载发电，因为它一般是不受天气的影响，并没有显示季节性变化。地热发电站的利用率可以达到 95%。地热发电的基本负载特性使其区别于其他一些产生可变功率的可再生能源技术。增加地热能源的部署并不对电力系统施加负载均衡的要求，通过使用潜水泵，地热发电可以满足高峰需求，当需求降低时通过调节可以减少流体流量。

然而，还没有开发出负荷跟踪系统的程序和方法。地热能兼容集中式和分布式发电，热电联产（CHP）既可以发电也可以供热。

地热技术发展目前主要集中于从自然的水热储层中提取热蒸汽和热水，然而，如果再发展一些先进的技术的话，地热能利用可以在全球范围内有更大的突破，做出巨大的贡献，尤其是用增强型地热系统开采热岩石资源。在 IEA 地热路线图中，到 2050 年，地热能源预计每年能给全球电力消耗提供 1 400 亿 kW·h。地热利用预计将在 2050 年提供 5.8 EJ/a。

凭借持续的大型水能资源和先进地热技术的发展，地热能将对满足全球能源需求做出重大的贡献。传统的水热型地热资源开发也应增加，包括开发那些受特殊限制的储量丰富的资源，先进的水能技术更值得广泛关注。应该更大规模地开发地热供热利用，包括那些到目前为止可能已经被忽视的深含水层中低温资源。

（1）地热能的开发现状

虽然地热温泉自古闻名，但是用于工业用途的地热的开发始于 19 世纪初在拉尔代雷洛（意大利），主要是利用地热流体（硼酸）。19 世纪末，第一座地热集中供热系统在博伊西（美国）开始运行，紧接着冰岛是在 19 世纪 20 年代。20 世纪初，又是在拉尔代雷洛，首次成功尝试利用地热来产生电力。自从那时起，装机容量在稳步增加。2009 年，全球地热发电装机容量是 10.7 GWe，以平均 6.3 GW·h/MWe 的效率产生将近 67.2 TW·he/a 的电力。

地热发电在总电力需求中占有显著的份额，其中冰岛（25%），萨尔瓦多（22%），肯尼亚和菲律宾（17%）和哥斯达黎加（13%）。从数据来看，2009 年美国地热发电量最多：3 093 MWe 装机容量产生 16 603 GW·he/a，除了热泵之外的总的装机容量相当于 15 347 MWt，每年产热 223 PJ。2009 年，除了热泵之外，中国的地热利用最高达到了 46.3 PJ/a。

水热型地热资源

直到最近，地热能的利用仍主要集中于地质条件允许高温循环流体通过地下井把地球中的热量传递到表面的地区，过程中没有任何的垂直提升力。对流热水资源中的流体是 100～300℃的蒸汽或者是以水为主的湿蒸汽。高温地热田大部分是在地质板块附近，往往涉及火山和地震活动，地壳表面断裂，流体可以渗进裂缝，从而可以利用热源。

大部分板块边界是地域海平面的。大洋中脊的 67 000 km，其中有 13 000 km 已经被研究，已经发现了 280 多个海底地热喷口（Hiriart 等，2010）。据估计，这些海底喷口能够把容量从 60 MWt 提高到 5 GWt（German 等，1996）。理论上，这种地热资源无需钻井可以通过密闭的海底双循环电厂发电直接被开发。然而，由于商业上没有可以开发利用 off-shore 的地热资源的技术，因此 R&D 是必要的。

来自世界各地的深部含水系统的地热，也可以被开采。这样的热储层深度可能达到地下 3 km 深，那里有超过 50～60 MW/m^2 中等温度热流体，还有超过 60℃的流体和岩石。实际的性能主要取决于地热储层的自然流动状况。高压深部海水层系统中主要是高于静压的流体。石油和天然气开采过程中的热水是另外一种水热型资源。石油和天然气井中产生的热水往往被运营商看作阻碍商业发展的无用副产物。例如北美的一个已经老化的油田每天就会产生高达 100 万 kg 的热水。如果双循环发电站可以充分利用热水中的能量，这种副产物就会变成有用的资源。

热岩石资源

到目前为止，地热资源的开采一直集中于有自然存在的水或者蒸汽，或者岩石渗透性高的地域。然而，钻井深度可以达到的范围内（依据当前的技术和经济能力钻井深度可以达到 5 km）大量的地热能是储存在干燥和低渗透率的岩石内。存储在低孔隙率和/或低渗透岩石中的资源，通常被称为热岩石资源。这些资源的特点是孔隙很小或者是裂缝小，因此没有充足的水资源和渗透性低，所以不能直接开采。热岩石资源遍布于世界各地。

开发热岩石资源的技术仍处于示范阶段，为了实现商业化还需要创新和经验。其中最有名的技术是增强型地热系统。其他采用压断热岩石方法之外的技术仍处于概念阶段。这种技术旨在创造入水口和出水口的连通性，例如，钻一个由地下管组成的地下热交换器，或者是钻一个大直径的 7～10 km 的井，井中有不同深度的入水口和出水口。目前还没有一个全球性的热岩石资源地图，但是已经有几个国家包括美国正在准备筹划增强型地热系统资源。

增强型地热系统

增强型地热系统旨在利用蒸汽或者热水不充足并且渗透率低的地下储层的热能。增强型地热系统技术主要是指在热岩石中建造大的热交换器。该过程包括通过打开已存在的裂缝或者制造新的裂缝来增大渗透性。通过把热吸收介质，通常是水，通过一个孔打进裂缝内吸热，然后再把热流体通过另一个孔输运到发电厂，然后被送回再进行重复循环。

增强型地热系统可以应用在已经存在的渗透性不足以发电的且没有地热流体的地域。自从 20 世纪 70 年代首次关于低渗透性岩层实验以来，增强型地热系统技术一直在被研究，也被称为干热岩技术。在地表，传热介质（通常是热水）被用来在双循环式或扩容式电厂（闪蒸式）发电或者用于供热。

在目前的全球增强型地热系统项目中，欧洲的科技试验基地是在法国 Soultz-sous-Forêts，该科技试验点目前处于最先进的阶段，最近已经委托给一家电厂，从而提供了一个非常宝贵的信息数据库。在几个欧洲国家，已有 20 个增强型地热系统项目正在筹备或者讨论中。

在美国和澳大利亚的增强型地热系统项目目前也正在进行研究、测试、示范。美国已经把增强型地热系统 RD&D 列入清洁行动计划中作为全国地热项目的一部分。

在澳大利亚，2010 年已经有 50 个公司持有大约 400 个探测许可证。政府已获得约 2.05 亿美元的赠款，以支持深地热钻探和示范项目。世界上最大的增强型地热系统项目，是在一个澳大利亚库珀盆地正在发展中的 25MW 的示范工厂。地球动力学有限公司估计，库珀盆地有可能产生电力 5 亿～10 亿 kW。

在中国，计划在 3 个地热梯度高的地区对增强型地热系统进行试验：东北（火山岩），西南（火山岩）和东南（花岗岩）。在印度，因为全国范围内有大量的发热花岗岩存在，已经评估出有丰富的热岩式资源，但是地热能源勘探项目尚未启动。

①注水井

将注水井深度打到渗透性低，没有流体的地下热岩层。所有这些工程是在大大低于地下水位并且深度大于 1.5 km 的地下。这种特殊类型的地热储层拥有巨大的能源资源。

②注水

水被注入的时候必须给以足够大的压力，这样是为了确保能够在开发中的储层和热岩石上压出裂缝或者打开已有的裂缝。

③水压断裂

为了能够压断或者重新打开距离注水井较远的正在开发中的储层和热岩石上的旧裂缝，必须不断注水。这是增强型地热系统项目进程中的关键步骤。

④生产井

钻生产井是为了能够与之前步骤中的已压断的裂缝系统相连通，循环水从已经提高渗透性的岩石中吸热。

⑤其他的生产井

为了能够满足发电需求，需要多钻几个能够从热岩中吸热的生产井。现在就产生了一种先前没有试过的但是可以利用大量地热资源的发电方式，地热发电。

（2）当前的技术

①发电

大多数常规发电厂使用蒸汽来发电。化石燃料发电厂燃烧煤、石油或天然气来加热水得到蒸汽，许多现有的地热发电厂使用的蒸汽都是通过 "闪蒸"（即降低流体压力）来自热储层的地热流体得到的。当今的地热发电厂可以利用蒸汽、气液混合物或者是液态水。电厂的选择取决于储层的深度和整个地热资源的温度、压力和性质。电厂的主要类型有 3 种：闪蒸式（扩容法）发电站、直接蒸汽式发电站和双循环式（中间介质法）

发电。所有目前被公认的地热开发利用方式都是利用回灌技术作为资源的可持续开采的一种手段。

闪蒸式（扩容发）发电站

最常见的地热资源是包含热水和蒸汽（大部分是蒸汽）的流体。闪蒸式发电站的装机容量占当今地热装机总容量的 2/3，主要是应用于温度高于 180℃的以水为主的储层。热水经过降压扩容后沸腾（闪蒸），产生的蒸汽经过汽水分离、净化后推动汽轮机发电，乏汽进入冷凝器中重新冷凝成水。为了增加发电量，可以采用两级扩容或三级扩容法。冷却后的海水或者冷凝水将通过注水井回灌到热储层。双循环电站的分离的地热水再被回灌之前，联合循环闪蒸式发电站可以利用它继续发电。

直接蒸汽式发电站

干蒸汽发电占总装机容量的 1/4，这种发电方式是直接利用来自生产井的高温湿蒸汽经过汽水分离、净化后直接推动汽轮机发电。在干蒸汽发电站中，因为在钻井中为了避免流体的重力撞击需要持续的逆流，所以通过控制蒸汽流量来满足电力需求要比闪蒸式发电简单容易。在直接蒸汽式发电站，冷凝水通常是被回灌到储层或者是用于制冷。

双循环式发电站

使用热电联产循环的电力发电组成了快速增长的地热发电站群体，因为他们可以利用普遍存在的中低温资源。双循环发电站用郎肯循环或者卡里纳循环，循环的特点是在73～180℃运行。尽管这两个循环都发展于 20 世纪中期，在利用低温热源方面郎肯循环占主导地位。在某些设计工况下，卡里纳循环效率要比传统的郎肯循环要高。冷却后的水则被再次注入地下热交换系统循环使用。现在，双循环式发电站装机容量占全球总装机容量的 11%，占发电厂总数的 44%。

②地热供热利用

在寒冷地区例如欧洲北部、美国北部、加拿大和中国北方，供热需求占了总能源消耗的显著份额。在温和地带主要是工业用热，但是仍然占总能源消耗的一大部分。地热供热利用可以满足不同温度的热需求类型，甚至温度在 20～30℃的地热资源都可以被用来满足空间供热需求。

流传最广的地热利用是地源热泵（大约占总地热利用的 49%），其次就是用于水疗和游泳池加热（大约占 25%），例如在中国，它占了除去地源热泵之外的地热供热利用总数 46.3 PJ 中的 23.9 PJ。另一个最大热利用是区域供热（大约占 12%），剩下的一些用途加起来占总数的不到 15%。无论是在新的建筑环境下还是作为替代现有的化石燃料区域供热系统，用地热能来进行区域供热都有很大的发展潜力。

仅有地热供热没有发电这样的工厂可以满足一个区域供热系统，发电用过的热水仍可以被逐级利用，来满足温度逐渐降低的一些应用。首先可能是区域供热系统，然后是温室供热，最后也可以用到水产养殖。

因为热不便转移，所以地热只能被用于距离资源较近的地区。

地热供热利用可促进当地经济发展。例如在克罗地亚，一个利用潘诺尼亚盆地地热资源的热电联产电厂的发展已经得到社会的认可和欢迎，因为它可以刺激当地的经济带来额外的发展。一个带有室内外游泳池、温室和浴场的商业和观光设施正在筹划中。该项目预计将雇用 265 人，其中 15 人在发电厂。

地热区域供冷技术并不发达，但是可以应用到地热区域供暖系统。70℃以上的地热可以在吸收式制冷机中产生冷冻水，然后通过相同的供热循环输送到用户那里。设备都可以使用风机盘管或者是吊式制冷机。目前，吸收式已经可以利用低至 60℃ 的地热，用地热代替电力来驱动压缩机。

地热资源无论是被用于发电还是供热，都需要以下几个学科和技术。

资源评估勘探

地热资源深处地表之下，所以勘探需要对它们进行定位和评估。勘探包括通过使用地质科学方法和钻勘探井的方法估计地下的温度、渗透率和流体的存在，以及资源的横向范围、深度和厚度。局部应力状态也必须被勘探，尤其是在增强型地热系统项目中。由于勘探钻井是非常昂贵的并且不能提前预测结果，所以涉及很高的金融风险。处于沉积和热液层的钻井可以使用类似石油天然气开采的方法。相比之下，仅仅是钻孔和钻一定深度的低成本的勘探钻井，硬岩层给勘探带来了技术上的挑战，需要新的和创新的解决方案。地质物理数据和地质勘探方法的改善和创新的地热资源勘探工具一样都可以降低勘探风险，从而减少地热能投资的障碍。

资源开采

为了很好地协助资源的勘探，有竞争力的钻井技术也会使得地热资源的开采和动工变得容易。无论是对于加强水热储层中生产井与热流体连通性，还是开发热岩石资源中增强型地热系统项目资源，热储层致裂技术都是相当重要的。致裂技术可以促进热岩石之间的传导性和连通性，从而能够开采更大量的热岩石。致裂可以是液压致裂（通过注入流体进行液压）或者是化学致裂（通过注入酸或者其他的物质来溶解岩石或者裂缝中的填充物）。在非常规的石油和天然气开采中，这两种方法也被应用。液压法能够提高渗透性，释放地震能量。水压断裂法，由于流体的注入或者回灌都可能提高地下压力，因此有诱发轻微地震的可能并且能在地面上感觉到。诱发地震取决于现有的应力场。

（3）经济性分析

在有可利用的高温水热资源的地区，在几个项目中地热发电相比传统的发电厂更有竞争力。在几个项目中，热电联产的成本是比较合理的并且有竞争力，但是成本主要取决于电站的规模、能源的温度水平和地理位置。由于只来自于经济相对不重要的试点电站的少量经验，所以增强型地热系统项目的成本并不能被准确的评估。在高温热源充足并且适合区域供热的地区，地热供热有相对的优势。在热需求高且持续，并且不需要大的分布系统（例如温室）的地方，地热供热也是有竞争力的。尽管地热供热发电技术是比较有竞争力的，但是降低传统地热技术的均化发电成本也是必要的。

投资成本

地热发电的开发成本变化很大，因为它们取决于许多不同的条件，包括温度、压力、储层深度和渗透率、流体的化学性、位置、钻井市场、开发的规模、何种电站（直接蒸汽式、闪蒸式、双循环式），以及是新建电站还是扩大已有电站的规模。石油、钢铁和水泥等材料的价格也影响开发成本。2008 年，一个新建的闪蒸式地热发电站的开发成本是 2 000～4 000 美元/kWe，热电联产的开发成本是 2 400～5 900 美元/kWe。热电联产投资成本最高的一个电站是欧洲的一个小型电站，这个电站同时利用中低温的资源。现在仍然没有增强型地热系统项目可利用的准确可靠的投资成本数据，因为它仍处于试验阶段。区域供热的投资成本是 570～1 570 美元/kWt（政府间气候变化专门委员会 IPCC）。地热用于温室的投资成本是 500～1 000 美元/kWt（同上）。

运行和维护成本

地热发电的运行和维护成本是有限的，因为它不需要燃料。典型的运行和维护成本主要取决于设备的大小和位置，电厂的数量和远程控制的使用；成本是 9（新西兰的大闪蒸式热电联产站）～25 美元/MW·he（美国的一个小型热电联产站），但是不包括重新钻井的成本。在地热发电工业中很常见的备用井的成本需要算做运行维护成本中的一部分，尽管新西兰的运行成本低至 10～14 美元/MW·he，但是世界平均估计值是 19～24 美元/MW·he（政府间气候变化专门委员会）。

生产成本

地热发电的生产成本范围较大。利用高温热水的发电站的生产成本平均预计是 50～80 美元/MW·he。水热双循环式的生产平均是 60～110 美元/MW·he。一个 30 MW 的热电联产的案例表明生产成本大约是 72 美元/MW·he，15 年借贷，6.5%利率。在一些国家

（例如新西兰），新电站的发电成本有相当大的竞争力，成本是 50～70 美元/MW·he（高温热源）。热电联产有较高的局限，美国的新电站的生产成本高达 120 美元/MW·he，欧洲的是 200 美元/MW·he（一些小型电站和低温热源）。据估计，在美国增强型地热系统的生产成本是 100（4 km 深的 300℃ 的热源）～190 美元/MW·he（4 km 深的 150℃ 的热源）。

（4）地热发电的 CO_2 排放量

地热发电也排放温室气体，但是并不是来源于燃烧而是自然 CO_2 转移。由于这个原因，一些人说这些排放与燃烧化石燃料所排放的 CO_2 相比是微不足道的。运行过程中，高温热水带的开式循环发电或者供热电厂的 CO_2 排放量分布在 0～740 g/kW·he 范围内，世界范围平均值是 120 g/kW·he。经过比较，褐煤发电厂的 CO_2 排放量高达 940 g/kW·he，天然气电厂的 CO_2 排放量是 370 g/kW·he（国际能源署，2010）。利用低温资源的发电站，排放量最大值为 1 g/kW·he（Bertani & Thain，2002；Bloomfield 等，2003）。

在闭合发电站中，地热流体回灌到注水井，没有蒸汽或者气体排放到大气中，是零排放。部分电站也包括增强型地热系统电站，为了能够在运行中实现零排放，通常被设计成闭合回路。在供热应用中，运行中的排放量是可以忽略的。

J   天然气锅炉氮氧化物排放控制

天然气锅炉和窑炉排放的废气包括氮氧化物（NO_x）、一氧化碳（CO）、二氧化碳（CO_2）、甲烷（CH_4）、氧化亚氮（N_2O）、挥发性有机化合物（VOC）、痕量二氧化硫（SO_2）和颗粒物（PM）。

（1）氮氧化物的形成

氮氧化物由三个根本不同的机制形成。天然气燃烧中氮氧化物形成的主要机制是热氮氧化物。热氮氧化物的发生机制是燃烧气体中的氮气（N_2）和氧气（O_2）分子的热解离及随后的反应。大部分由热氮氧化物机制形成的氮氧化物产生在燃烧器附近的高温火焰区。热氮氧化物的形成受炉区的三个因素影响：①氧浓度；②峰值温度；③峰值温度下的暴露时间。这 3 个因素的增加会使氮氧化物的排放水平增加。由这几个因素的变化引起的各类天然气发电锅炉和窑炉的排放趋势都是比较恒定的。排放水平会根据燃烧器的类型和大小以及操作条件的变化（如燃烧空气的温度、体积的热释放速率、负载和过量的氧气水平）产生比较大的差异。

第二种氮氧化物的形成机制，称快速型氮氧化物，在燃烧空气和燃料的烃类基团中的氮分子的反应初期发生。快速型氮氧化物反应发生在火焰内，并且与热氮氧化物的机制形成的氮氧化物量相比通常可以忽略不计。然而，快速型氮氧化物的排放水平可能在使用超低氮氧化物燃烧器时显著增加。

第三种氮氧化物形成的机制，称燃料型氮氧化物，源于进化和与氧气反应的燃油结合氮化合物。由于天然气典型的低燃料氮含量，通过燃料型氮氧化物机制形成的氮氧化物量是微不足道的。

（2）氮氧化物控制

目前，两个最普遍使用的减少氮氧化物排放量的燃烧控制技术是天然气发电锅炉烟气再循环（FGR）和低氮氧化物燃烧器。

在一个 FGR 系统里，一部分烟道气从堆栈中再循环到燃烧器风箱。进入风箱时，在被输送到燃烧器之前再循环气体与燃烧用空气混合。再循环的烟道气由在燃料/空气混合物燃烧过程中作为惰性的燃烧产物组成。FGR 系统通过两种机制减少氮氧化物排放量。最主要的，再循环气体作为稀释剂降低了燃烧温度，从而抑制了热氮氧化物机制。在一定程度上，FGR 也通过降低主火焰区中的氧浓度来降低氮氧化物的形成。再循环烟气量是影响这些系统中的氮氧化物排放率的一个关键运行参数。FGR 系统通常与特别设计的能够在由 FGR 使用导致惰性气体流增加的情况下维持稳定的火焰的低氮氧化物燃烧器结合使用。当低氮氧化物燃烧器和 FGR 组合使用时，这些技术能够降低氮氧化物排放量的 60%～90%。这适合用于发电、工业和大型区域加热的大型燃气锅炉。

低氮氧化物燃烧器（附图 3-18）通过分阶段燃烧来减少氮氧化物的排放。分阶段燃烧在一定程度上延缓了燃烧过程，由此出现一个能抑制热氮氧化物形成的一个凉爽的火焰。最常见的两种被应用到天然气燃煤锅炉的低氮氧化物燃烧器是分级天然气燃烧器和分级燃料燃烧器。在实践中，低氮氧化物燃烧器已经能够使氮氧化物排放量降低40%～85%（相对不受控制的排放水平）。它可以用于商业住宅的采暖锅炉。通常情况下，一种落地式冷凝锅炉中最佳的氮氧化物排放量和效率可达 109%。ULTRAMAX 采用久经考验的水冷、下烧成、预混燃烧器系统和全不锈钢热交换器组件。ULTRAMAX 锅炉的氮氧化物排放量低于 35 mg/kW·h（这很容易超过最好的 BREEAM 得分的要求），并且运行效率也可高达 109%。MHS 锅炉一个可选的年度服务协议将其保修期延长至 10 年——这意味着您可以放心，因为出现故障时所有部件和人工维修费用都被完全涵盖了。

其他用于减少氮氧化物排放的燃烧控制技术包括分级燃烧和天然气再燃。在分级燃烧中（如关闭部分燃烧器和二次空气），具体的级数是影响氮氧化物排放率的关键运行参数。气体再燃法与分级燃烧中的燃尽工艺类似。然而，气体再燃法注入额外的天然气到炉上部，还没到过热空气口，以增加氮氧化物到二氧化氮的还原。两个可以应用到天然气锅炉来减少氮氧化物排放的后燃烧技术是选择性非催化还原（SNCR）和选择性催化还原（SCR）。SNCR 系统向燃烧烟道气（在一个特定的温度带）喷射氨（NH_3）或尿素来减少氮氧化物的排放。电站锅炉的替代控制技术（ACT）文件记载氮氧化物排放量，天然气锅炉预计最大 SNCR 性能范围为 25%～40%。多个有 SNCR 技术的天然气电站锅炉的数据显示应用到壁挂锅炉上氮氧化物排放可减少 24%，切线燃煤锅炉可减少 13%。在许多情况下，锅炉都会安装 SNCR 系统来减少氮氧化物排放量到许可的范围内。在这些情况下，可能无法对 SNCR 系统进行操作来实现氮氧化物还原的极限。SCR 系统会在催化剂的存在下对烟道气注入 NH_3 来减少氮氧化物的排放。目前还没有关于燃天然气锅炉的 SCR 性能上的数据。

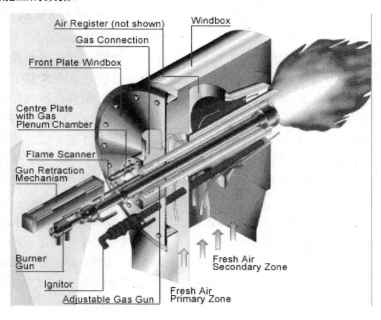

附图 3-18　低氮氧化物燃烧器

参考文献

[1] 丁一江. 气候变化的基本事实和科学应对[N]. 中国气象报，2009-12-05.

[2] 陈柳钦. 后危机时代中国低碳经济发展之路[J]. 北华大学学报（社会科学版），2010，11（3）：4-10.

[3] 解利剑，周素红，闫小培. 国内外"低碳发展"研究进展及展望[J].人文地理，2011，6（1）：19-23.

[4] 朱守先. 世界各国低碳发展水平比较分析[J]. 开放导报，2010（6）：44-47.

[5] 卢求. 探求低碳建筑的中国发展之路[J]. 特别关注，2009（12）：46-47.

[6] 潘家华. 怎样发展中国的低碳经济[J]. 绿叶，2009（5）：20-27.

[7] 谢军安. 我国发展低碳经济的思路与对策[J]. 当代经济管理，2008，30（12）：1-7.

[8] 中华人民共和国国民经济和社会发展第十二个五年规划纲要[EB/OL]. 新华网. http://www.china.com.cn/，2011-03-16.

[9] Global Environment Facility. Thermal Power Efficiency Project. Washington，D.C：Global Environment Facility，2009.

[10] 彭济锋. "十一五"期间中国GDP能耗下降19.1%[J]. 石油化工腐蚀与防护，2011（2）：64.

[11] 国家统计局能源统计司. 中国能源统计年鉴2012[M]. 北京：中国统计出版社，2012：67.

[12] 朱永旗.转变方式保增长，绿色发展见功效——"十一五"节能减排历程回顾和成果展示[N]. 中国经济导报，2011-03-19.

[13] 中华人民共和国国务院新闻办公室.中国的能源政策 2011（白皮书）[EB/OL]. http://www.fmprc.gov.cn/ce/cekor/chn/xwxx/t982345.htm，2012-10-25.

[14] 国家统计局能源统计司.中国能源统计年鉴2012[M].北京：中国统计出版社，2012：200-232.

[15] 王雪臣，庞军，冯相昭，等.中国能源密集型企业应对气候变化的挑战、机遇及行动建议[J]. 气候变化研究进展，2009，5（2）：110-116.

[16] 唐良富，唐榆凯，龚庆，等.气候变化视角下的低碳经济——技术标准和市场准入新的战略制高点分析[J]. 标准科学，2010（6）：47-55.

[17] ISO 14064-1，温室气体第一部分组织层次上对温室气体排放和清除的量化和报告的规范及指南. [S].

[18] 李永江.温室气体清单编制的思路和基本原则[J].环境保护，2010（10）：56-64.

[19] 世界工商理事会，世界资源研究所.温室气体议定书——企业核算与报告准则[R]. 2004：16-24.

[20] 国家发展和改革委员会应对气候变化司.省级温室气体清单编制指南，2011：4.

[21]　潘家华，庄贵阳，马建平. 低碳技术转让面临的挑战与机遇[J].华中科技大学学报，2010，24（4）：85-90.

[22]　新华网. 节能服务市场前景广阔[EBOL]. http://news.xinhuanet.com/politics/2011-01-23/c_121014139. htm，2011-01-23.

[23]　束洪福. 节能服务企业将发挥节能减排重任[N]. 科技日报，2011-03-24.

[24]　中国合同能源网. 王树茂：合同能源管理发展三大障碍[EB/OL]. http://www.emcsino. com/html/news_info.aspx？id=4905，2011-05-09.

[25]　李虹，周莹莹. 基于低碳经济视角的项目投资决策模式研究[J]. 会计研究，2011（4），88-92.

[26]　王棣华，杨琳琳. 低碳经济环境下的投资决策方法探讨[J]. 辽东学院学报（社会科学版），2011，13（3）：34-41.

[27]　天津市统计局，国家统计局天津调查总队.2010 天津统计年鉴[M]. 北京：中国统计出版社，2011，100-112.

[28]　吴巧君. 万元 GDP 能耗累计降 21%[N]. 天津日报，2011-12-02.

[29]　费磊."十一五"期间中国电力工业发展取得巨大成就[EB/OL]. http://www.chinanews.com/cj/2010/12-21/2734689.shtml 万元 GDP 能耗累计降 21%，2010-12-21.

[30]　中电联行业发展规划部. 电力工业"十二五"规划研究综述报告研究分析[R]. 2012：3.

[31]　中国火电机组破最低煤耗世界纪录[N]. 人民日报（海外版），2011-02-18.

[32]　中国上海网. 外高桥第三发电厂再破降耗世界纪录[EB/OL]. http://www.shanghai.gov.cn/shanghai/node2314/node2315/node4411/u21ai570982.html，2012-01-01.

[33]　冯伟忠. 坚持自主创新，不断刷新火电能效新纪录[EB/OL]. 中国电力新闻网，http://www. cpnn.com.cn/cpnn_zt/125jnjp/qycs/201110/t20111026_382165.html，2011-10-25.

[34]　华能集团. 天津 IGCC 示范工程介绍[EB/OL]. 中国华能集团公司官方网站. http://www.chng.com.cn/n31539/n808901/n808904/n808911/c814915/content.html，2012-03-02.

[35]　中华人民共和国国民经济和社会发展第十二个五年规划纲要[EB/OL]. 新华网，http://www. china.com.cn/，2011-03-16.

[36]　中华人民共和国工业和信息化部. 钢铁工业"十二五"发展规划解读[EB/OL]. http://www.miit.gov.cn/n11293472/n11293862/n11376336/n11638290/14389461.html，2011-12-19.

[37]　DB37/746—2007，吨钢综合能耗限额[S].

[38]　曹继军. 宝钢：煤耗比全国平均低 10%水耗达世界先进水平[EB/OL]. http://env.people.com.cn/GB/1072/4594419.html，2006-07-15.

[39]　宝山钢铁股份有限公司.可持续发展报告，2010：58-59.

[40]　中国石化节能减排这五年 [EB/OL]. 中国石油石化工程信息网，http://www.cppei.org.cn/fz_text.asp？id=51419&classid=0&cname=，2011-06-20.

[41] 中国石化和化学工业"十二五"发展规划[EB/OL]. 中国经济网，http://www.ce.cn/cysc/ny/zcjd/201302/01/t20130201_21331819.shtml，2013-02-01.

[42] 清华大学建筑节能研究中心. 中国建筑节能年度发展研究报告[M]. 北京：中国建筑工业出版社，2009：28-37.

[43] 清华大学建筑节能研究中心. 中国建筑节能年度发展研究报告[M]. 北京：中国建筑工业出版社，2010：20-32.

[44] 况平. 全面展开既有建筑节能改造[J]. 绿色建筑信息周刊，2011，（9）：5.

[45] 中华人民共和国住房和城乡建设部. "十二五"建筑节能专项规划出炉[EB/OL]. http://www.mohurd.gov.cn/zxydt/201206/t20120605_210123.html，2012-06-05.

[46] 天津市统计局，国家统计局天津调查总队. 2010 天津统计年鉴[M]. 北京：中国统计出版社，2011：80-99.

[47] 金学思. 天津"十二五"节能目标：公交出行比例达到 30%[EB/OL]. http://www.xinhuanet.com/chinanews/2011-05/13/content_22756755.htm，2011-05-13.

[48] 林泽. 建筑节能与清洁发展机制[M]. 北京：中国建筑工业出版社，2010：201-203.

[49] "十一五"期间我国交通运输业成就卓著 [EB/OL]. 国家统计局网，http://www.gov.cn/gzdt/2011-03/04/content_1815960.htm，2011-03-04.

[50] 中华人民共和国国家发展和改革委员会. 交通能耗，"十二五"节能主战场[EB/OL]. http://www.indaa.com.cn/pl2011/rd/jjqcshjtbxyjkcl/jtbxygnh/201111/t20111121_840480.htm，2011-11-21.

[51] 中华人民共和国国民经济和社会发展第十二个五年规划纲要[EB/OL].新华网，http://www.china.com.cn/，2011-03-16.

[52] 孙刚. 天津市召开 2011 年交通工作会议 [EB/OL]. http://www.tianjinwe.com/tianjin/tjwy/201101/t20110127_3302905.html，2011-01-27.

[53] "十一五"天津单位 GDP 能耗预计下降 21%，全面完成国家约束性指标[EB/OL]. 人民网，http://www.022net.com/2011/3-4/444071142496554.html，2011-03-04.

[54] 天津市统计局，国家统计局天津调查总队. 2010 天津统计年鉴[M]. 北京：中国统计出版社，2010：92-98.

[55] 天津市节能协会主办. 资源节约与环保，2010（3）：5.

[56] 周新军. 交通运输业能耗现状及未来走势分析[J]. 中外能源，2010，15（7）：9-18.

[57] 我国海运业的减排努力[N]. 中国国门时报，2010（8）.

[58] Asian Development Bank. Energy efficiency in Asia and the Pacific [EB/OL]. http://www.adb.org/features/12-things-know-2012-energy-efficiency，2012-08-22.

[59] 国际能源机构. 世界能源展望 2012[EB/OL]. http://wenku.baidu.com/view/32b3488902d276a200292e8d.html，2012-01-12.

[60]　赵小侠. 美报告称美国能源效率落后与中国及欧洲多国[EB/OL]. http://world.huanqiu.com/exclusive/2012-07/2911093.html，2012-07-13.

[61]　中国地源热泵网. "十二五"建筑节能主要目标发展路径[EB/OL]. http://dyrbw.com/Details.aspx? mid=12&cid=12&id=36583，2012-02-22.

[62]　国际能源机构. 世界能源使用和效率趋势——国际能源机构指标分析的主要启示，2008：16-19.

[63]　美国国家科学院. 美国能效展望，2010：5-10.

[64]　韩文科. 中国能源消费结构变化趋势及调整对策[M]. 北京：中国计划出版社，2007：37-39.

[65]　国际能源机构. 世界能源使用和效率趋势——国际能源机构指标分析的主要启示，2008：20-23.

[66]　顾阿伦，史宵明，汪澜，等. 中国水泥行业节能减排的潜力与成本分析[J]. 中国人口·资源与环境，2012，22（8）：16-21.

[67]　国际能源机构. Walking the Torque[EB/OL]. http://www.iea.org/publications/freepublications/publication/name，26282，en.html，2011.

[68]　中华人民共和国国务院令，第 369 号，排污费征收使用管理条例[S].

[69]　任有中. 能源工程管理[M]. 北京：中国电力出版社，2007：121-150.

[70]　焦树建. IGCC 技术发展的回顾与展望[J]. 电力建设，2009，30（1）：1-7.

[71]　王宇，黄小平，庄剑. IGCC 系统原理及其可靠性分析[J]. 石油化工设计，2010，27（3）：51-54.

[72]　白海永，傅吉坤. 整体煤气化联合循环（IGCC）发电技术介绍[J]. 锅炉制造，2008，3（5）：44-46.

[73]　《第二次气候变化国家评估报告》编写委员会. 第二次气候变化国家评估报告[M]. 北京：科学出版社，2011：221-260.

[74]　Kaya Y，and Yokobori K. Environment，energy and economy：strategies for sustainability[M]. Delhi：Bookwell Publications，1999：57-70.

[75]　HE J，K. DENG，J.，SU，et al. CO_2 Emission form China Energy Sector and Its Control Strategy[J]. Special Issue on Sustainable Energy Development in China，2010，35（11）：4494-4498.

[76]　Blair T. The Climate Group.Breaking the Climate Deadlock：A Global Deal for Our Low-Carbon Future[R].Report Submitted to the G8 Hokkaido Toyako Summit，June，2008.

[77]　Beinhocker E.，Oppenheim J.，Irons B..The Carbon Productivity Challenge：Curbing Climate Change and Sustaining Economic Growth [EB/OL]. Http://www.mckinsey.com/mgi，2012-11-20.

[78]　陈彦玲，王琛. 影响中国人均碳排放的因素分析[J]. 北京石油化工学院学报，2009，17（2）：54-58.

[79]　李国志，李宗植. 中国二氧化碳排放的区域差异和影响因素研究[J]. 中国人口·资源与环境，2010，20（5）：22-27.

[80]　魏梅，曹明福，江金荣. 生产中碳排放效率长期决定及其收敛性分析[J]. 数量经济技术经济研究，2010（9）：43-52.

[81]　中国统计局. 中国统计年鉴 2011. 北京：中国统计出版社，2012：50-66.

[82]　世界银行 WDI 数据库. CO_2 Emissions（Kt）[EB/OL]. http://data. World bank. org/indicator/EN. ATM.CO_2 E.KT/countries/1W？display=graph，2012-12-02.

[83]　李楠，邵凯，王前进. 中国人口结构对碳排放量影响研究[J]. 中国人口·资源与环境，2011，21（6）：19-23.

[84]　载藤滕，郑玉歆. 可持续发展的理念、制度与政策[M]. 北京：社会科学文献出版社，2004：223-262.

[85]　朱兆芳，赵建伟，张欣红. 城市道路交通与节能降耗[J]. 城市道桥与防洪，2008（10）：1-8.

[86]　孟艾红. 城市居民低碳消费行为影响因素的实证分析[J]. 经济观察，2011（10）：75-80.

[87]　庄贵阳. 低碳经济：气候变化背景下中国的发展之路[M]. 北京：气象出版社，2007：36-50，104-110，114-119.

[88]　Organization for Economic Development and CO-Operation. OECD Key Environmental Indicators[M]. 2008：35.

[89]　Siemens AG Corporate Communications and Government Affairs. European Green City Index[R]. Siemens AG，2009：6.

[90]　张学毅，王建敏. 基于物质流分析方法的低碳经济指标体系研究[J]. 学习月刊，2010（4）：109-110.

[91]　许涤龙，欧阳胜银. 低碳经济统计评价体系的构建[J]. 统计与决策，2010（22）：21-24.

[92]　付加锋，庄贵阳，高庆先. 低碳经济的概念辨识及评价指标体系构建[J]. 中国人口·资源与环境，2010，20（8）：38-43.

[93]　刘嵘，徐征，李悦. 低碳经济评价指标体系及实证研究——以河北省某县为例[J]. 经济论坛，2010（5）：37-41.

[94]　任福兵，吴青芳，郭强. 低碳社会的评价指标体系构建[J]. 科技与经济，2010，23（2）：68-72.

[95]　孙延风，邱雳昀. 城市低碳经济的综合评价方法——厦门市低碳经济评价指标体系构想[J]. 中国国情国力，2011（03）：60-61.

[96]　马军，周琳，李薇. 城市低碳经济评价指标体系构建——以东部沿海6省市低碳发展现状为例[J]. 科技进步与对策，2010，11（22）：166.

[97]　肖翠仙，唐善茂. 城市低碳经济评价指标体系研究[J]. 生态经济，2011（1）：45-48.

[98]　齐敏. 我国低碳经济发展水平的评价指标体系与评估研究[D]. 山东师范大学，2011，56.

[99]　孙文生，杨洪艳. 低碳经济评价指标体系及综合评价研究[J]. 河北经贸大学学报，2012，33（2）：54-57.

[100] 中国统计局. 中国统计年鉴 2010. 北京：中国统计出版社，2011：270-282.

[101] 河北省发展和改革委员会. 河北省重点用能行业能效指标指南（2012版）[M]. 2013：6-29.

[102] Energy Institute Team of P. R. China National Development and Reform Commission，The Low-Carbon Development Path to 2050 of P. R. China：scenarios analysis of energy demand and carbon emissions[M]. Beijing：Science Press，2009：34-40.

[103] 苗丹，张宇. 低碳经济的法律制度构建[J]. 中国环境管理，2011（4）：5-7.

[104] International Energy Agency. World Energy Outlook 2008[R]. 2008：179-193.

[105] Sandra B. The East Is Black[J].TIME，1991，17（137）：10-16.

[106] Cherni J．A．and Kentish J．Renewable energy policy and electricity market reforms in China[J]．Energy Policy，2007，35：3617-3629.

[107] The World Bank．State and Trends of the Carbon [EB/OL]. http://www.docin.com/p-301532854.html，May，2007.

[108] The World Bank．State and Trends of the Carbon Market 2010[EB/OL]. http://www.docin. com/p-301527982. html，May，2010.

[109] Secretary of State for Trade and Industry．Our energy future‐creating a low carbon economy [EB/OL]．http://www.docin.com/p-761718039.html，2003.

[110] 胡春力．促进产业结构升级是加强环境保护的根本[EB/OL]．http://jjfzj.cixi.gov.cn/art/2009/3/26/art_4345_290454.html，2009-03-26.

[111] Pan H. X.，Tang Y.，Wu Y. J. Low-carbon economy：the spatial planning strategy of China [J]. Urban Planning Forum，2008，178（6）：57-63.

[112] 郭睿. 低碳经济下的企业管理机制[J]. 山西财经大学学报，2011（18）：30-31.

[113] Zhu D．J.，Zang M．D.，Zhu Y．Model C：the strategic choice for China's circular economic development[J]. China Population，Resources and Environment，2005，15（6）：8-12.

[114] Hu X. L.，Liu Q.，Jiang K. J. Sectoral technology potential to mitigate carbon emissions in China[J]. Sino-global Energy，2007，12（4）：1-8.

[115] Glaeser E．L．，Matthew E．K．The greenness of city：carbon dioxide emissions and urban development[J]. Journal of Urban Economics，2010，67（3）：404-418.

[116] 李晓芬. 碳排放交易市场机制研究[D]. 山东科技大学，2010：16-20.

[117] 李鸣. 生态文明背景下低碳经济运行机制研究[J]. 企业经济，2011（2）：54-57.

[118] 叶建华. 低碳经济与节俭文化[J]. 中外企业文化，2010（2）：56-57.

[119] 庄贵阳. 低碳经济：气候变化背景下中国的发展之路[M]. 北京：气象出版社，2007：55-60.

[120] 祁小平. 文明消费的哲学思考[J]. 青海民族大学学报（教育科学版），2011（6）：17-20.

[121] Treffers DJ，Faaij APC，Spakman J，Seebregts A. Exploring the Possibilities for Setting up Sustainable Energy Systems for the Long Term：Two Visions for the Dutch Energy System in 2050 [J]．Energy Policy，2005（33）：1723-1743.

[122] L A Costanzo，K Keasey，H Short．A Strategic Approach to the Study of Innovation in the Financial Services Industry[J]．Journal of Marketing Management，2003（19）：4259-4281.

[123] M I Hoffert．Advanced technology Paths to global climate stability：Energy for Green house Planet [J]．Science，2002，298（5595）：981-987.

[124] Malte Schneider，Andreas Holzer，Volker H，Hoffman．Understanding the CDM's contribution to technology transfer[J]．Energy policy，2008，36（8）：2930-2938.

[125] Kawase R，Matsuoka Y，Fujino J．Decomposition Analysis of CO_2 Emission in Long-term Climate Stabilization Scenarios[J]．Energy Policy，2006，34（15）：2113-2122.

[126] 康蓉，杨海真，王峰，等．发展低碳经济产业的研究[J]．环境经济，2009（6）：120-123.

[127] 斯德斌．我国低碳社会的发展模式和实践途径[J]．河南科技，2013（5）：12-173.

[128] 任力．国外发展低碳经济的政策及启示[J]．发展研究，2009（2）：23-27.

[129] 张金艳．国外生态文明建设的立法保障及举措[J]．人大建设，2013（6）：42-43.

[130] 新华网．京都议定书[EB/OL]．http://www.npc.gov.cn/huiyi/ztbg/ydqhbhgz/2009-08/24/content_1514549. htm，2009-08-24.

[131] 联合国．联合国气候变化框架公约京都议定书[EB/OL]．http://wenku.baidu.com/link？url= C34fehbF-t9FEUlxeqpRLY4NBaUw_8hSMR_jcPy4YMJijX8maOeQsRDv1GmpXzN1_0G7Xk_eEH2 FEs54HRiAWUc6ADjG3YCngxmQBu2MUdu，1998-05-29.

[132] 新华社．胡锦涛出席开幕式并发表重要讲话（联合国气候变化峰会）[EB/OL]．http://news. xinhuanet.com/world/2009-09/23/content_12098887.htm，2009-09-20.

[133] 王小艳．试论低碳经济模式下中国跨国经营企业的发展新思路[J]．特区经济，2010（5）：232-233.

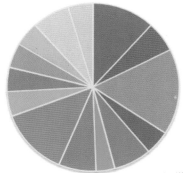

彩图 1　普遍认为有效体现经济系统的指标

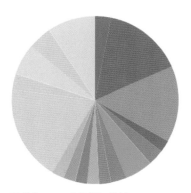

彩图 2　普遍认为有效体现能源系统的指标

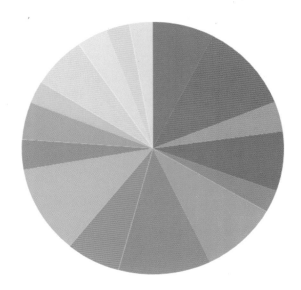

符合建筑物能效标准（低能耗建筑比）
每万人拥有公交车数
新能源汽车比重
城市化率
人口自然增长率
恩格尔系数
人均居民可支配收入
农民人均纯收入
环保（低碳）教育普及程度
家电节能标识
低碳意识认同度
公共对环境保护的满意度
居民的低碳理念
低碳经济发展规划
碳排放监测、统计和监管体系
碳税
低碳政策法规完善度

彩图 3　普遍认为有效体现社会系统的指标

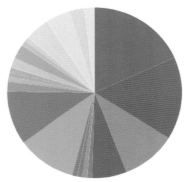

森林覆盖率	人均绿地覆盖率（面积）	建成区绿地覆盖率
自然保护区面积比	碳汇密度	人均森林面积
森林蓄积量	API 指数≤100 的天数比重	生活垃圾处理率
工业废弃物利用率	低碳农药化肥使用率	废弃物碳排放强度
工业"三废"处理指数	每公顷耕地农药使用量	每公顷耕地化肥使用量
工业重复用水率	工业"三废"综合利用率	工业"三废"排放达标率
机动车尾气排放达标率	城市生活污水处理率	工业废水污水排放达标率
污水集中处理率	工业 SO_2 去除率	

彩图 4　普遍认为有效体现环境系统的指标

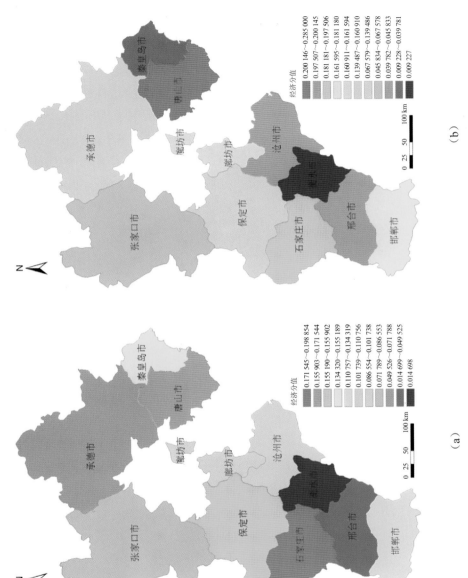

经济分值

0.171 545～0.198 854
0.155 903～0.171 544
0.155 190～0.155 902
0.134 320～0.155 189
0.110 757～0.134 319
0.101 739～0.110 756
0.086 554～0.101 738
0.071 789～0.086 553
0.049 526～0.071 788
0.014 699～0.049 525
0.014 698

0 25 50   100 km

（a）

经济分值

0.200 146～0.285 000
0.197 507～0.200 145
0.181 181～0.197 506
0.161 595～0.181 180
0.160 911～0.161 594
0.139 487～0.160 910
0.067 579～0.139 486
0.045 834～0.067 578
0.039 782～0.045 833
0.009 782～0.039 781
0.009 227

0 25 50   100 km

（b）

彩图 5　经济系统分值的空间分布

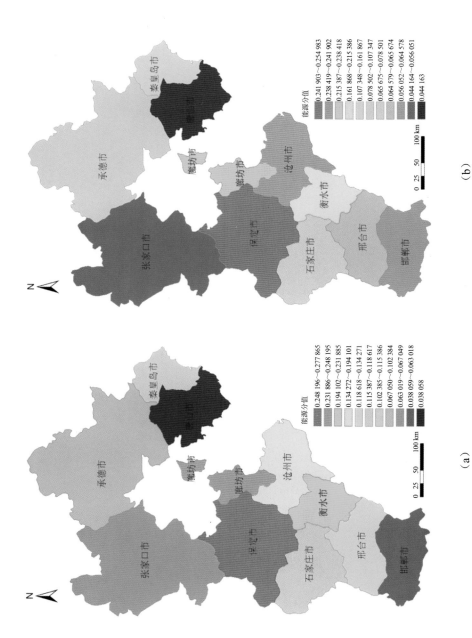

彩图 6　能源系统分值的空间分布

社会分值

0.055 926~0.059 367
0.054 703~0.055 925
0.051 248~0.054 702
0.049 667~0.051 247
0.039 706~0.049 666
0.035 020~0.039 705
0.033 775~0.035 019
0.029 167~0.033 774
0.024 322~0.029 166
0.018 821~0.024 321
0.018 820

0 25   50   100 km

（a）

社会分值

0.182 682~0.204 931
0.181 580~0.182 681
0.157 640~0.181 579
0.149 682~0.157 639
0.108 889~0.149 681
0.106 044~0.108 888
0.085 704~0.106 043
0.081 824~0.085 703
0.081 62~0.081 823
0.058 700~0.081 621
0.058 699

0 25   50   100 km

（b）

彩图 7　社会系统分值的空间分布

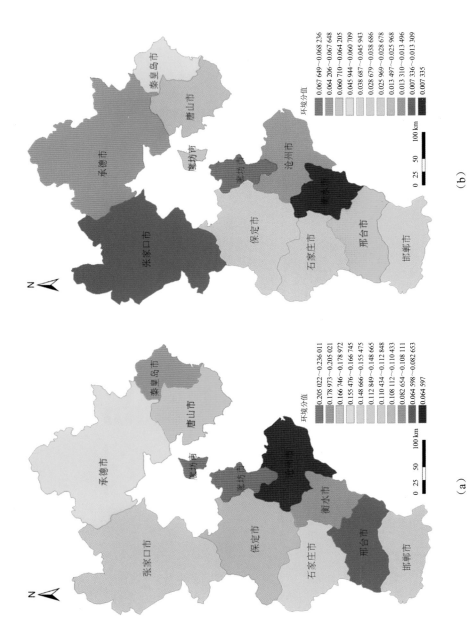

環境分値

| 0.205 022~0.236 011 |
| 0.178 973~0.205 021 |
| 0.166 746~0.178 972 |
| 0.155 476~0.166 745 |
| 0.148 666~0.155 475 |
| 0.112 849~0.148 665 |
| 0.110 434~0.112 848 |
| 0.108 112~0.110 433 |
| 0.082 654~0.108 111 |
| 0.064 598~0.082 653 |
| 0.064 597 |

0 25 50   100 km

(a)

環境分值

| 0.067 649~0.068 236 |
| 0.064 206~0.067 648 |
| 0.060 710~0.064 205 |
| 0.045 944~0.060 709 |
| 0.038 687~0.045 943 |
| 0.028 679~0.038 686 |
| 0.025 969~0.028 678 |
| 0.013 497~0.025 968 |
| 0.013 310~0.013 496 |
| 0.007 336~0.013 309 |
| 0.007 335 |

0 25 50   100 km

(b)

彩图 8 环境系统分值的空间分布